SHUILI GUANGAI GONGCHENG
JIANSHE YU GUANLI

水利灌溉工程
建设与管理

华　杰　何卫安　焦志伟　胡大伟　主编

华中科技大学出版社
http://press.hust.edu.cn
中国·武汉

图书在版编目(CIP)数据

水利灌溉工程建设与管理/华杰等主编.—武汉:华中科技大学出版社,2023.7
ISBN 978-7-5680-9630-0

Ⅰ.①水… Ⅱ.①华… Ⅲ.①灌溉工程 Ⅳ.①S277

中国国家版本馆 CIP 数据核字(2023)第 118980 号

水利灌溉工程建设与管理 华　杰　何卫安　焦志伟　胡大伟　主编

Shuili Guangai Gongcheng Jianshe Yu Guanli

策划编辑:周永华
责任编辑:周怡露
封面设计:杨小勤
责任监印:朱　玢
出版发行:华中科技大学出版社(中国·武汉)　　电话:(027)81321913
　　　　　武汉市东湖新技术开发区华工科技园　　邮编:430223
录　　排:华中科技大学惠友文印中心
印　　刷:武汉科源印刷设计有限公司
开　　本:710mm×1000mm　1/16
印　　张:20.5
字　　数:368 千字
版　　次:2023 年 7 月第 1 版第 1 次印刷
定　　价:98.00 元

编 委 会

前　　言

　　水对人类而言是生产生活必不可少的重要物质,人类对水的开发和利用从来没有停过。水利工程自古以来就受到人们的广泛关注,修建水利工程是为了控制和调配水资源,使自然界的水资源得到最大化的利用,进而满足农业等各方面对水资源的需求。

　　水利灌溉工程是构建可持续发展社会的重要保障,能够有效提高生态环境质量,满足现代化农业的建设需要。随着时代的不断发展,现代化水利工程也需要实行现代化管理。本书主要分为绪论、灌溉水源及取水工程、灌溉渠道系统及渠系建筑物、节水灌溉技术、水利灌溉工程管理,对水利灌溉工程的基础知识和新时期的水利灌溉技术及管理进行介绍和探讨。

　　本书在编写过程中,得到许多工作人员的支持和帮助,在此对他们表示感谢。另外,本书引用的大量资料,未在书中一一注明出处,在此对有关作者表示感谢。因时间有限,书中难免存在不足之处,恳请广大读者批评指正。

目　　录

第1章 绪 论

1.1 水资源概况

1.1.1 世界水资源概况

2020年3月12日,联合国教科文组织在法国南部城市马赛举行的第六届世界水资源论坛上发布了第四期《联合国世界水发展报告》,对全球水资源情况进行了综合分析。根据每三年发布一次的《联合国世界水发展报告》,地球表面超过70%的面积为海洋所覆盖,淡水资源十分有限,而且在空间上分布非常不均,其中只有2.5%的淡水资源能够供人类、动物和植物使用。对淡水资源造成压力的主要原因之一是灌溉和粮食生产对水资源的需求。目前农业用水在全球淡水使用中约占70%,预计到2050年农业用水量可能在此基础上再增加约19%。人类对水资源的需求主要来自城市对饮用水、卫生和排水的需要。全球目前有8.84亿人口仍在使用未经净化改善的饮用水源,26亿人口未能使用得到改善的卫生设施,约有30亿至40亿人家中没有安全可靠的自来水。每年约有350万人的死因与供水不足和卫生状况不佳有关,这主要发生在发展中国家。全球有超过80%的废水未得到收集或处理,城市居住区是点源污染的主要来源。地下水是人类用水的一个主要来源,全球接近一半的饮用水来自地下水。但地下水是不可再生的,在一些地区,地下水源已达到临界极限。目前与水有关的灾害约占所有自然灾害的90%,而且这些灾害发生的频率正在上升,对人类社会经济可持续发展造成严重影响。

2021年12月9日,联合国粮食及农业组织(Food and Agriculture Organization of the United Nations,FAO)发布旗舰报告《2021年世界粮食和农业领域土地及水资源状况:系统濒临极限》。该报告指出,地球土壤、土地和水资源状况持续恶化,均已"濒临极限",到2050年时难以满足将近100亿全球人口的粮食需求。若沿着当前发展轨迹,为了实现粮食增产50%的目标,农业取水

量可能将增加约 35%。这可能引发环境灾害,加剧资源竞争,造成社会挑战,加剧冲突。而就水资源而言,报告称,全球水资源平衡正面临压力,水资源短缺危害了全球粮食安全和可持续发展,同时危及农业地区 32 亿人生计。根据 2018 年报告的国家层面汇总数据,估计全球用于灌溉农业的地下水抽取总量为 820 km³/年,与 2010 年的 688 km³ 估计值相比约增加了 19%。用于灌溉农业的地下水抽取量在农用淡水取用量中占比超过 30%,并继续以每年约 2.2% 的速度增长。

2022 年 11 月 29 日,世界气象组织(World Meteorological Organization,WMO)发布首份《全球水资源状况报告》(以下简称《报告》),盘点气候变化背景下全球可用淡水资源情况。《报告》概述了全球河道流量及主要的洪水、干旱情况,分析了陆地水储量变化,强调了冰冻圈的重要作用和脆弱性,旨在评估气候、环境及社会变化对地球水资源的影响,以支持在需求日增而供应有限的背景下全球淡水资源的监管。《报告》指出,受气候变化和拉尼娜事件影响,2021 年全球大部分地区比正常情况更加干旱;巴西圣弗朗西斯科河流域、美国西南部等地区陆地水储量呈下降趋势;冰冻圈水资源变化将对经济社会发展产生重大影响。据悉,目前全球有 36 亿人每年至少有一个月面临供水不足,预计到 2050 年这一数字还将增至 50 亿。联合国水机制报告称,2001 年至 2018 年,74% 的自然灾害都与水有关。近期召开的《联合国气候变化框架公约》第二十七次缔约方大会敦促各国政府进一步将水纳入适应工作中。这是其成果文件中首次提及水,进一步彰显了水的重要性。

1.1.2　我国水资源概况

我国位于亚欧大陆东侧,濒临太平洋,国土面积约 960 万平方千米,耕地面积为 19.179 亿亩(2021 年 8 月 26 日,《第三次全国国土调查主要数据公报》公布数据,1 亩≈666.7 m²)。我国地域广阔,地形复杂,气候多样。人均占有水土资源量远远低于世界平均水平。

据 2021 年度《中国水资源公报》,2021 年,全国水资源总量为 2.96382×10^{12} m³,地表水资源量为 2.83105×10^{12} m³,地下水资源量为 8.1957×10^{11} m³,地下水与地表水资源不重复量为 1.3277×10^{11} m³。我国是一个水资源短缺的国家,水资源主要来自大气降水,虽然水资源总量较为丰富,但是我国人口众多,人均占有量仅有 2200 m³,不足世界人均占有水量的四分之一,列世界第 88 位,已被联合国列为 13 个贫水国家之一。而且受季风气候和地形条件的影响,水资源时空分布极不均衡。全国大部分地区每年汛期连续 2～4 个月的降雨量占全年的 60%～80%,往往造成汛期洪水成灾,而其他月份干旱。

各地由于自然条件不同,发展农业的水利条件有较大差异。中国南方水多,北方水少。秦岭山脉和淮河以南,通称南方,年降雨量一般为 800～2000 mm,无霜期一般为 220～300 d,作物以稻、麦为主,一年至少两熟。其中南岭山脉以南的华南地区,年降雨量为 1400～2000 mm,终年很少见霜,一年可三熟。南方雨量虽较丰沛,但由于降雨的时空分配与作物需水要求不够适应,经常出现不同程度的春旱或秋旱,故仍需灌溉。长江中下游平原低洼地区、太湖流域河网地区以及珠江三角洲等地汛期外河水位经常高于地面,内水不能自流外排,洪水和渍涝威胁比较严重。淮河以北,通称北方,年降雨量一般少于 800 mm,属于干旱或半干旱地区。其中,属于干旱地区的有新疆、甘肃、宁夏、陕西北部、内蒙古北部和西部地区以及青藏和云贵高原的部分地区。干旱地区年降雨量少,仅为 100～200 mm,有的地方几乎终年无雨,而年均蒸发量为 1500～2000 mm,远远超过降雨量,因而造成严重的干旱和土壤盐碱化现象。干旱地区主要是农牧兼作区,种植的主要作物有棉花、小麦和杂粮等,灌溉在农业生产上占极重要的地位,牧草也需要进行灌溉。大部分地区没有灌溉就很难保证农、牧生产。半干旱地区的主要作物有棉花、小麦、玉米和豆类,也有水稻。这些地区的降雨量虽然基本上可以满足作物的大部分需要,但由于年际变差大和年内分布不均,经常出现干旱年份和干旱季节。上述地区的水源主要是河川径流和地下水。该地区农业生产的突出问题是降雨量在时间上分布不均、水利资源与土地资源不相适应等原因而形成的旱涝灾害。以华北地区为例,常常春旱秋涝,涝中有旱,涝后又旱,其他地区也有类似的情况。此外,有些排水不良的半干旱地区地下水位较高,地下水矿化度大,土壤盐碱化威胁较重。在东北平原还有部分沼泽地,在黄河中游的黄土高原,存在严重的水土流失现象。

目前农田水利方面突出的主要问题是水土资源组合不平衡,例如:全国有45%的土地面积处于降水量少于 400 mm 的干旱少水地带;全国河川径流量,直接注入海洋的外流河水系占 95.8%,内陆河水系占 4.2%,而内陆水系面积占全国总面积的 36%;如长江流域和长江以南耕地只占全国的 36%,而水资源量却占全国的 80%;黄河、淮河、海河三大流域,水资源量只占全国的 8%,而耕地却占全国的 40%,水土资源相差悬殊。降水量在年内及年际间分配不均以及水土资源组合不平衡等,造成我国水旱灾害频繁和农业生产不稳定。人多水少,水资源时空分布不均,水土资源与经济社会发展布局不相匹配,干旱缺水、洪涝灾害

等是我国需要面对和解决的严重问题。但我国一些地区,一方面水资源贫乏,另一方面对现有水资源的利用率不高、保护不够、浪费严重的现象又普遍存在。水资源短缺是许多地区发展长期需要面对的问题,已成为影响国民经济发展的突出问题。

1.2 我国农田水利事业

1.2.1 农田水利工程

1.2.1.1 农田水利的含义和范围

1.农田水利的含义

农田水利一词始见于北宋熙宁二年(1069年)颁布的水利法规《农田水利约束》。《辞海》(第七版)对农田水利的诠释为:"为发展和提高农业生产的水利事业。基本任务是通过各项工程技术措施,改造对农业不利的自然条件。主要做法有:(1)调节农田水分状况,即通过灌溉、排水措施,改善土壤的水、肥、气、热状况,改良土壤,提高土壤肥力;(2)改变和调节地区水情,即通过蓄水、引水、调水等措施,改变水量在时空上分布不均匀的状况。主要内容有:农田防洪、节水灌溉、除涝、防渍、水土保持,农牧业供水、乡镇供水,通过水利措施改良盐碱地、改造沙漠和保护湿地等。"1990年版《中国水利百科全书》对农田水利的解释为:"以农业增产为目的的水利工程措施,其基本任务是通过兴建和运用各种水利工程设施(坝、闸、泵站、渠道、渠系建筑物、水井和灌溉机具等),调节、改善农田水分状况和地区水利条件,促进生态环境的良性循环,使之有利于农作物的生长。主要内容包括灌溉、排水和防治土壤盐碱化等。"2004年再版的《中国水利百科全书》中,取消了"农田水利"这一词条,与国际统一,增加了"灌溉与排水"词条,解释为:"为农作物生长与增产创造适宜的水环境,并向农作物补充所需水分和排除多余水量的水利工程技术措施,中国称之为农田水利,其基本任务是通过兴建和运用各种水利工程设施(坝、闸、泵站渠道、渠系建筑物、水井和灌溉机具等),调节、改善农田水分状况和地区水利条件,促进生态环境的良性循环,有利于农作物的生长和发育。"《中国农业百科全书》对农田水利工程的解释为:"为农业生产服务的水利工程,其基本任务是通过各种水利工程措施,调节农田水分状况,改善地区水利条件,使之符合发展农业生产需要,为高产稳产创造条件,其范围包括灌溉、排水、灌区防洪、水土保持中的水利工程措施等,而以灌溉和排水为其主要部分。"《农村水利技术术语》(SL 56—2013)对农田水利的定义为:"防治旱、涝、渍和盐碱等对农业生产的危害,对农田实施灌溉、排水等人工措施的总称。"

2. 农田水利的范围

以上对农田水利的解释虽然各有异同,但对于农田水利的核心内容解释是一致的:一是农田水利直接为农业生产服务,以农业增产为主要目的;二是通过工程和管理等综合措施改善农田灌溉和排水条件;三是农田水利具有促进农田生态环境良性循环的功能;四是农田水利具备改善农村生活环境的功能。随着当前农业和农村面临的一些环境问题,农田水利改善生态、生活环境的功能将越来越重要。这一功能将通过农村小型河道治理、堰塘整治、农村小型水景观建设等措施来实现。

《灌溉与排水工程设计标准》(GB 50288—2018)中,将蓄、引、提工程及渠道和渠系建筑物进行了等级划分,几乎涵盖了所有规模的灌溉排水工程。在实际工作中,农田水利所涵盖的工程规模并不十分明确,农田水利有广义和狭义的区别。广义的农田水利涵盖的工程范围既包括国有大中型灌排工程,也包括农民直接管理和使用的小型灌排工程。狭义的农田水利专指小型农田水利工程,通常指控制灌溉面积 1 万亩、除涝面积 3 万亩以下的农田水利工程,大中型灌区末级渠系及测量水设施等配套建筑物,塘坝、堰闸、机井、水池(窖、柜)及装机功率小于 1000 kW 的泵站,以及田间喷灌、微灌设施及其输水管道等。

2009 年,国家发展和改革委员会、财政部、水利部、农业部、国土资源部五部委联合下发的《关于印发县级农田水利建设规划编制大纲进一步规范和完善规划编制工作的通知》(发改办农经〔2009〕2348 号),要求各地编制县级农田水利规划,规划范围包括小型农田水利工程和受益面积 5 万亩以下的灌区。国家投资建设的一些项目,如中央财政小型农田水利设施建设补助专项资金项目、大型灌区节水改造与续建配套项目等,对农田水利工程建设范围和规模都有专门规定。

在我国,农田水利工程按管理主体可分为国家管理工程和群管工程。一般规定大中型农田水利工程由国家管理,小型农田水利工程由群管组织管理。但是,目前实际上既存在国有单位管理小型农田水利工程,也存在群管组织管理中型农田水利工程的现象。因此,仅以规模来确立农田水利建设与管理体制是不够的,而应该结合工程产权主体或管理主体,综合考虑农田水利工程管理体制。我国在大中型灌排工程的建设和管理方面已形成了较为规范的做法。

1.2.1.2 农田水利主要特点

（1）基础性。农田水利是农民抵御自然灾害，改善农业生产、农民生活、农村生态环境条件的基础设施，是促进农业增产、农民增收的物质保障条件。农田水利与农村道路、农村供电等同属农村公共工程，是农业和农村社会化服务体系的组成部分，具有较强的基础性。

（2）公共性。公共性具有两层意思：一是受益群体众多，农田水利遍及全国各地农村，与所有农民的生产、生活关系密切，是一项公共性事业；二是参与者众多，农民是农田水利事业的主体，农田水利需要广大农民参与建设、维护和运行管理，取消"劳动积累工"和"劳动义务工"的"两工"制度前，国家每年都要发动近亿劳动力从事已建工程的清淤、维护、岁修，水毁工程修复和新工程的建设。农田水利的公共性决定其建设和管理需要农民的互助合作。因此，尊重农民意愿，依靠农民的力量，合作办农田水利，是发展农田水利事业的基本原则。

（3）公益性。农田水利设施，特别是为粮食生产提供服务的农田水利设施，除农村、农业和农民受益之外，整个社会也受益，是国家粮食安全的重要保障。为经济作物提供服务的农田水利设施，虽然其社会效益不如为粮食作物提供服务的农田水利设施，但对于提高农民的收入有重要作用。农田水利建设投入大，但农田水利的服务对象是小规模的农业，虽然农业生产亩均效益较高，但由于家庭经营规模小，农业生产整体效益较差，盈利能力不足，自我造血功能较差，农田水利需要公共财政长期大量的投入。

（4）垄断性。农田水利与其他公共服务相似，具有垄断性，农田水利工程附着于土地，多数情况下农民对于农田灌溉服务没有选择权。因此，农田水利不适合完全市场化，农田水利的建设与运行管理需要在政府的指导下和农民的参与下有序进行。

1.2.1.3 我国农田水利的地位和作用

我国特殊的自然条件和社会经济发展形势，决定了农田水利对农业和农村乃至整个国民经济发展具有极其重要的作用。2011年中央一号文件《中共中央国务院关于加快水利改革发展的决定》指出："水利是现代农业建设不可或缺的首要条件，是经济社会发展不可替代的基础支撑，是生态环境改善不可分割的保障系统，具有很强的公益性、基础性、战略性。"农田水利直接服务"三农"，在国家粮食安全、经济发展和生态安全中有着越来越重要的作用，已经成为影响国家长治久安的重要因素。

农田水利是国家粮食安全的重要保障。我国农田有效灌溉面积占全国耕地面积的54%,生产了全国总量75%以上的粮食和90%以上的经济作物,是粮食生产主阵地。2022年12月12日,国家统计局公布了2022年全年粮食产量数据,2022年全国粮食总产量68653万吨(13731亿斤),全国粮食单位面积产量5802 kg/公顷(387千克/亩)。习近平总书记在党的二十大报告中强调要"全方位夯实粮食安全根基""确保中国人的饭碗牢牢端在自己手中"。粮食安全始终是保证人民生活的头等大事。我国粮食总产量已经实现连续4年的稳定增长,连续8年总产量稳定在1.3万亿斤上。同时,全国不同区域在产粮上也走出了新特色。特别是近年农田水利事业的迅速发展在实现粮食连续增产方面发挥了重要作用。我国以占世界6%的淡水资源、9%的耕地,保障了约占全球20%的人口的吃饭问题,为世界粮食安全做出了突出贡献。同时,农田水利推动了农业增长方式的转变和种植结构的调整,保障了棉、油、糖等生产稳步发展和"菜篮子""果盘子"产品供应充足。

农田水利是水资源可持续利用的重要保障。农业是用水大户,近年来农业用水量约占经济社会用水总量的62%,部分地区高达90%。随着社会经济发展,未来在保障基本生态环境用水要求的前提下,满足城镇化、工业化快速发展需求,水资源供需矛盾更加尖锐,农业用水逐渐受非农业用水打压。《国务院关于实行最严格水资源管理制度的意见》(国发〔2012〕3号)提出,到2030年,农田灌溉水有效利用系数提高到0.6。《国家农业节水纲要(2012—2020年)》提出,到2020年,全国农业用水量基本稳定,农田灌溉水有效利用系数达到0.55。目前,全国亩均灌溉用水量为408 m³,根据《全国现代灌溉发展规划(2012—2020年)(咨询稿)》预测的面积发展计算,到2020年,全国亩均灌溉用水量应降为342 m³。通过农田水利建设和管理发展节水灌溉,是贯彻最严格水资源管理制度、实现水资源可持续利用的重要保障。《乡村振兴战略规划(2018—2022年)》提出,至2022年全国节水灌溉面积达到6.5亿亩,其中高效节水灌溉面积达到4亿亩;2019年中央一号文件提出全年新增高标准农田8000万亩以上、新增高效节水灌溉面积2000万亩以上。根据市场相关数据2019年高效节水灌溉市场将新增约400亿元,到2022年,高效节水灌溉市场新增规模将到3880亿元。

农田水利是农村经济发展和社会稳定的重要支撑。农田水利建设是抵御旱涝灾害、促进农业丰收的重要措施,农田水利对促进农村经济发展和确保农村社会稳定的作用是显而易见的。一是提高灌溉保证率,为农民从事农业生产提供

基本条件,确保农民口粮,解决群众基本生活问题,确保社会稳定;二是提高农业单产,促进种植结构调整,增加农民收入;三是提高水利化程度,提高农业生产效率,促进农业现代化,推进劳动力转移和城镇化,增加农民非农收入。

农田水利是农村生态文明的重要支撑。当前农村面临的环境问题较为严重,生态脆弱。许多地区尤其是北方地区地下水过度开发问题十分突出。农村因长期大量使用化肥、农药,工厂排污、生活排污等,水体污染、耕地污染相当严重。党的十八大提出建设生态文明、建设美丽乡村。乡村的美丽离不开水。农田水利具有重要的生态功能,开展农田水利建设、农村小型河道治理、塘堰整治、水环境综合整治、农村小型水景观建设等,可以改善农村水环境和生活环境。农田水利建设可以减少农业用水总量,减缓对河道和地下水的压力,保护生态。

1.2.1.4 农田水利管理体制

我国农田水利实行专管与群管相结合的方式。根据现行法律,中央、省、地市及县建立水行政部门,负责农田水利行政管理;县以下按乡镇或流域建立水利(或农业)站所,作为县水利局派出机构或乡镇直属机构,承担本区域农田水利日常管理工作。大中型农田水利工程一般设立专管机构,负责工程日常运行管理。小型农田水利工程一般由农民群众自行管理,形式多样,有农民用水合作组织、农村集体经济组织、联户管理和个体管理等。部分运行管理技术含量较高或较为重要的小型农田水利工程,由水利部门或乡镇管理。我国灌溉管理体制如图1.1所示。

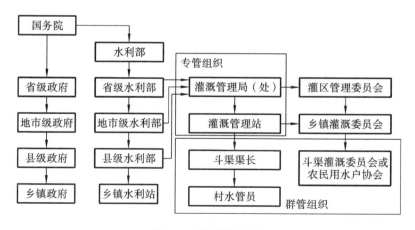

图 1.1 灌溉管理体制

受乡镇机构改革撤并乡镇水管站的影响,基层水利管理弱化。鉴于此,2012年,水利部、中央机构编制委员会办公室、财政部联合印发《关于进一步健全完善基层水利服务体系的指导意见》(水农〔2012〕254号),深入分析了健全基层水利服务体系的必要性和紧迫性,强调了加强基层水利服务体系建设的总体要求和基本原则,提出了健全完善基层水利服务体系的各项任务,明确了基层水利服务机构的性质与职能,对理顺管理体制、科学设置机构、合理确定人员编制、建立经费保障机制、改进人员管理方式、改善工作条件等提出了明确的要求。

1.2.1.5 农田水利工程内容

农田水利工程是通过修闸建渠等工程措施,构建灌、排系统,调节和改变农田水分状态和地区水利条件,使之符合农业生产发展的需要。农田水利工程一般包括以下几项内容。

(1)取水工程。从河流、湖泊、水库、地下水等水源适时适量地引取水量的工程称为取水工程。河流取水工程一般包括拦河坝(闸)、进水闸、冲沙闸、沉沙池等建筑物。当河流流量较大、水位较高能满足引水灌溉要求时,可以不修建拦河坝(闸),直接引水灌溉。当水源水位较低时,可建提灌站(泵站),提水灌溉。

(2)输水配水工程。将一定流量的水流输送并配置到田间的建筑物的综合体的工程称为输水配水工程,如各级固定渠道系统及渠道上的涵洞、渡槽、分水闸等。

(3)农田排水工程。将暴雨或农田内多余水分排泄到一定范围之外,使农田水分保持适宜状态,以适应农作物的正常生长的工程称为农田排水工程。它包括各级排水渠及渠系建筑物。农田排水工程需要考虑化肥农药残渣的污染问题。

1.2.2 水利灌溉工程

用人工设施将水输送到农业土地上,补充土壤水分,改善作物生长发育条件的活动称为灌溉。在特定情况下,灌溉可减少霜冻危害,改善土壤耕作性能,稀释土壤盐分,改善田间小气候。灌溉根据水源的不同,可分为地表水灌溉、地下水灌溉、地表水地下水联合运用;根据水质的不同,可分为污水灌溉、咸水灌溉、肥水灌溉、引洪淤灌等;根据技术的不同,可分为地面灌溉、地下灌溉、喷灌、微灌(包括滴灌、微喷灌等)、局部灌溉和节水灌溉等。为实现科学用水,应根据作物需水量和需水时间、有效降雨量、土壤水状况以及水文情况选定灌溉保证率,制

定灌溉制度。

灌溉系统是实现灌溉的基础设施,可分为渠道灌溉系统和管道灌溉系统。灌溉系统一般由灌溉渠首工程、渠道或输水管道、渠系建筑物和灌溉泵站组成。常见的渠系建筑物有配水建筑物和渡槽、涵洞、倒虹吸管、跌水、陡坡、量水建筑物以及沉沙池等。在使用地下水灌溉或无法实现自流灌溉而需提水灌溉时,或低洼地区不能自流排水时,应兴建排灌泵站进行机电排灌。

灌区应进行有效的灌溉管理,注意渠道防渗,加强用水管理,提高渠系水有效利用系数。

1.2.3　节水灌溉

节水灌溉是指根据作物需水规律和当地供水条件,高效利用降水和灌溉水,以取得最佳农业经济效益、社会效益和生态环境效益的综合措施的总称。其含义是,在充分利用降水和土壤水的前提下高效利用灌溉用水,最大限度地满足作物需水,以获取农业生产的最佳经济效益、社会效益、生态环境效益,用尽可能少的水投入,取得尽可能多的农作物产量的一种灌溉模式。在不同的水资源条件、气候、土壤、地形条件和社会经济条件下,节水的标准和要求不同。节水灌溉的根本目的是提高灌溉水的有效利用率和水分生产率,实现农业节水、高产、优质、高效。其核心是在有限的水资源条件下,通过采用先进的水利工程技术、适宜的农作物技术和用水管理等综合技术措施,充分提高灌溉水的利用率和水分生产率。

灌溉用水从水源到田间,到被作物吸收,主要包括水资源调配、输配水、田间灌水和作物吸收等环节。各个环节都应采取相应的节水措施,形成一个完整的节水流程。

2016 年中央一号文件提出,要大力推进农业现代化,确保亿万农民与全国人民一道迈入全面小康社会。节水灌溉就是科学灌溉,节水灌溉过程可以全部实现自动化控制,水肥一体化,减轻农民施肥打药、浇地等劳作,因此,农村发展节水灌溉是实现农业现代化的重要手段。

农业可持续发展是我国社会可持续发展的基本保证,水资源短缺已经成为制约我国农业发展的瓶颈,因此我国需大力发展农业节水灌溉,合理开发利用水资源,制定合理的农业用水规划来保障农业的可持续发展和水资源的可持续发展。

1.3 我国农业节水灌溉技术发展历程与前景

1.3.1 我国农业节水灌溉技术发展历程

我国节水灌溉工程建设和节水灌溉技术发展经历了计划经济时期、改革开放时期和新世纪经济快速发展时期,不同时期节水灌溉发展具有不同的特征,对节水灌溉的认识和实践及对节水灌溉技术的探索和创新,各时期都有一定发展,取得较大成就。我国的农田水利建设历程其实也是一个节水灌溉技术发展的历程,从最初扩大农田灌溉面积,提高水利工程管理水平,合理利用水资源,到大面积推广高效节水灌溉技术,其目标都是提高农业的水利用率,促进农业高效、高产、可持续发展,其实质都是节约、高效、科学地利用水资源。从中华人民共和国成立后的水利工程大建设到 21 世纪大力发展高效节水灌溉技术,我国的水利工程建设和节水灌溉技术经历了一个波澜壮阔的发展历程。

1.3.1.1 1949—1980 年(水利工程建设快速发展阶段)

中华人民共和国成立后,国家百废待兴,水利工程建设是基础之基础,国家高度重视水利事业发展,这一时期国家投入大量财力和人力大兴水利建设,水利工程经历一个快速发展的建设阶段。此阶段的节水灌溉工程建设和节水灌溉技术发展主要特征表现为:一是加强农田水利工程建设,提高水资源利用率;二是以农田水利工程建设为主,兼顾节水灌溉技术推行;三是节水灌溉意识存在,但节水灌溉技术较为低效。具体情况如下。

(1)大力开展农田水利工程建设,提高农业灌溉水利用率。

中华人民共和国成立后,国家对水利建设十分重视,有计划、有组织地投入大量财力和人力进行大规模的水利工程建设,许多大型水利工程、农田基础水利工程的建成有效扩大了农田灌溉面积,提高灌溉水利用率,为提高农业生产水平奠定了坚实的基础。

这一时期的农田水利工程建设主要经历两个阶段。第一阶段,1949—1957年经历三年恢复建设和第一个五年计划建设阶段。这一阶段国家水利工程建设主要是疏通河道、筑堤建坝,建设大中型水库、渠道等水利工程,发动组织群众恢复兴建小型基本农田水利工程,使全国灌溉面积接近 4 亿亩,有效提高了农业抵

抗洪旱灾的能力,极大地促进了农业生产。第二阶段,1958—1978 年的 20 年中,水利工程建设经历"大跃进""三年调整""第三个五年计划"及"农业学大寨"等时期的建设高潮阶段。这一时期国家动员组织各方力量,大兴水利,水利工程进入空前繁荣的建设时期。但是,水利工程建设数量虽多,工程建设质量水平却较低,水利管理也跟不上,水利工程建设和节水灌溉技术发展仍处于较低水平。然而,此阶段的水利建设虽然问题多,但是农业灌溉取得了一定成效。农业灌溉用水量有所下降,有效灌溉面积有较大增长,对农业节水灌溉做出一定贡献,基本保障了我国粮食生产及农业稳定发展。

这一时期水利工程建设绩效由表 1.1 可看出,1949—1980 年,农业用水量和灌溉用水量逐年增加,但农业和灌溉用水比例逐年减少,有效灌溉面积逐年增加,灌溉量增加不大,粮食总产也逐渐提高,这说明水利工程建设对节约农业用水发挥了很大作用,灌溉工程的建设和灌溉技术的改进有效地提高了农业水利用率,保障了粮食产量,对国家经济社会发展做出重要贡献。

表 1.1　1949—1980 年农业用水量和农田灌溉用水量的变化

年份	农业用水量/亿立方米	灌溉用水量/亿立方米	占全国用水比例/(%)		有效面积及灌溉量		粮食总产量/亿吨
			农业	灌溉	/667 亿立方米	/亿立方米	
1949	1001	956	96.3	92.0	2.39	398	1.132
1957	1938	1853	94.1	90.0	3.75	494	1.951
1965	2545	2350	92.0	85.0	4.81	489	1.946
1970	2350	2700	90.0	81.0	5.40	500	2.400
1980	2700	3574	87.8	80.5	7.33	512	3.206

(2)以农田水利工程建设为主,兼顾节水灌溉技术推行。

1949—1980 年,我国灌溉工程建设以外延为主,大兴各类蓄、引、提灌工程等农田水利工程建设,在工程建设中兼顾考虑节约水资源的灌溉方式,灌溉工程建设及管理围绕提高水利用率展开,节水灌溉技术简单,节水效率并不高,但实际中也推行了许多节水技术。例如渠道防渗、改进沟畦灌水技术及计划用水制度等。

在渠道防渗技术上,先后推广黏土、灰土、石砌防渗、混凝土防渗、塑料薄膜防渗等。在改变灌溉方式上,减少粗放灌溉的情况,南方水田推广"新法泡田、浅水灌溉法",北方旱作灌区倡导沟灌和畦灌等。建立灌溉试验基地,研究各种作物需水量和耗水规律,提出主要农作物灌溉制度。推进计划用水,根据作物需水要求,结合水源情况、农业生产安排,编制用水计划,有计划地蓄水、配水和用水,改变用水无序的状况。计划用水按照"统、算、配、灌、定、量"六个环节要求,制定灌溉制度和管理责任人,采用作物丰产需水灌溉制度和灌溉技术按计划对农田进行灌溉。这些灌溉方式、方法和制度的改变对节水灌溉的推行起到了很大作用,可以说是那个时期运用到实际生产中较有效的节水灌溉技术。

　　总的来看,这一时期,由于国家经济发展和农业生产水平较低,并且水资源较充分,灌溉用水供需矛盾不十分突出,以及对节水灌溉的认识不足和经济、技术条件的限制,这一阶段水利建设主要是对水源开发利用,扩大灌溉面积,实际生产中有节水灌溉的方式和方法。但是,节水灌溉技术涉及范围窄、方式简单、科技含量低,农户节水意识也不强,农业水利用率较低,节水灌溉技术处于一个较低的发展水平。

1.3.1.2　1980 年至 20 世纪 90 年代初(水利工程建设缓慢与节水灌溉意识萌发阶段)

　　改革开放后,我国由计划经济体制向市场经济体制转变,农村实行了家庭承包制,人民公社管理体制结束,农田基本水利建设热潮消失,国家对水利工程建设投入也减少,到 20 世纪 80 年代中期农田水利工程建设几乎停滞,甚至出现倒退局面。虽然经过改革开放前的水利建设高潮,农田水利工程基本完善,农业有效灌溉面积得到空前增长,但是农业灌溉用水仍存在较大浪费,农业水利用率仍较低,并且水资源过度开发,用水紧张问题已经十分突显。90 年代初期,随着国家水利工程建设逐步由外延为主转向内涵建设为主,强调水利工程配套和技术改造,加强灌溉管理制度建设,提倡引进先进节水灌溉技术,节水灌溉的意识萌发。

　　(1)水利工程建设缓慢,有效灌溉面积时减时增。

　　20 世纪 80 年代初期,国家发展战略调整,农村生产经营制度的变革,农村水利建设陷入前所未有的停滞及倒退阶段。水利基础建设投资年均增长率为 2%,仅占全国基本建设总投资的 2.7%,有效灌溉面积从 1982 年的 4866 万公顷降到 1986 年的 4787 万公顷,减少 79 万公顷,年均递减率为 0.4%,处于中华人民共和国成立以来有效灌溉面积递减的阶段。

　　其后几年,农田水利工程建设和管理都开始倒退,水利工程年久失修,特别是农田小水利工程,破损严重,防洪抗旱功能明显减弱,灌溉效益衰减,有的灌区又转入靠天种地的局面。农村建设水利工程集体组织的缺失使得农田小水利工

程投资和投入劳动力明显不足,灌溉方式和灌溉技术也没有进一步得到改进,对农业生产产生极大影响。80年代中期,国家意识到水利工程建设滞缓对农业生产的影响,逐步加大了水利工程建设力度。到90年代初期,国家开始将水利建设重点逐步转向以提高经济效益为中心的思路上,加强对小型水利设施的建设和管理,通过加大投入实施水利工程灌溉配套建设工程、改进灌溉技术、改革灌溉管理制度和提高灌溉效率等方式,农田水利建设有所增长。1986年到1990年,有效灌溉面积由4787万公顷增长到4839万公顷,年均递增约0.3%,水利建设投资也由80年代初期占国家基本建设总投资的2.7%增加到8.6%,此后,水利工程建设进入了市场经济转轨过渡期的正常而缓慢的发展时期。

(2)工农业、城乡争水矛盾突显,节水意识萌发并积极探索农业节水灌溉技术。

改革开放后,随着我国经济社会快速发展,各行各业都进入全面发展建设时期,工农业争水、城乡争水,缺水矛盾日益突出。经过几十年的水利工程建设,农田水利工程灌溉规模趋于稳定,水资源开发空间较小,占用水份额最大的农业,要实现可持续发展只有走提高水利用率,推行节水灌溉技术和实施节水灌溉的道路。此外,这一时期我国农业正由传统农业向现代农业过渡,农业栽培模式和作物品种改变,机械化程度提高,使得农业对灌溉精度的要求日益提高,对灌溉水数量、时间及土壤湿度、肥效等都有很高的要求。传统的灌溉方式和低效的灌溉技术越来越不适应新形势下现代农业的发展,农业对新的高效节水灌溉技术的需求越来越迫切。此时,国家和地方政府认识到发展农业高效节水灌溉的重要性,开始探索并走上了发展节水灌溉新技术的征程。全国各地兴起了引进、研发和推广高效节水灌溉技术的热潮,各地政府及部门开始探索中国节水灌溉技术道路,从农业喷灌技术、滴灌技术和低压管道输水灌溉技术等逐步引进、试验及建立示范地,取得一定成绩。但是,高效节水灌溉技术仅仅处于探索阶段,节水灌溉技术的推广和应用没有达到很好的效果。

1.3.1.3 20世纪90年代到21世纪初(农田水利建设快速增长与积极探索推广节水灌溉技术阶段)

20世纪90年代,我国经济社会进入快速发展阶段,国家高度重视水利工程建设,特别加大农田水利工程及农村水利基础建设力度,加大了政策支持和资金投入力度。各地方政府积极配合中央政府农田水利战略决策,出台了多方位的支持政策,并引入了市场机制,多渠道、多层次集资投入农田水利建设,农田水利建设进入空前的发展时期,解决了农田水利建设不足的问题。随着各地缺水矛盾日益突出,国家也从粮食安全和经济发展的战略考虑部署节约水资源战略,国家及地方政府对发展节水灌溉技术日益重视,并出台很多节水政策,对探索和推广节水灌溉技术有积极作用。

(1)国家出台节水灌溉政策,积极探索推广节水灌溉技术。

20 世纪 90 年代后期,国家对节水重点领域的农业节水日益重视,节水灌溉正式从各地探索试验的局部行为上升成为国家农田水利建设的重要发展战略,探索和推广节水灌溉技术成为国家农业节水发展的重点领域,也作为政府一项重要的职责纳入了国家经济社会发展规划和工作部署。党和国家领导人以及各部门、省、市领导等都高度重视农业节水灌溉技术的推广工作,在党中央和国务院的高度重视和领导下,国家有关部门紧密配合,多方面积极采取措施贯彻落实中央对推广节水灌溉技术的战略部署。中共十四届五中全会通过的《中共中央关于制定国民经济和社会发展“九五”计划和 2010 年远景目标的建议》中提出“大力普及节水灌溉技术,扩大旱涝保收、稳产高产农田”。1995 年秋,国务院在山西太原召开了以节水灌溉为主题的全国农田水利基本建设工作会议。1996年国务院正式批准实施建设 300 个节水增产重点县的工作计划,以此带动全国节水灌溉技术的普及。国家科学技术委员会把“节水农业技术研究与示范”作为“九五”科技攻关项目,组织十多个科研单位承担任务。国家计委与水利部在非经营性基建拨款中安排专项投资建设节水增效示范区,又安排专项资金支持大型灌区进行以节水为中心的续建配套和技术改造。中国人民银行、农业发展银行、农业银行安排节水灌溉专项贷款,中央财政与地方财政分别给予贴息。

在党中央和国家的安排部署下,各地方政府采取多种措施加快了对节水灌溉技术的推广,一些省市制定了专项规划,提出发展目标,并安排了专项补助资金,一些省市将推广节水灌溉作为政府任期内主要目标和任务,将节水灌溉推广作为政府领导和部门负责人政绩考核内容。总的来说,国家高度重视并出台节水灌溉政策后,各地都积极探索推广节水灌溉技术。

(2)节水灌溉技术取得突破进展,做好大面积推广的准备。

20 世纪 90 年代初,我国在高效节水灌溉技术应用方面还比较落后,而国外先进的高效节水灌溉技术日趋成熟,已经规模化、市场化运营,并取得很好的效益。在巨大的节水灌溉技术市场前景下,国内企业和科研机构开始与国外企业合作,从引进节水灌溉设施进行试验,到引进生产节水灌溉设施的设备进行生产,并在引进的基础上逐步消化创新,最终在节水灌溉设施生产及节水灌溉技术

创新上取得很大进展,为此后大面积推广节水灌溉技术奠定了基础。例如,北京绿源塑料有限责任公司从以色列引进微灌灌水器生产技术,并研制了内嵌式滴灌带、滴头、喷头、过滤设备等灌溉产品。山东莱芜塑料制品集团自主开发了微灌管材、压力补偿滴头、折射式微喷头等产品。天津英特泰克灌溉技术有限公司与美国合作开发了脉冲微喷灌系统。90年代末,新疆天业股份有限公司等节水灌溉设备生产企业,在引进和自主创新的基础上开发了适合当地应用的节水灌溉设施,使我国节水灌溉技术及产品生产有很大提高,对我国节水灌溉技术的推广做出很大的贡献。

我国要实现高效节水灌溉技术大面积推广主要应在高效节水灌溉技术应用成本和推广成本上突破,对节水灌溉的关键技术和产业化方面都要适合我国基本国情,要能生产出价格合适的节水灌溉设施产品,也就是说节水灌溉技术要做到技术上可靠和经济上可行。

1.3.2 我国农业节水灌溉技术发展前景

21世纪世界性农业科技革命风云兴起,农业高科技广泛应用,现代农业蓬勃发展,世界各国农业得到快速发展。我国在耕地和水资源缺乏的双重约束下,要保障粮食安全,提高农业的国际竞争力,就要加速发展现代农业,依靠科学技术,破解耕地和水资源紧缺瓶颈,提高资源特别是水资源的利用率,实现农业高产优质高效的目标。农业节水灌溉是新形势下农业发展的迫切需求,推广节水灌溉技术前景光明,任务艰巨,意义重大。

1. 农业节水灌溉技术发展特征和趋势

21世纪世界现代农业和现代农业技术的快速发展,我国农业进入由传统农业向现代农业转变的时期,农业发展由追求产量最大化向追求效益最大化转变,依靠农业科技进步和技术推广发展农业。农业要实现可持续发展,就必须要调整和优化农业生产结构,提高农业生产效益,增加农民收入,改善生态环境,增强国际竞争力。农业发展要增强资本和科技投入力量,突显资本和技术要素作用,突破其受制于资源要素的制约,特别是水资源的缺乏,发展农业灌溉节水,加大农业节水灌溉技术投入势在必行。

在过去和未来几十年,我国农业节水灌溉技术发展呈良好态势,主要具有以下特征和趋势。一是国家高度重视,节水政策不断推出,农民节水意识增强。党和国家高度重视农业节水工作,党的十五届五中全会明确提出建设节水型社会,大力发展节水农业。十九大、二十大及历年中央一号文件都对农业节水工作做出部署。在国家节水政策的推行下,各地积极加强宣传、推行节水灌溉技术,农民节水意识逐步增强,主动参与节水行为明显提高。二是明确农业节水方向和农业节水技术路线。随着经济社会的快速发展,我国水资源短缺更为严重,作为用水大户的农业应列为节水的重要领域,确定以提高水资源利用效率和效益为核心目标,大力发展高效节水灌溉技术的农业节水战略。高效节水灌溉技术是农业节水的重要方向,今后节水将确立以工程节水为主,结合农艺节水和管理节水,以提高水的利用效率、经济效益和生态效益为目标,发展自主创新节水灌溉的技术路线。三是依靠高科技进行节水灌溉技术创新,发展综合集成型节水新技术。高效节水灌溉技术是一个复杂系统的技术集成,包含水利工程、作物栽培、水资源管理等多方面,各领域都需要高新技术支撑,形成综合集成型节水新技术是一个重要方向。四是创新节水灌溉管理制度,以制度管理保障节水灌溉技术推广。

节水灌溉技术重在推广应用,农户是技术选择的主体,建立有效的节水灌溉制度,以制度推进节水灌溉技术推广是大面积采用节水新技术的重要举措。

农业节水灌溉技术是一个多学科交叉、多种高科技领域综合的技术体系,它涉及力学、水利工程、农业工程、机械工程、化学工程与技术、材料科学与工程、作物学、农业资源利用、控制科学与工程等十多个学科及水利、土壤、作物、化工、气象、机械、计算机等多个行业研究领域和应用范围。经过多年探索和实践,在水源开发与优化利用技术、节水灌溉工程技术、农业耕作栽培节水技术和节水管理技术等方面基本形成了适合我国经济情况和农业特点的节水灌溉技术体系,节水灌溉技术日趋成熟,在大面积推广上达到了经济性可接受程度。但是,节水灌溉技术还存在一定不足,技术创新方面还需进一步突破。

我国农业节水灌溉技术需要继续加强技术创新,在一些重点领域要有突破,具体发展趋势主要如下。第一,作物生产领域。按照高效用水与作物高产高效优质可持续发展目标,通过优化节水灌溉的配套农艺措施及工程技术、肥料高效利用的综合配套技术,研究水肥高效利用的关键技术和高效节水灌溉条件下不同作物产量形成的生理生态机理及调控技术,从而达到不同作物最优供水量的作物高产优质目的。第二,信息化领域。应用卫星定位技术、遥感技术、计算机控制技术和自动测量技术,及时掌握区域作物需水精确变化数据,适时确定需水量和时间,按作物需水规律优化供水方案。第三,灌溉设施生产领域。高效低耗灌溉产品新材料及生产工艺设备的研究。第四,节水灌溉工程领域。灌溉工程设计、安装,滴灌带铺设和回收机械化,与滴灌作物生产配套的技术,作物精准栽培、数字化农作技术及农业生态保护等。

2.农业节水灌溉技术推广前景

未来我国水资源依然缺乏,农业节水形势严峻,节水灌溉需求潜力巨大,节水灌溉技术发展前景广阔。2022年,我国农业灌溉水利用系数仅为0.568,较十年前提高了0.052,但依旧比发达国家0.7~0.8的利用系数低很多,可见未来提升空间巨大。从2022年11月5日召开的首届全国智慧灌溉论坛暨国家灌溉农业绿色发展联盟会议上获悉,中国有效灌溉面积由1949年的2.4亿亩发展到2021年的10.37亿亩,仅占全国耕地面积约50%的灌溉面积生产了全国总量75%的粮食和90%以上的经济作物。当前我国耕地灌溉率高达51%,是世界平均水平19%的2.68倍。中国已成为世界第一灌溉大国。

2018年2月27日,水利部发布的《深化农田水利改革的指导意见》提出,创新农业用水方式,推进农田水利设施提档升级。全面实施区域规模化高效节水灌溉行动,加强节水灌溉关键核心技术和装备研发攻关,大力推广喷灌、微灌、管道输水灌溉等高效节水灌溉技术,在适宜地区从水源到田间整体设计,集中投入、建设一批重大高效节水灌溉工程。加强节水灌溉工程与农艺、农机、生物、管理等措施的结合,积极推广水肥一体化。2019年6月28日公布的《国务院关于促进乡村产业振兴的指导意见》(国发〔2019〕12号)提出:"大力发展节地节能节水等资源节约型产业。建设农业绿色发展先行区。"2021年2月22日发布的《国务院关于加快建立健全绿色低碳循环发展经济体系的指导意见》(国发〔2021〕4号)提出:"加快农业绿色发展。鼓励发展生态种植、生态养殖,加强绿色食品、有机农产品认证和管理。大力推进农业节水,推广高效节水技术。"2022年2月11日公布的《国务院关于印发"十四五"推进农业农村现代化规划的通知》(国发〔2021〕25号)提出:"强化农业资源保护。深入推进农业水价综合改革,健全节水激励机制,建立量水而行、以水定产的农业用水制度。发展节水农业和旱作农业,推进南水北调工程沿线农业深度节水。"

根据观研报告网发布的《中国节水农业行业发展现状分析与投资前景研究报告(2022—2029年)》数据显示:

(1)中国节水灌溉设备市场规模呈现逐年上涨态势。2015年中国节水灌溉设备市场规模为604.4亿元;截至2020年末,中国节水灌溉设备市场规模上涨至1150亿元,较2015年增长了545.6亿元,同比2019年上涨15%,见图1.2。

图 1.2　2015—2020 年中国节水灌溉设备市场规模

（2）中国节水灌溉技术大致分为管灌、喷灌、微灌,其中,占比最大的为管灌面积,占比 47%,占比第二的为微灌面积,占比 27%,占比第三的为喷灌面积,占比 26%,见图 1.3。

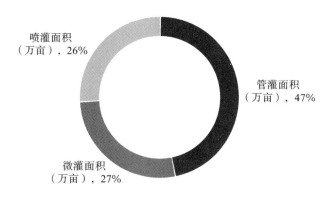

图 1.3　中国节水灌溉各技术占比情况统计图

（3）随着经济社会的快速发展,农民节水意识提高,越来越重视农业节水灌溉技术的应用。农业节水灌溉技术的推广应用对提高水资源利用率有着重要作用,应加大对节水灌溉技术的研究,实现农业节水灌溉效率最大化,促进农业的发展。基于国家政策的支持与种植户节水意识的逐渐提高,未来中国节水灌溉行业发展前景良好,市场容量巨大,预计到 2024 年我国节水灌溉设备行业市场规模将达到 2384.6 亿元。

1.4 我国农业灌溉管理变化发展的历史沿革

1.4.1 传统社会时期(1949年以前)

传统社会时期,我国创造了辉煌的农业文明,灌溉管理制度长期领先于世界。在长期的历史实践过程中,完善的水管理体系逐步建立,包括专门的水利机构、完善的农田水利管理法律法规和以乡规民约为主导的民间自主自治的灌溉制度。

1.专门的水利行政机构

有关水利行政机构的历史,我国最早于原始社会后期设立了水利行政机构,大禹主管水事、水利,在《尚书·尧典》中早有记载,当时这个职位称作司空。历代在中央设立专门的水利管理官职,秦汉是都水长(令、监等),隋代开始实行三省六部制,在工部之下设水部,主管水政,唐宋因袭。明清时期工部之下设立都水清吏司,主管全国水政,还设立总理河道、河道总督等专门治河机构。民国时主管水政的最高机构叫作全国水利局,是中央专门设立的。水利部以此为前身,成立于1947年,经济委员会下设水利委员会。

2.农田水利管理法律法规

早在唐代,中央政府订立了《水部式》,对全国水资源管理进行了立法。这一管理制度一般囊括了下述4个层面的内容。第一,灌溉行政管理制度。干支渠设置渠长等管理人员,负责看护水利设施和按照计划分配用水。第二,灌区维护运行管理制度。灌区的维护出工费用由受益农户承担,包括公廨田和职分田也应和灌区农田一样,平均摊派。第三,水资源分配制度。大型水利工程设置闸门和分水设施,按照分水比例轮流灌溉。灌溉前必须事先提出申请,并报告田亩面积,批准后方可配水。配闸设置于渠上,用以调节灌水时间和用量。闸门具有相应的规格,必须在官方监管下建造,不得私人修建。地势较高的农田,不能在主干渠上修堰壅水,只能把取水口往上延伸。第四是关于航运灌溉和水碾、水磨等用水分配问题的具体规定,一般要在保证航运的基础上再保障灌溉用水。

3.乡规民约主导的灌溉管理

传统社会时期,基层的水利管理基本由民间自主管理。除重要的灌溉工程由政府直接管理外,支渠、斗渠以下,一般由民众自主管理。担任乡村渠堰领导的渠堰长通常由水户推举产生,一般要求有一定文化、威信较高,且有一定财产的人担任,因此推选出来的一般为士绅阶层。

在乡村社会,以乡规民约形式管理的地方性农田水利法规在乡村社会发挥了主导作用。造成这种现象的原因在于,古代官方水利法规较为宽泛,大多是禁止偷水行为,禁止破坏水利设施以及水权买卖的处理之类,而难以涉及个体水户之间权利和义务的分配,在官法之外的权利和义务分配,自然就由乡规民约约束。除此之外,费孝通认为,从管理层角度分析,受教育的地主以及官员等话语权较大的人是封建社会乡村的主导者,不仅如此,乡村之中的各种大中小型水利工程建设也是由乡绅或地方官员组织建设成的,一般而言,乡绅在整个建设过程之中扮演了领导者和监督者的工作,不仅积攒了名气,还控制了话语权和经济支持。

1.4.2　计划经济时期(1949—1978 年)

从中华人民共和国成立到改革开放前,我国农村水利政策具有"民办公助"的特征,灌溉管理处于计划经济时代的政府统筹和管理时期。

1. 大规模兴建农村水利工程

中华人民共和国成立初期,我国农业水利事业的工作重点主要是采取兴建重大水利工程、整修河流和积极预防山洪涝灾害等,来带动和辅助国内民众共同兴办水利工程事业。在资金的投入方面,当时中央政府投资"较大的或民众无力经营的农业灌溉工程项目"。与此同时,中央政府还要求广泛发动全国广大人民群众积极投入农田水利建设,民众参与水利建设,包括三种情形:第一种是有偿参与,即参加者能够获得相应的补贴;第二种是基层根据中央文件精神组织民众参与义务劳动,这种大多是面向基层的中小型农田水利工程;第三种是军队支援水利建设。农业生产条件在这个阶段获得了飞速提升,同时也大大发展了农村水利事业。三大改造完成后,中央对农村政策做出调整,大力发展农业合作社,农村水利政策也开始做出重大调整。1957 年,国家明确提出,国家在整个水利工程当中所充当的角色是必需性的辅助角色,合作社社员在水利工程建造之中应当积极参与,工程不论大小,都应该认真学习、落实勤俭办水利的精神,节约成本,多干实事。在整个集体化阶段,政府主导下"民办公助"的农村水利体系在全国范围内开始稳定和延续下来。

2.组建水利工程管理机构和管理队伍

中华人民共和国成立后,农田水利事业把建立健全各类灌区管理组织作为重要任务。1953年,全国水利会议提出:"要及早建立适当机构或指定专管人员,迅速订出管理章则,把所有的工程都好好管理起来,使它发挥应有作用。"1955年,全国水利会议指出,建立和健全管理机构及用水组织,用水制度,培养训练干部,迅速扭转灌溉管理工作的领导。对灌区管理机构,应本着精简上层、充实下层的精神加以调整和充实,新修的灌溉工程应当马上建立管理组织。

第一个五年计划时期,国家开始成立水利工程管理机构。水利部成立工程管理局,负责全国水利工程的管理。1961年,水利部颁布了水库等水利设施的管护规范,水利工程管理逐步得到重视。

改革开放后,水利事业逐渐恢复。1978年召开的全国水利管理会议重申,要整顿管理组织,健全管理体制和规章制度,水利设施较多的社、队,要有水利管理组织或专管人员。应该由专门的管理机构或者具有能力的组织来监督水利工程的实施。其人员编制,应在审批工程设计时审定。属于国家管理的水利工程,除配备必要的国家职工外,可参照湖南桃源县的经验,吸收受益社队的集体和亦工亦农人员参加管理,并建立相应的民主管理组织。

1.4.3 水利管理体制改革时期(1979—2004年)

20世纪70年代末,农村开始实行家庭联产承包责任制,人民公社被"包产到户"和"包干到户"等农业经营形式取代,国家开始认识到以前片面重视建设而轻视管理的弊端,政策重心逐渐向水利管理转变。

依照党的十一届三中全会所提出的"强化经营管理,讲究经济效益"的水利工作具体方针政策,新一轮水利管理体制机制改革开始。由于投资力度的减小,加上重建设轻管理现象的普遍存在,改革开放之初,农田水利建设规模缩小,除此之外,城市和工业用地占用灌溉土地,灌溉水源被污染,原有工程老化失修等,有近10年的时间,我国的灌溉面积都处于紧张状态。面对严峻的形势,中央及时意识到灌溉管理的问题,20世纪90年代初决定在农村推行"两工"制度,利用农村劳动力实现自我建设和管理。20世纪90年代成为全国农村劳动力投工投劳的高峰期,在推动农村水利建设发展上取得了很好的成效。2003年"两工"取消,全国有效灌溉面积5401.42万平方米,比2002年减少34.06万平方米,这是继20世纪80年代初期全国有效灌溉面积第一次下降之后的第二次下降。全国粮食产量继 1998 年达到 51230 万吨后连续 5 年下降,降到 2003 年的 43070 万吨。

我国从 20 世纪 80 年代开始,逐步加大对基层水利队伍的建设,全国水利厅(局)长会于 1980 年 9 月召开。这次会议正式提出,把公社的水利员及水利站工作人员等纳入国家编制,并在国家的水利支出中拨款建设。但是实际执行并不到位,于是基层水利队伍建设进度再次放缓。

根据全国水利会议精神,各地因地制宜完善了基层水利行政机构。各地有各地的特色,这一时期没有统一水利机构名称等,有的叫作水利水保障,也有的叫作水利站,行政单位的划分也较为混乱,乡、县、镇等各个层次的划分不统一等。随着社会发展,工业争水、城乡争水矛盾日益突出,国家开始推行节水管理。国家开始在实验示范基础上大规模推广喷灌、微灌技术,灌溉水利用效率和效益显著提高。

1.4.4　参与式管理时期(2005 年至今)

这一时期开始于农村税费改革之后,我国基层经济实力相对薄弱,村级收入降低,农民大多数还未将自我收入转变为经济收入。在这个背景之下,生产性基本建设需要的资金得不到满足,此时村组仍然使用"一事一议"的办法,也使得资金更难筹措。2005 年国家提出开展农田水利建设新思路,认为新时期应该既充分尊重农民意愿,又必须加大国家资金支持,在这个基础上开辟一个新局面,这个局面的重点在于政府支持和民主决策等多方面。

(1)参与式灌溉管理。

参与式灌溉管理理念更注重用水户对灌区的管理,而倡导政府放下职能,在工程维护建设及规划过程中都应让用水户参与,政府在这一过程中的主要作用是授权、扶持和指导等,强调政府的指导作用。在许多国家都把灌溉管理的责任转交至农民用水户协会的大环境中,国内开始引进参与式灌溉管理试点。据现有的数据统计,到 2016 年底,我国以农民用水户协会为主要形式的农民用水合作组织已达 8.34 万个。通过该方法灌溉农田的面积已经达到 3 亿亩,占我国农田灌溉面积的 29.8%。

(2)水资源高效利用。

伴随着经济社会的飞速发展,党和国家对水资源是否得到高效利用这一问题给予了高度的重视。2005 年以来,国家利用国债资金、政策性贴息贷款等手段,先后启动了"以节水为中心的大中型灌区续建配套与节水改造"、节水灌溉示

范项目、300 个节水增产重点县建设及节水型井灌区建设。水利部不断地推动政策的落实，在全国建立了共 18 个农业节水示范城市。在"十五"期间，国家对牧区节水灌溉示范项目、末级渠系节水改造试点项目等进行大力建设，通过总结这几个试点项目的经验，从节约能源的角度找到灌溉水资源的解决方式，建立了更多的灌溉实验室，并通过现有的经验建立相关灌溉体系，在农田得到灌溉的同时，处理好水资源稀缺导致的各种问题。在"十一五"实行过程中，国家对节水灌溉这一项目有了更为明确的指示。

第2章　灌溉水源及取水工程

2.1　灌　溉　水　源

2.1.1　灌溉水源的主要类型

灌溉水源指可以用于灌溉的水资源,主要有地表水和地下水两类。地表水包括河川径流和汇流过程中拦蓄起来的地面径流;地下水主要是指可以用于灌溉的地下径流。另外,随着工业和城市的发展,城市污水和灌溉回归水也逐步成为灌溉水源的组成部分。

(1)河川径流。河川径流指江河、湖泊中的水体。它的集雨面积主要在灌区以外,水量大,含盐量小,含沙量较大。河川径流是我国大中型灌区的主要水源,也可满足发电、航运和供水等部门的用水要求。

(2)地面径流。地面径流指由当地降雨产生的径流,如小河、沟溪和塘堰中的水。它的集雨面积主要在灌区附近,受当地条件的影响很大,是小型灌区的主要水源。我国南方地区降雨量大,利用地面径流发展灌溉十分普遍;北方地区降雨量小,时空分布不均,采用工程措施拦蓄地面径流用于灌溉也非常广泛。

(3)地下径流。地下径流一般指埋藏在地面下的潜水和承压水。它是小型灌溉工程的主要水源之一。我国利用地下水进行灌溉,已有悠久的历史,特别是西北、华北及黄淮平原地区,地表水缺乏,地下水丰富,开发利用地下水尤为重要。

(4)城市污水。城市污水一般指工业废水和生活污水。城市污水肥分高,水量稳定,但含有一定的有害物质,经过处理用于灌溉增产显著,已被城市郊区农田广泛应用。城市污水不仅是解决灌溉水源的重要途径,也是防止水资源污染的有效措施,但需要经过处理达到灌溉水质标准才可使用。

(5)灌溉回归水。灌溉回归水指灌溉水由田间、渠道排出或渗入地下并汇集到沟、渠、河道和地下含水层中可再利用的水源。但灌溉回归水在使用之前,要

化验确认其水质是否符合灌溉水质标准。

为了扩大灌溉面积和提高灌溉保证率,必须充分开发利用各种水资源,对地面水、地下水和城市污水进行统筹规划、合理开发、科学利用、厉行节约、全面保护,为实现农业生产的可持续发展提供可靠的物质基础。

2.1.2　灌溉对水源的要求

2.1.2.1　灌溉水源的水质及其要求

灌溉水源的水质是指水的化学、物理性状和水中含有固体物质的成分和数量。

1.灌溉水的水温

水温对农作物的生长影响颇大:水温偏低,对作物的生长起抑制作用;水温过高,会降低水中溶解氧的含量并提高水中有毒物质的毒性,妨碍或破坏作物的正常生长,因此,灌溉水要有适宜的水温。麦类根系生长的适宜温度一般为 $15\sim20$ ℃,最低允许温度为 2 ℃;水稻田灌溉水温为 $15\sim35$ ℃。一般井泉水及水库底层水温偏低,不宜直接灌溉水稻等作物,可通过水库分层取水、延长输水路程,采取迂回灌溉等措施,以提高灌溉水温。

2.灌溉水的含沙量

灌溉对水中泥沙的数量和组成有要求。粒径小的泥沙具有一定肥力,对作物生长有利,但泥沙过多,会影响土壤的通气性,不利于作物生长。粒径过大的泥沙,不宜入渠,以免淤积渠道,更不宜送入田间。一般认为,灌溉水中粒径在 $0.001\sim0.005$ mm 的泥沙颗粒,含有较丰富的养分,可以随水入田;粒径在 $0.005\sim0.1$ mm 的泥沙,可少量输入田间;粒径大于 0.15 mm 的泥沙,一般不允许入渠。

3.灌溉水的盐类

鉴于作物耐盐能力有一定限度,灌溉水的含盐量不应超过许可浓度。含盐浓度过高,作物根系吸水困难,作物将枯萎,还会抑制作物正常的生理过程。灌溉水的允许含盐量一般应小于 2g/L。土壤透水性能和排水条件好的情况下,可允许矿化度略高;反之应降低。

4.灌溉水的有害物质

灌溉水中含有某些重金属(如汞、铬)和非金属(如砷、氰和氟)等元素,是具有毒性的。灌溉用水对有毒物质的含量须有严格的限制。

　　总之,灌溉水源必须进行化验以分析其水质,要求符合《农田灌溉水质标准》(GB 5084—2021)中规定的农田灌溉用水水质基本控制项目限值(表 2.1)。不符合标准的水,应设沉淀池或氧化池等,经过沉淀、氧化和消毒处理后,才能用来灌溉。

表 2.1　农田灌溉用水水质基本控制项目限值

序号	项目类别	作物种类		
		水田作物	旱地作物	蔬菜
1	五日生化需氧量/(mg/L),≤	60	100	40[a],15[b]
2	化学需氧量/(mg/L),≤	150	200	100[a],60[b]
3	悬浮物/(mg/L),≤	80	100	60[a],15[b]
4	阴离子表面活性剂/(mg/L),≤	5	8	5
5	水温/℃,≤	35		
6	pH 值	5.5～8.5		
7	全盐量/(mg/L),≤	1000(非盐碱土地区),2000(盐碱土地区)		
8	氯化物/(mg/L),≤	350		
9	硫化物/(mg/L),≤	1		
10	总汞/(mg/L),≤	0.001		
11	总镉/(mg/L),≤	0.01		
12	总砷/(mg/L),≤	0.05	0.1	0.05
13	铬(六价)/(mg/L),≤	0.1		
14	总铅/(mg/L),≤	0.2		
15	粪大肠菌群数/(MPN/L),≤	40000	40000	20000[a],10000[b]
16	蛔虫卵数/(个/10L),≤	20		20[a],10[b]

注:[a] 加工、烹调及去皮蔬菜;

　　[b] 生食类蔬菜、瓜类和草本水果。

2.1.2.2　灌溉水源的水位及水量要求

　　灌溉对水源水位的要求是应该保证灌溉所需的控制高程;对水量的要求是应满足灌区不同时期的用水需求,但是未经调蓄的水源与灌溉用水常不协调。因此,人们经常采取一些措施,如修建水库等,以抬高水源的水位和提高调蓄水

量,将所需的灌溉水量提高到灌溉要求的控制高程。

2.2 灌溉取水工程的分类及特点

灌溉取水方式,随水源类型、水位和水量的状况而定。利用地面水灌溉有不同的取水方式,如无坝引水、有坝引水、抽水取水、水库取水等;地下水灌溉,则需打井或修建其他集水工程,现分述如下。

2.2.1 地面水取水方式

2.2.1.1 无坝引水

无坝引水渠首不设拦河坝(闸)等壅水建筑物,直接从河流和湖泊中取水。无坝引水渠首连同渠道称为无坝引水工程。无坝引水渠首引水方式简单,投资少,见效快,对天然河道的影响较小,与其他国民经济部门(航运、漂木、渔业等)之间的矛盾也小,适合在大江大河上取水。无坝引水渠首适用于引水比不大(引水比为 20%～30%),防沙要求不高,水位及流量能够满足取水设计流量的情况。

渠首按平面布置形式划分为岸边式引水渠首、导流堤式引水渠首和引渠式引水渠首。

1. 岸边式引水渠首

当河岸稳定、引水条件较好时,可采用岸边式引水渠首。岸边式渠首引水渠首较短,一般要求进水闸应尽量靠近河岸,力求缩短闸前引渠的长度,以减少引渠中的淤积的泥沙,并便于冲沙。多沙河流的无坝渠首多采用这种布置形式。

2. 导流堤式引水渠首

在坡降较陡、引水量较大的河道上,可顺河道水流方向修建导流堤,在导流堤根部设冲沙闸。导流堤的作用是收束水流,壅高水位,以满足引进设计流量的要求。冲沙闸除汛期宣泄部分洪水外,平时用以冲沙。导流堤的布置,一般从冲沙闸向上游方向延伸,使其接近主流。导流堤长度视引水流量的大小及引水高程而定。导流堤与主流应有适当的交角,该交角不宜过大或过小,过大易遭河水冲刷,过小则导致导流堤长度加大而增加工程量,一般以 10°～20°为宜。

3. 引渠式引水渠首

当取水口河岸不稳定并伴有边滩沙嘴时,或引渠兼有沉沙作用时,可在取水口与进水闸之间设置引水渠道。引水渠首按沉沙及冲沙要求设计,横断面和长度可参考沉沙渠设计方法确定。引渠末端按正面引水,侧面排沙的原则布置进水闸、冲沙闸和泄水渠,通过冲沙闸和泄水渠将泥沙排至下游河道。当引水渠首淤到一定程度时,则需关闭进水闸,利用引水渠首进出口之间的水头差进行水力冲沙。

2.2.1.2 有坝取水

有坝取水是横贯河床设置溢流低坝或闸控制河道水流,抬高水位,保证渠首引水的取水枢纽。有坝取水引水保证率高,一般能满足渠道设计流量引水要求。目前国内已建成运行的有坝取水以低坝沉沙槽式、拦河闸式、弯道式三种引水渠首最为常见。

1. 低坝沉沙槽式引水渠首

低坝沉沙槽式引水渠首一般由挡水低坝、溢流低坝、冲沙闸、沉沙槽及进水闸等组成。用低坝壅高水位是这类渠首的显著特点。它主要适用于平原沙质河床,并且多修建在中小河流上。低坝沉沙槽式引水渠首根据进水闸所在位置又分为侧面引水式和正面引水式两种。

(1)侧面引水式。侧面引水式的进水闸布置在河岸一侧。为了有较好的防沙效果,侧面引水式枢纽的进水闸与冲沙闸引水角应设置为锐角,宜为 $70°\sim75°$,如图 2.1 所示。在低坝沉沙槽式引水渠首中,冲沙闸位于溢流坝的一端,靠近进水闸。主要作用是枯水期关闭壅水沉沙,汛期打开冲沙闸宣泄部分洪水,并冲刷沉沙槽内的前期淤沙,将河道主槽稳定在进水闸前,以确保进水闸正常引水。

为了使沉沙槽内具有一定的蓄沙容积,同时避免大量底沙入渠,进水闸底板至少应高出冲沙闸底板 $1.0\sim1.5$ m。沉沙槽长度宜为进水闸宽度的 1.3 倍或超过进水闸上游端 $5\sim10$ m。

(2)正面引水式。侧面引水口在分水时,水流要弯曲,由于表层流速大,底层流速小,大部分底沙进入渠道。为了改变这种不利于引水防沙的水流结构,除了在引水口前设置局部导流设施,有的工程将进水闸与冲沙闸呈一字形排列在河床内,使引水口面对河道水流方向形成正面引水式。

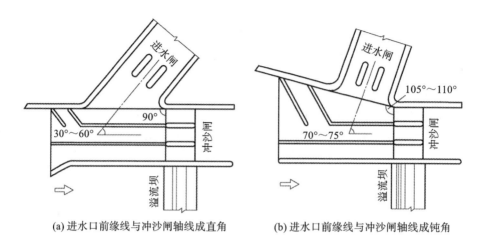

(a) 进水口前缘线与冲沙闸轴线成直角　　　(b) 进水口前缘线与冲沙闸轴线成钝角

图 2.1　低坝侧面引水式进水闸布置

正面引水式的另一种布置形式与上述低坝式引水渠首的主要不同之处是在引水口门后接了一段较长的引渠。引水渠首的作用如同沉沙槽,由于引水渠首较长,泥沙淤积容量大,沉沙效果比沉沙槽好。引水渠首的末端设计成弯道,并按正面引水、侧面排沙原则布置进水闸和冲沙闸。这种布置形式在我国青海省应用较多,其引水防沙效果较好。

2.拦河闸式引水渠首

拦河闸式引水渠首是针对低坝沉沙槽式枢纽溢流坝上游河段容易被泥沙淤平,一旦淤平,进水闸实际上就处于无坝引水状态,引水防沙得不到保证这一缺陷,用拦河闸取代溢流低坝而形成的。拦河闸式引水渠首以靠近进水闸的几孔拦河闸兼作冲沙闸,并用上、下游导流墙与其他拦河闸孔分开,导流墙与进水闸翼墙构成沉沙槽。拦河闸式引水渠首增加了冲沙宽度,基本上不改变渠首上、下游河道的形态,既可壅水沉沙,又可以开闸泄水冲沙。与溢流坝相比,拦河闸式引水渠首除能排除上游壅水段淤积的泥沙外,还能灵活地调节水位和流量,借闸门的启闭来调整上游河道主流的方向,使取水口始终保持良好的引水条件。

拦河闸式引水渠首适用范围较广,既适用于山区卵石河床,也适用于防洪任务较重的平原沙质河床。但其造价较高,多用于引水保证率较高的大中型引水工程。拦河闸最小过水宽度应是在汛期敞开闸门宣泄造床流量时,库区不产生壅水,保持天然流泄水冲沙状态。这样才能有效地将库区淤沙排往下游,恢复主河槽。拦河闸的底板高程视河道比降的陡缓及引水比的大小而定。在比降较陡的山区河流,当引水比较小时,闸底板高程与河道的平均高程齐平;当引水比较大,超过 50%～60%,推移质数量大,河道比降较缓时,闸底板高程应高于河底 1～2 m,以防闸下淤积。

3.弯道式引水渠首

弯道式引水渠首适用于推移质为卵石的山区河道,多用于大中型工程。它是利用弯道环流原理,将水沙分流,达到正面引水、侧面排沙目的。这类引水渠首主要由泄洪闸或溢流低坝、人工引水弯道、进水闸和冲沙闸等组成。图 2.2 为弯道式引水渠首布置的典型实例。

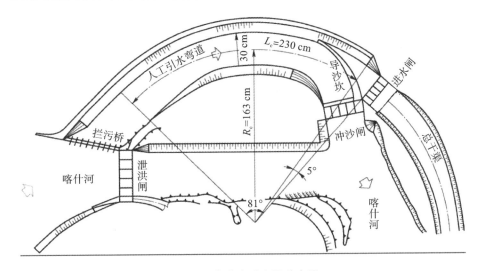

图 2.2　弯道式引水渠首布置

其中泄洪闸或溢流低坝布置在弯道进水口的下游,用于壅高水位和泄洪。进水闸与冲沙闸按照正面引水、侧面排沙原则布置在引水弯道的末端。进水闸设在凹岸,其中心线与弯道切线方向一致,面对水流方向。进水闸前修建曲线形导沙坎,以便进一步加强闸前横向环流作用,将推移质泥沙导向冲沙闸。进水闸底板高程一般高出冲沙闸底板 1.0～1.5m。冲沙闸设在凸岸,为了使冲沙闸各孔尽可能均匀泄流排沙,冲沙闸与进水闸中心线夹角一般为 35°～45°。

2.2.1.3　抽水取水

河流水量比较丰富,但灌区位置较高,修建其他自流引水工程困难或不经济时,可就近采取抽水取水方式,修建灌溉泵站。这样,干渠工程量小,但增加了机电设备及年管理费用。灌溉泵站枢纽主要包括取水口、引水渠首、前池、进水池、泵房、出水管道和出水池以及变电所、节制闸等。

灌溉泵站应根据当地的地形、水源、能源、交通和行政区划等条件对灌区进行分片、分级控制,并确定合适的泵站站址,从而达到工程投资少、运行管理费用低的目的。一般常用的灌区划分方案有以下几种。

(1)单站一级提水,集中灌溉。如图2.3(a)所示,在水源岸边修建一个水泵站A,通过出水管道B将水抽送到出水池C后,再由干渠D分水控制全灌区的面积。这种划分灌区的方法适用于灌区地形等高线基本平行于水源,同时灌溉面积不大,输水渠道不长,扬程较小的灌区。一些局部高地和地形高差不大的小型灌区均可采用该类方案,其特点是工程规模小,机电设备较少,工程布置较集中。

(2)多站一级提水,分区灌溉。当灌区的等高线基本平行于水流,可灌溉土地面积较大时,常以渠长或天然沟(河)为分界,将灌区划分成几个单独的提水灌区。每个灌区均在水源边单独建一个泵站,均为一级提水,如图2.3(b)所示。分区灌溉有机电设备多、输电线路长的缺点。所以,分区方案应进行相关技术经济论证,择优而行。

(3)单站分级提水,分区灌溉。此种方式适用于面积不大的灌区,当水源靠近高山,有时可以用一个泵站控制有明显高差的几个灌区,为了避免抽高灌低,而在水源岸边修建一处泵站,安装一种或几种扬程的水泵,向不同高程出水池供水,高地用高池灌溉,低地用低池灌溉,如图2.3(c)所示。

单站分级提水虽然较一级提水节约能源,但当安装一种型号的水泵又无调节时,水泵运行效率偏低;而安装不同扬程的水泵时,又使泵型增多,给管理带来不便。

(4)多站分级提水,分区灌溉。对于一些地形由缓变陡且面积较大的灌区,为了避免抽高灌低的情况,可以将前一级泵站的出水池作为水源,修建二级、三级泵站,以控制整个灌区面积,如图2.3(d)所示。这样比修建一级提水灌溉节

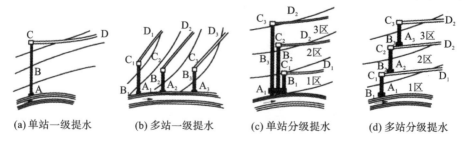

(a)单站一级提水   (b)多站一级提水   (c)单站分级提水   (d)多站分级提水

图2.3   抽水取水规划示意图

省功率。理论上可以证明,分二级提水的总功率比一级提水可节省能耗 1/4,分三级提水可比一级提水节省能耗 1/3。

由此可见,分级越多,设备功率越低,电费越少,但是,分级越多,泵站数目、机组数目、渠道、建筑物以及管理运行人员越多,投资和管理支出也会增多。同时,在上下级站用水配合上也会出现一些新问题。因此,应按照最小功率原则确定各级扬程,合理地确定分级数目和站址高程。

2.1.1.4　水库取水

河流的流量、水位均不能满足灌溉要求时,必须在河流的适当地点修建水库调节径流,综合利用河流水源,以解决来水和用水之间的矛盾。这是河流水源较常见的一种取水方式。采用水库取水,必须修建大坝、溢洪道和进水闸等建筑物,工程较大,且有相应的库区淹没损失,因此必须认真选择建库坝址。但水库能充分利用河流水资源,这是优于其他取水方式之处。

上述几种取水方式,有时还能综合使用,引取多种水源,形成蓄、引、提结合的灌溉系统。

2.2.2　地下水取水方式

由于不同地区地质、地貌和水文地质条件不同,地下水开采利用的方式和取水建筑物的形式也不相同。根据不同的开采条件,地下水取水方式大致可分为垂直取水建筑物、水平取水建筑物和双向取水建筑物三大类。

2.2.2.1　垂直取水建筑物

1.管井

管井是在开采利用地下水中应用最广泛的取水建筑物,它不仅可开采深层承压水,也可开采浅层水。水井结构主要由一系列井管组成,故称为管井。穿透整个含水层的管井,称为完整井;穿透部分含水层的管井,称为非完整井。根据我国北方一些地区农田用水经验,井深在 60 m 以内,井径宜在 700~1000 mm;60~150 m 的中深井,井径可采用 300~400 mm;150 m 以上的深井,井径可取 200~300 mm。管井出水量较大,一般采用机械提水,故通常也称为机井。

管井的一般结构是把井壁管(亦称实管)和滤水管(亦称花管)连接起来,形成一个管柱,垂直安装在打成的井孔中,井壁管安装在隔水层处和不拟开采的含水层处,滤水管安装在开采的含水层处,管井最下一段为沉淀管(4~8 m),以沉淀流入井中的泥沙。在取水的含水层段,井管与井孔的环状间隙中,填入经过筛选的砾石(人工填料),以起滤水阻砂的作用;在填砾顶部的隔水层或不开采的含水层段,用黏土球止水,以防止水质不好的水渗入含水层,破坏水源。此外在井管上端井口处,应用砖石砌筑或用混凝土浇筑井台,以便安装抽水机和保护井口。

2.筒井

筒井是一种大口径的取水建筑物,由于其直径较大(一般为1~2m),形似圆筒而得名。有的地区筒井直径为3~4 m,甚至达到12 m。这种筒井又称为大口井,筒井多用砖石等材料衬砌,有的采用预制混凝土管作井筒。筒井具有结构简单、检修容易、就地取材等优点。但由于口径太大,筒井不宜过深,因而筒井多用于开采浅层地下水,其深度一般为6~20 m,深者达30 m。

筒井有三个组成部分。①井台,是筒井的地上部分,起保护井身、安放提水机械和生产管理之用。②井筒,亦称旱筒,是含水层以上的部分。③进水部分。它是埋藏在含水层的部分,故亦称水筒,是筒井的主要组成部分,地下水自含水层通过井壁(非完整井还通过井底)进入井中。

2.2.2.2　水平取水建筑物

1.坎儿井

坎儿井主要分布在我国新疆地区山前洪积冲积扇下部和冲积平原的耕地。高山融雪水经过洪积冲积扇上部的漂砾卵石地带时,大量渗漏变为潜流。人们采取开挖廊道的形式,引取地下水。当地称这种引水廊道为坎儿井,见图2.4。

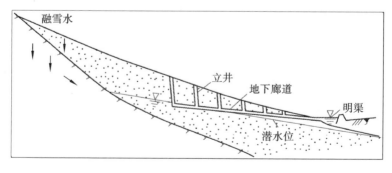

图 2.4　坎儿井

坎儿井工程由地下廊道和立井组成。地下廊道是截取地下潜流和输水的通道。廊道的比降小于潜流的水力坡降,为 1‰～8‰,廊道出口处底部与地面平行,向上游开挖,逐渐低于地下水位,于是潜流就可以顺廊道流出地面,进入引水渠。廊道底部高于地下水位的部分,起输水作用,顺水流方向开挖;廊道底部低于地下水位的部分起集水作用,可垂直地下水流向开挖。廊道断面为矩形,拱顶用木料和块石砌成。立井与地面垂直,在廊道开挖过程起出土和通风作用,又称工作井。立井间距 15～30 m,上游立井间距离较远,下游立井间距离较近。每个坎儿井的立井由数十到上百不等。坎儿井的下游与引水渠相接,可自流灌溉。

2.卧管井

卧管井即埋设在地下水较低水位以下的水平集水管道。集水管道与提水竖井相通,地下水渗入水平集水管,流到竖井,可用水泵提取灌溉。为了增加卧管井的出水量,集水管埋置深度应在地下水位最低水位以下 2～3 m。集水管长度 100 m 左右,间距 300～400 m,可用普通井管或水泥砾石管。为了防淤,集水管周围应填砂砾料。

卧管井在地下水位高的沼泽化和盐渍化地块可起暗管排水作用,但在抗旱上有一定局限性,因为旱季随着地下水位的降低,卧管井的出水量将显著减少。另外,卧管埋置较深,施工和检修工作量都很大。

3.截潜流工程

在山麓地区,许多河流因砂砾、卵石长期沉积,河床渗漏严重,除洪水季节外,平时河中水量很小,大部分水经地下砂石层潜伏流走,特别是在干旱季节,河床往往处于干涸状态。在这些河床中修筑地下坝(截水墙)拦截地下潜流的工程,即称截潜流工程,通常也称干河取水或地下拦河坝工程,如图 2.5 所示。

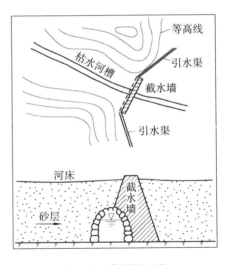

图 2.5　截潜流工程

2.2.2.3 双向取水建筑物

为了增加地下水的出水量,有时采用双向取水建筑物,如辐射井。在大口井动水位以下,穿透井壁,按径向沿四周含水层安设水平集水管道,以扩大井的进水面积,提高井的出水量。因这些水平集水管呈辐射状而称为辐射井(图 2.6)。

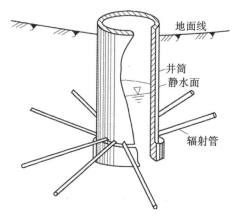

图 2.6 辐射井

辐射管的作用在于集取地下水。大口竖井具有较好的集水作用,它主要为打辐射管提供施工场所,并把从辐射管流出的水汇集起来供水泵抽取,因此辐射井中的大口竖井又叫作"集水井"。

辐射管沿井管周长均匀分布,其数目一般为 3~8 个,长度视要求的水量和土质而定。集水井直径应根据辐射井施工要求而定,一般以 3 m 为宜。在黄土和裂隙黏土、亚黏土等黏土层中钻的辐射孔,一般不需要下水平滤水管,只需要在辐射孔的出口处打进 1 m 左右的护筒。在砂性土层中钻孔则需安装滤水管,以防止孔壁坍塌。为了增加水头和出水量,辐射孔的位置应布设在集水井下部。为了便于施工操作,并使集水井在发生淤积时不致堵塞孔口,集水井的最下部应留一定沉沙段。

2.3 灌溉取水工程的水利计算

灌溉取水工程的水利计算是灌区规划的主要组成部分。水利计算可以揭示灌区来水与用水之间的矛盾,并确定协调这些矛盾的工程措施。在确定引水灌溉工程的规模之前,需先进行灌区水量平衡计算。灌区水量平衡计算是根据水源来水过程和灌区用水过程进行的。所以,必须首先确定水源的来水过程和灌区的用水过程。这两个过程都是逐年变化的,每年都不相同。因此,在进行灌溉工程规划设计时,必须确定用哪个年份的来水过程和用水过程作为设计的依据。在工程实践中,灌溉工程多用一个特定水文年份的来水过程和用水过程进行平衡计算,这个特定的水文年份称为典型年,又称设计年,而设计年又是根据灌溉标准确定的。

2.3.1　设计标准与设计年的选择

2.3.1.1　设计标准

进行灌溉工程的水利计算之前,必须确定灌溉工程的设计标准。我国表示灌溉设计标准的指标有两种:一种是灌溉设计保证率,另一种是抗旱天数。

1. 灌溉设计保证率

灌溉设计保证率是指一个灌溉工程的灌溉用水量在多年期间能够得到保证的概率,以正常供水的年数占总年数的百分数表示,通常用符号 P 表示。例如 $P=80\%$,表示一个灌区平均 100 年中有 80 年的灌溉用水量可以得到水源供水的保证,其余 20 年则供水不足,作物生长受到影响。可用下式计算:

$$P = \frac{m}{n+1} \times 100\% \tag{2.1}$$

式中, P 为灌溉设计保证率,%; m 为灌溉设施能保证正常供水的年数,年; n 为灌溉设施供水的总年数,年,一般计算系列年数不宜少于 30 年。

灌溉设计保证率的选定,不仅要考虑水源供水的可能性,还要考虑作物的需水要求。在水源一定的条件下,灌溉设计保证率定得高,灌溉用水量得到保证的年数多,灌区作物因缺水而造成的损失小,但可发展的灌溉面积小,水资源利用程度低;灌溉设计保证率定得低则相反。在灌溉面积一定时,灌溉设计保证率越高,灌区作物因供水保证程度高而增产的可能性越大,但工程投资及年运行费用越大;反之,虽可减少工程投资及年运行费用,但作物因供水不足而减产的概率将会增加。因此,灌溉设计保证率定得过高或过低都是不经济的。

灌溉设计保证率选定时,应根据水源和灌区条件,全面考虑工程技术、经济等各种因素,拟订几种方案,计算几种保证率的工程净效益,从中选择一个经济上合理、技术上可行的灌溉设计保证率,以便充分开发利用地区水土资源,获得最大的经济效益和社会效益。具体可参照《灌溉与排水工程设计标准》(GB

50288—2018)所规定的数值,见表2.2。

表 2.2　灌溉设计保证率

灌水方法	地区	作物种类	灌溉设计保证率/(%)
地面灌溉	干旱地区 或水资源紧缺地区	以旱作为主	50~75
		以水稻为主	70~80
	半干旱、半湿润地区 或水资源紧缺地区	以旱作为主	70~80
		以水稻为主	75~85
	湿润地区 或水资源丰富地区	以旱作为主	75~85
		以水稻为主	80~95
喷灌、微灌	各类地区	各类作物	85~95

注:(1)作物经济价值较高的地区,宜选用表中较大值;作物经济价值不高的地区,可选用表中较小值;(2)引洪淤灌系统的灌溉设计保证率可取30%~50%。

2.抗旱天数

抗旱天数是指在作物生长期间遇到连续干旱时,灌溉设施的供水能够保证灌区作物用水要求的天数。例如,某灌溉设施的供水能够满足连续 50 d 干旱所灌面积的作物灌溉用水,则该灌溉设施的抗旱天数为 50 d。用抗旱天数作为灌溉设计标准,概念明确具体,易于群众理解接受,适用于以当地水源为主的小型灌区,在我国南方丘陵地区使用较多。

选定抗旱天数应进行经济分析,抗旱天数定得越高,作物缺水受旱的可能性越小,但工程规模大,投资多,水资源利用不充分,不一定是经济的;反之,抗旱天数定得过低,工程规模小,投资少,水资源利用较充分,但作物遭受旱灾的可能性大,也不一定经济。

应根据当地水资源条件、作物种类及经济状况等,全面考虑,分析论证,以选取切合实际的抗旱天数。根据《灌溉与排水工程设计标准》(GB 50288—2018)规定:以抗旱天数为标准设计灌溉工程时,单季稻灌区可用30~50 d,双季稻灌区可用50~70 d。经济发达地区,可按上述标准提高10~20 d。

2.3.1.2　设计年选择

1.灌溉用水设计年的选择

灌溉设计标准确定后,可根据这个标准对某一水文气象要素进行分析计算来选择灌溉用水设计年。常用的方法有以下几种。

（1）按年雨量选择。把灌区多年降雨量资料分类,进行频率计算,选择降雨频率与灌溉设计保证率相同或相近的年份,作为灌溉用水设计典型年。这种方法只考虑了年降雨量的大小,而没有考虑年雨量的年内分配情况及其对作物灌溉用水的影响,按此年份计算出来的灌溉用水量和作物实际要求的灌溉用水量往往差别较大。

（2）按干旱年份的雨型分配选择。对历史上曾经出现的、旱情较严重的一些年份的降雨量年内分配情况进行分析研究,首先选择对作物生长最不利的雨量分配作为设计雨型;然后按第一种方法确定设计年的降雨量;最后把设计年雨量按设计雨型进行分配,以此作为设计年的降雨过程。这种方法采用了真实干旱年的雨量分配和符合灌溉设计保证率的年雨量,是一种比较好的方法。

灌溉用水设计年确定后,即可根据该年的降雨量、蒸发量等气象资料制定作物灌溉制度,绘制灌水率图和灌溉用水流量过程线,计算灌溉用水量。这样,设计年的灌溉用水过程就确定了。

2．水源来水设计年的选择

与确定灌溉用水设计年的方法一样,把历年灌溉用水期的河流平均流量(或水位)从大到小排列,进行频率计算,选择与灌溉设计保证率相等或相近的年份作为水源来水设计年,以这一年的河流流量、水位过程作为设计年的来水过程。

2.3.2　无坝引水工程水利计算

无坝引水工程水利计算的主要任务是确定经济合理的灌溉面积,计算设计引水流量,确定引水枢纽规模与尺寸等。

2.3.2.1　设计灌溉面积的确定

首先根据实际需要,初步拟订一个灌溉面积,用此面积分别乘以设计灌水率图上各灌水率值,求出设计年流量过程线。由于无坝引水灌溉流量不得大于河道枯水流量的 30%,所以应把设计年的河道流量过程线乘以 30%,作为设计年的河道供水流量过程线。然后进行供水平衡计算,可能出现三种情况:①供水过程远大于用水过程,说明初定的灌溉面积小了,可扩大灌溉面积;②供水过程能够满足用水过程,且两个过程比较接近,说明初定的灌溉面积比较合适,就以它作为灌溉面积;③供水过程不能满足用水过程,说明初定的灌溉面积大了,应减少灌溉面积,并按河道供水过程确定设计灌溉面积,方法是依据设计年供水流量

过程线和灌水率图,找出供水流量与灌水率商值最小的时段,以此时段的供水 $Q_{供}$ 除以毛灌水率 $q_{毛}$,即为设计灌溉面积 $A_{设}$。这种方法也可直接用来计算设计灌溉面积。计算公式为:

$$A_{设} = \left[Q_{供} / q_{毛} \right]_{\min} \tag{2.2}$$

2.3.2.2　设计引水流量的确定

无坝引水渠首进水闸设计流量,应取历年灌溉期最大灌溉流量进行频率分析,选取相应的灌溉设计保证率的流量作为进水闸设计流量,也可取设计代表年的最大灌溉流量作为进水闸设计流量。下面介绍设计代表年法确定设计引水流量的方法。

(1)选择设计代表年。由于仅选择一个年份作为代表年具有很大的偶然性,故可按下述方式选择一个代表年组:①对渠首河流历年(或历年灌溉临界期)的来水量进行频率分析,按灌区所要求的灌溉设计保证率,选出2~3年,作为设计代表年,并求出相应年份的灌溉用水量过程;②对灌区历年作物生长期降雨量或灌溉定额进行频率分析,选择频率接近灌区所要求的灌溉设计保证率的年份2~3年,作为设计代表年,并根据水文资料,查得相应年份渠首河流来水过程;③从上述一种或两种方法所选得的设计代表年中,选出2~6年组成一个设计代表年组。

(2)对设计代表年组中的每一年,进行引水、用水量平衡分析计算,若在引水、用水量平衡计算中,发生破坏情况,则应采取缩小灌溉面积、改变作物组成或降低设计标准等措施,并重新计算。

(3)选择设计代表年组中实际引水流量最大的年份作为设计代表年,并以该年最大引水流量作为设计流量。

对于小型灌区,由于缺乏资料,没有绘制灌水率图时,可根据已成灌区的灌水率经验值和水源供水流量来计算设计灌溉面积和设计引水流量,也可根据作物需水高峰期的最大灌水定额和灌水延续时间来确定设计引水流量。

2.3.2.3　闸前设计水位的确定

无坝引水渠首进水闸闸前设计水位,应取河、湖历年灌溉期旬或月平均水位进行频率分析,选取相应于灌溉设计保证率的水位作为闸前设计水位,也可取河、湖多年灌溉期枯水位的平均值作为闸前设计水位。

2.3.2.4　闸后设计水位的确定

闸后设计水位一般是根据灌区高程控制要求而确定的干渠渠首水位。干渠渠首水位推算出来以后,还应与闸前设计水位减去过闸水头损失后的水位相比较,如果推算出的干渠渠首水位偏高,则应以闸前设计水位扣除过闸水头损失作为闸后设计水位。这时灌区控制高程要降低,灌区范围应适当缩小,或者向上游重新选择新的取水地点。

2.3.2.5　进水闸闸孔尺寸的拟定及校核

进水闸闸孔尺寸主要指闸底板高程和闸孔净宽。在确定这些尺寸时,应将底板高程与闸孔宽度联系起来,统一考虑。因为同一个设计流量,闸底板定得高些,闸孔宽度就可大些;闸底板定得低些,闸孔净宽就可小些。设计时必须根据建闸处地形、地质条件、河流挟沙情况等综合考虑,反复比较,以求得经济合理的闸孔尺寸。

闸底板高程确定后,即可根据过闸设计流量、闸前及闸后设计水位、过闸水流流态,按相应的水力学公式计算出闸孔净宽。具体计算方法详见相关资料。大型工程在设计计算后,还应通过模型试验予以验证。

2.3.3　有坝引水工程的水利计算

有坝引水工程水利计算的任务,是根据设计引水要求和设计供水情况,确定拦河坝高度、上游防护范围及进水闸尺寸等。

2.3.3.1　拦河坝高度的确定

确定拦河坝高度应考虑:①应满足灌溉引水对水源水位的要求;②在满足灌溉引水的前提下,使筑坝后上游淹没损失尽可能小;③适当考虑发电、航运、过鱼等综合利用的要求。设计时常先根据灌溉引水高程初步拟定坝顶高程,然后结合河床地形、地质、坝型以及坝体工程量和坝上游防洪工程量的大小等因素,进行综合比较后加以确定。

(1)溢流段坝顶高程的计算。

溢流段坝顶高程可按下式计算(见图2.7):

$$Z_溢 = Z_设计 + \Delta Z + \Delta D_1 \tag{2.3}$$

式中,$Z_溢$为拦河坝溢流段坝顶高程,m;$Z_设计$为相应的设计引水流量的干渠渠首水位,m;ΔZ 为渠首进水闸过闸水头损失,一般为 0.1~0.3 m;ΔD_1 为安全超高,中小型工程可取 0.2~0.3 m。

推算出来的坝顶高程 $Z_溢$ 减去坝基高程 $Z_基$(见图 2.7),即得溢流段坝的高度 H_1。

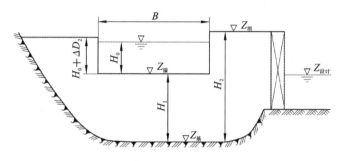

图 2.7 拦河坝坝顶高程示意图

(2)非溢流段坝顶高程的计算。

$$Z_坝 = Z_溢 + H_0 + \Delta D_2 \tag{2.4}$$

$$H_0 = \left(\frac{Q_M}{\varepsilon m B \sqrt{2g}} \right)^{2/3} \tag{2.5}$$

式中,H_0 为宣泄设计洪峰流量时的溢流水深,m;ΔD_2 为安全超高,m,按坝的级别、坝型及运用情况确定,一般可取 0.4~1.0 m;Q_M 为设计洪峰流量,m^3/s;B 为拦河坝溢流段宽度,m,可按 $B = Q_M / q_M$ 计算,q_M 为下游河床允许单宽流量,软岩基为 30~50 $m^3/(s \cdot m)$,坚硬岩基为 70~100 $m^3/(s \cdot m)$,软弱土基为 5~15 $m^3/(s \cdot m)$,坚实土基为 20~30 $m^3/(s \cdot m)$;ε 为侧收缩系数;m 为溢流坝流量系数;其余符号意义同前。

非溢流段坝高 H_2 为:

$$H_2 = Z_坝 - Z_基 \tag{2.6}$$

2.3.3.2 拦河坝的防洪校核及上游防护设施的确定

河道中修筑拦河坝后,抬高了上游水位,扩大了淹没范围,必须采取防护措施,确保上游城镇、交通和农田的安全。为了进行防洪校核,首先要确定防洪设计标准。中小型引水工程的防洪设计标准,一般采用 10~20 年一遇洪水设计,100~200 年一遇洪水校核。根据设计标准的洪峰流量与初拟的溢流段坝高和坝长,即可用式(2.5)计算出坝顶溢段流水深 H_0。这项计算往往与溢流段坝高的计算交叉进行。

H_0 确定后,可按稳定非均匀流推求出上游回水曲线,计算方法见相关资料,回水曲线确定后,根据回水曲线各点的高程就可确定淹没范围。对于重要的城镇和交通要道,应修建防洪堤进行防护。防洪堤的长度应根据防护范围确定,堤顶高程则按设计洪水回水水位加超高来确定,超高一般采用 0.5 m。如果坝上游淹没情况严重,所需防护工程投资很大,则应考虑改变拦河坝设计方案,如增加溢流坝段的宽度,在坝顶设置泄洪闸或活动坝等,以降低壅水高度,减少上游淹没损失。

2.3.3.3　进水闸尺寸的确定

进水闸的尺寸取决于过闸水流状态、设计引水流量、闸前及闸后设计水位,而闸前设计水位 $Z_{前}$ 与设计时段河流来水流量有关(图 2.8)。

当设计时段河流来水流量等于引水流量($Q_1 = Q_{引}$)时,闸前设计水位为:

$$Z_{前} = Z_{溢} \tag{2.7}$$

当设计时段来水流量大于引水流量($Q_1 > Q_{引}$)时,闸前设计水位为:

$$Z_{前} = Z_{溢} + h_2 \tag{2.8}$$

式中,h_2 为设计年份灌溉临界期河道流量 Q_1 减去引水流量 $Q_{引}$ 后,相应于河道流量的 Q_2 的溢流水深,按式(2.5)计算。

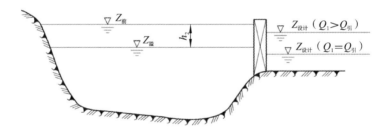

图 2.8　有坝引水闸前设计水位计算示意图

如有引渠,还应考虑引水渠中的水头损失。

闸后设计水位和闸孔尺寸的计算,与无坝引水工程计算方法相同。

第3章 灌溉渠道系统及渠系建筑物

输配水渠道一般线路长,沿线地形起伏变化大,地质情况复杂,为了准确调节水位、控制流量、分配水量、穿越各种障碍,满足灌溉、水力发电、工业及生活用水的需要,需要在渠道上修建的水工建筑物统称为渠系建筑物。

1. 渠系建筑物的种类和作用

渠系建筑物的种类很多,一般按其作用分类,主要有以下几种:渠道、调节及配水建筑物、交叉建筑物、落差建筑物、泄水建筑物、冲沙和沉沙建筑物、量水建筑物。

渠系中的建筑物,一般规模不大,但数量多,总的工程量和造价在整个工程中所占比例较大,因此,应尽量简化结构,改进设计和施工,以节约原材料和劳动力、降低工程造价。

2. 渠系建筑物的特点

各种渠系建筑物的作用虽各有不同,但具有较多的共同点。

(1)量大面广、总投资多。单个工程的规模一般都不太大,但数量多,总的工程量往往很大。

(2)同类建筑物较为相似。建筑物位置分散在整个渠道沿线,同类建筑物的工程条件常相近。因此,宜采用定型化结构和装配式结构,以简化设计、加快施工进度、缩短工期、降低造价、节省劳力和保证工程质量。

(3)受地形环境影响较大。渠系建筑物的布置主要取决于地形条件,与群众的生产、生活环境密切相关。

3. 渠系建筑物的布置原则

(1)灌溉渠道的渠系建筑物应按设计流量设计、加大流量校核。排水沟道的渠系建筑物仅按设计流量设计,同时,应满足水面衔接、泥沙处理、排泄洪水、环保和施工、运行、管理的要求,并满足交通和群众生产、生活的需要。

(2)渠系建筑物应布置在渠线顺直、地质条件良好的缓坡渠段上。在底坡陡于临界坡的急坡渠段上不应布置改变渠道过水断面形状、尺寸、纵坡和设有阻水结构的渠系建筑物。

（3）渠系建筑物应避开不稳定场地和滑坡、崩塌等不良地质渠段，对于不能避开的其他特殊地质条件应采用适宜的布置形式或地基处理措施。

（4）顺渠向的渡槽、倒虹吸管、陡坡与跌水、节制闸等渠系建筑物的中心线与所在渠道的中心线重合。跨渠向的渡槽、倒虹吸管、涵洞等渠系建筑物的中心线宜与所跨渠道的中心线垂直。

（5）除倒虹吸管和虹吸式溢洪堰外，渠系建筑物宜采用开敞式布置或无压明流流态。

（6）在渠系建筑物的水深、流急、高差大、邻近高压电线及有毒有害物质等开敞部位，应针对具体情况分别采取留足安全距离、设置防护隔离设施或醒目明确的安全警示标牌等安全措施。

（7）渠系建筑物设计文件中应包含必要的安全运行规程、操作制度和安全监测设计。

由于篇幅限制，本章重点介绍灌溉渠道系统、交叉建筑物和落差建筑物。

3.1　灌溉渠道系统

灌溉渠道系统是指从水源取水、通过渠道及其附属建筑物向农田供水、经由田间工程进行农田灌水的工程系统，包括渠首工程、输配水工程和田间工程三大部分。灌溉渠首工程有水库、提水泵站、有坝引水工程、无坝引水工程、水井等多种形式，用以适时、适量地引取灌溉水量。输配水工程包括渠道和渠系建筑物，其任务是把渠首引入的水量安全地输送、合理地分配到灌区的各个部分。田间工程指农渠以下的临时性毛渠、输水垄沟和田间灌水沟、畦田以及临时分水等，用以向农田灌水，满足作物正常生长或改良土壤的需要。

在现代灌区建设中，灌溉渠道系统和排水沟道系统是并存的，两者互相配合，协调运行，共同构成完整的灌区灌溉排水系统，如图 3.1 所示。

3.1.1　渠道系统的组成和分类

灌溉渠系由各级灌溉渠道和退（泄）水渠道组成。灌溉渠道按其使用寿命分为固定渠道和临时渠道两种：多年使用的永久性渠道称为固定渠道；使用寿命小于一年的季节性渠道称为临时渠道。灌溉渠道按控制面积大小和水量分配层次又可分为若干等级，大、中型灌区的固定渠道一般分为干渠、支渠、斗渠、农渠四级,如图 3.1 所示。

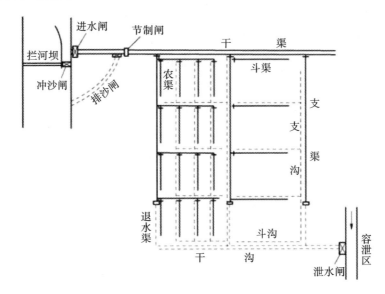

图 3.1 灌溉排水系统示意图

3.1.2 渠道系统的规划

3.1.2.1 灌溉渠道的规划原则

(1)在既定的水源和水位下,各级渠道应布置在灌区的较高地带,以便自流控制较大的灌溉面积,对面积很小的局部高地宜采用提水灌溉的方式。

(2)使工程量和工程费用最小。一般来说,渠线应尽可能短直,以减少占地和工程量。尽可能与道路和防护林带、排水渠系等统一考虑(如渠线结合防护林带布置或沿路布置),以减少渠道深挖高填和交叉建筑物的数量,节约工程投资及管理费用。

(3)渠道的布置应尽量与行政区划或农业生产单位相结合,尽可能使各用水单位都有独立的用水渠道,以利管理。

(4)斗、农渠的布置要满足机耕要求。渠道线路要直,上、下级渠道尽可能垂直,斗、农渠的间距要有利于机械耕作。

(5)要考虑综合利用。山区、丘陵区的渠道布置应集中落差,以便发电和进行农副业加工。

(6)灌溉渠系规划应和排水系统规划结合进行。在多数地区,必须有灌有排,以便有效地调节农田水分状况。通常先以天然河沟作为骨干排水沟道,布置排水系统,在此基础上,布置灌溉渠系。应避免沟、渠交叉,以减少交叉建筑物。

(7)灌溉渠系布置应和土地利用规划(如耕作区、道路、林带、居民点等规划)相配合,以提高土地利用率,方便生产和生活。

3.1.2.2　干、支渠的规划布置

干、支渠的布置形式主要取决于地形条件,大致可以分为以下 3 种类型。

1.山区、丘陵区灌区的干、支渠布置

山区、丘陵区地形比较复杂、岗冲交错、起伏剧烈、坡度较陡、河床切割较深、比降较大、耕地分散、位置较高。山区、丘陵区的干渠通常有两种布置方式:一种是沿灌区上部边缘布置,大体上和等高线平行,支渠沿两溪间的分水岭布置;一种是在丘陵地区,灌区内主要岗岭横贯中部,干渠可布置在岗脊上,大体和等高线垂直,干渠比降视地面坡度而定,支渠自干渠两侧分出,控制岗岭两侧的坡地。

2.平原区灌区的干、支渠布置

这类灌区大多位于河流中、下游地区的冲积平原,地形平坦开阔,耕地集中连片。平原区灌区依地形情况可分为山前洪积冲积扇灌区和河谷阶地灌区两种情况。其中山前洪积冲积扇灌区,地面坡度较大,排水条件较好,洪、涝威胁较轻,但干旱问题比较突出。当灌区内地下水丰富时,可同时发展井灌和渠灌。干渠多沿山麓方向大致和等高线平行布置,支渠与其垂直或斜交;河谷阶地位于河流两侧,呈狭长地带,地面坡度倾向河流,高处地面坡度较大,河流附近坡度平缓,干渠多沿河流岸旁高地与河流平行布置,大致和等高线垂直或斜交,支渠与其成直角或锐角布置。

3.圩垸区灌区的干、支渠布置

分布在沿江、滨湖低洼地区的圩垸区,地势平坦低洼,河湖港汊密布。该区域由于外河水位常高于农田,人们在江河两岸和沿湖滩地圈坪筑堤防洪(挡潮),进行围垦,形成独立的区域,叫作圩垸。由于特殊的地形条件,圩垸区灌区常受外洪内涝威胁,地下水位较高。此外,因降雨不均,旱情也常发生。除涝和控制地下水位是圩垸型灌区面临的首要问题,圩垸区的渠道系统为灌、排、蓄结合的深沟河网系统,圩垸内地形一般四周高而中间低,干渠常沿圩垸四周布置,灌溉渠系一般设干、支两级到田。干渠控制面积大。以排为主,兼顾灌溉,排灌分家,各成系统。

3.1.2.3 斗、农渠的规划布置

1.斗、农渠的规划布置要求

斗、农渠的规划和农业生产要求关系密切,除遵守灌溉渠道规划原则外,还应满足以下要求:①适应农业生产管理和机械耕作要求;②便于配水和灌水,有利于提高灌水工作效率;③有利于灌水和耕作的密切配合;④土地平整工程量较少;⑤平原地区自流灌区的斗渠长度一般为 3~5 km,控制面积为 3000~5000亩,斗渠的间距主要根据机耕要求确定,和农渠的长度相适应;⑥农渠是末级固定渠道,控制范围为一个耕作单元。农渠长度根据机耕要求确定,在平原地区通常为 500~1000 m,间距为 200~400 m,控制面积为 200~600 亩。丘陵地区农渠的长度和控制面积较小。在有控制地下水位要求的地区,农渠间距根据农沟间距确定。

2.布置形式

斗农渠的布置要与排水沟道相配合。其配合方式取决于地形条件,有以下两种基本形式。

(1)灌排相间布置。在地形平坦或有微地形起伏的地区,宜把灌溉渠道和排水沟道交错布置,沟、渠都是两侧控制,工程量较省。这种布置形式称为灌排相间布置。

(2)灌排相邻布置。在地面向一侧倾斜的地区,渠道只能向一侧灌水,排水沟也只能接收一边的径流,灌溉渠道和排水沟道只能并行,上灌下排,互相配合。这种布置形式称为灌排相邻布置。

3.1.3 渠道设计流量

3.1.3.1 灌溉渠道流量概述

在灌溉实践中,渠道的流量在一定范围内是变化的。设计渠道的纵横断面时,要考虑流量变化对渠道的影响。通常用以下 3 种特征流量覆盖流量变化的范围,代表在不同运行条件下的工作流量。

1.设计流量

在灌溉设计标准条件下,为满足灌溉用水要求,需要渠道输送的最大流量。通常是根据设计灌水模数(设计灌水率)和灌溉面积进行计算的。

在渠道输水过程中,水面蒸发、渠床渗漏、闸门漏水、渠尾退水等导致水量损失。需要渠道提供的灌溉流量称为渠道的净流量,计入水量损失后的流量称为渠道的毛流量。设计流量是渠道的毛流量,它是设计渠道断面和渠系建筑物尺寸的主要依据。

2. 最小流量

在灌溉设计标准条件下,渠道在工作过程中输送的最小流量用修正灌水模数图上的最小灌水模数值和灌溉面积进行计算。应用渠道最小流量可以校核下一级渠道的水位控制条件和确定修建节制闸的位置等。

3. 加大流量

加大流量是考虑到在灌溉工程运行过程中可能出现一些难以准确估计的附加流量,把设计流量适当放大后所得到的安全流量。简单地说,加大流量是渠道运行过程中可能出现的最大流量,它是设计渠堤堤顶高程的依据。

3.1.3.2　灌溉渠道水量损失

由于渠道在输水过程中存在水量损失,就出现了净流量(Q_n)、毛流量(Q_g)、损失流量(Q_l)这 3 种流量,它们之间的关系为:

$$Q_g = Q_n + Q_l \tag{3.1}$$

对于一个渠段而言,段首处的流量为毛流量,段尾处的流量为净流量;对于一条渠道来说,该渠道引水口处的流量为毛流量,同时自该渠道引水的所有下一级渠道分水口的流量之和为净流量。渠道的水量损失包括渠道水面蒸发损失、渠床渗漏损失、闸门漏水损失和渠道退水损失等。水面蒸发损失一般不足渗漏损失水量的 5%,在渠道流量计算中常忽略不计。闸门漏水损失和渠道退水损失取决于工程质量和用水管理水平,可以通过加强灌区管理工作予以限制,在计算渠道流量时不予考虑。把渠床渗漏损失水量近似地看作总输水损失水量。

3.1.3.3　渠道的工作制度

渠道的工作制度就是渠道的输水工作方式,分为续灌和轮灌两种。

(1)续灌。在一次灌水延续时间内,自始至终连续输水的渠道称为续灌渠道。这种输水工作方式称为续灌。

为了使各用水单位受益均衡,避免因水量过分集中而造成灌水组织和生产安排困难,一般灌溉面积较大的灌区,干、支渠多采用续灌。

（2）轮灌。同一级渠道在一次灌水延续时间内轮流输水的工作方式叫作轮灌。实行轮灌的渠道称为轮灌渠道。

3.1.3.4　渠道设计流量推算

渠道的工作制度不同，设计流量的推算方法也不同，下面分别予以介绍。

1.轮灌渠道设计流量的推算

因为轮灌渠道的输水时间小于灌水延续时间，所以不能直接根据设计灌水模数和灌溉面积自下而上地推算渠道设计流量。常用的方法是：根据轮灌组划分情况自上而下逐级分配末级续灌渠道（一般为支渠）的田间净流量，再自下而上逐级计入输水损失水量，推算各级渠道的设计流量。

（1）自上而下分配末级续灌渠道的田间净流量。如图 3.2 所示，支渠为末级续灌渠道，斗、农渠的轮灌组划分方式为集中编组，同时工作的斗渠有 2 条，农渠有 4 条。为了使讨论具有普遍性，设同时工作的斗渠为 n 条，每条斗渠里同时工作的农渠为 k 条。

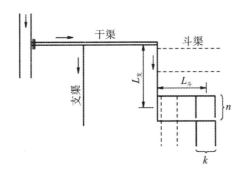

图 3.2　渠道轮灌示意图

a.计算支渠的设计田间净流量。在支渠范围内，不考虑损失水量的设计田间净流量为：

$$Q_{支田净} = A_支 q_设 \qquad (3.2)$$

式中，$Q_{支田净}$ 为支渠的田间净流量，m^3/s；$A_支$ 为支渠的灌溉面积，万亩；$q_设$ 为设计灌水模数，$m^3/(s \cdot 万亩)$。

b.由支渠分配到每条农渠的田间净流量为：

$$Q_{农田净} = \frac{Q_{支田净}}{nk} \qquad (3.3)$$

式中，$Q_{农田净}$ 为农渠的田间净流量，m^3/s。

在丘陵地区,受地形限制,同一级渠道中各条渠道的控制面积可能不等。在这种情况下,斗、农渠的田间净流量应按各条渠道的灌溉面积占轮灌组灌溉面积的比例进行分配。

(2)自下而上推算各级渠道的设计流量。

a.计算农渠的净流量。先由农渠的田间净流量计入田间损失水量,求得田间毛流量,即农渠的净流量为:

$$Q_{农净} = \frac{Q_{农田净}}{\eta_f} \tag{3.4}$$

b.推算各级渠道的设计流量(毛流量)。根据农渠的净流量自下而上逐级计入渠道输水损失,得到各级渠道的毛流量,即设计流量。由于有两种估算渠道输水损失水量的方法,由净流量推算毛流量的方法也有两种。

A.用经验公式估算输水损失的计算方法:

$$Q_g = Q_n(1 + \sigma L) \tag{3.5}$$

式中,Q_g 为渠道的毛流量,m³/s;Q_n 为渠道的净流量,m³/s;σ 为每千米渠道损失水量与净流量比值;L 为最下游一个轮灌组灌水时渠道的平均工作长度,km。计算农渠毛流量时,可取农渠长度的一半进行估算。

B.用经济系数估算输水损失的计算方法:

$$Q_g = \frac{Q_n}{\eta_c} \tag{3.6}$$

在大、中型灌区,支渠数量较多,支渠以下的各级渠道实行轮灌。如果都按上述步骤逐条推算各条渠道的设计流量,工作量很大。为了简化计算,通常选择一条有代表性的典型支渠(作物种植、土壤性质、灌溉面积等影响渠道流量的主要因素具有代表性),按上述方法推算支渠、斗渠、农渠的设计流量,计算支渠范围内的灌溉水利用系数 $\eta_{支水}$,以此作为扩大指标,用式(3.7)计算其余支渠的设计流量。

$$Q_支 = \frac{q_设 A_设}{\eta_{支水}} \tag{3.7}$$

同样,以典型支渠范围内各级渠道水利用系数作为扩大指标,可计算出其他支渠控制范围内的斗渠、农渠的设计流量。

2.续灌渠道设计流量的推算

续灌渠道一般为干支渠道,渠道流量较大,上下游流量相差悬殊,这就要求分段推算设计流量,各渠段采用不同的断面。另外,各级续灌渠道的输水时间都

等于灌水延续时间,可以直接由下级渠道的毛流量推算上级渠道的毛流量。所以,续灌渠道设计流量的推算方法是自下而上逐级、逐段进行推算。

由于渠道水利用系数的经验值是根据渠道全部长度的输水损失情况统计出来的,它反映的是不同流量在不同渠段上运行时输水损失的综合情况,而不能代表某个具体渠段的水量损失情况。

3.1.3.5　渠道最小流量和加大流量的计算

1.渠道最小流量的计算

对于同一条渠道,其设计流量($Q_设$)与最小流量($Q_{最小}$)相差不要过大,否则在用水过程中有可能因水位不够而造成引水困难。为了保证对下级渠道正常供水,目前有些灌区规定渠道最小流量以不低于渠道设计流量的 40% 为宜;也有的灌区规定渠道最低水位不小于设计水位的 70%。在实际灌水中,如某次灌水定额过小,可适当缩短供水时间,集中供水,使流量大于最小流量。

2.渠道加大流量的计算

渠道加大流量的计算是以设计流量为基础,设计流量乘以加大系数,按式(3.8)计算:

$$Q_J = JQ_d \tag{3.8}$$

式中,Q_J 为渠道加大流量,m^3/s;J 为渠道流量加大系数,见表 3.1;Q_d 为渠道设计流量,m^3/s。

表 3.1　渠道流量加大系数

设计流量/(m^3/s)	加大系数 J
<1	1.30～1.35
1～5	1.25～1.30
5～10	1.20～1.25
10～30	1.15～1.20
>30	1.10～1.15

轮灌渠道控制面积较小,轮灌组内各条渠道的输水时间和输水流量可以适当调剂,因此轮灌渠道不考虑加大流量。在抽水灌区,渠首泵站设有备用机组时,干渠的加大流量按备用机组的抽水能力而定。

3.1.4　灌溉渠道系统的施工——坦桑尼亚桑给巴尔灌溉基础设施建设项目土地整理工程

桑给巴尔的耕地面积约为 130000 公顷,其中 8521 公顷已被认定为具有灌溉潜力。目前,桑给巴尔的灌溉面积仅为 800 公顷。由于现有农业严重依赖降雨,预计 2020 年稻米产量将达到 13000 吨。灌溉农业有可能显著提高家庭粮食安全并减少对进口食品的依赖。

该项目将在 Unguja(Cheju,Kibokwa,Kinyasini,Chaani 和 Kilombero)的五个计划和 Pemba(Makwararani 和 Mlemele)的两个计划中开发 1524 公顷。

项目渠系包括 113.5 km 灌溉渠,94.7 km 排水渠,100 km 农圃道及其他辅助设施(如旁路、小型涵洞、跌水、倒虹吸等)。

土地整理工程包括农田土地、灌溉排水渠道、农圃道、晾晒场等。施工方案内容见表 3.2。

表 3.2　施工方案内容

项目	灌溉渠/km	排水渠/km	农圃道/hm²	土地整理/hm²	晾干场/个
Cheju	55.7	51.1	47.9	803.0	9
Kibokwa	12.2	9.3	10.1	411.0	2
Kinyasini	14.8	10.4	10.6		2
Chaani	5.8	4.1	5.8	71.0	—
Kilombero	8.1	5.6	7.7	100.0	1
Makwararani	9.1	7.4	9.2	78	1
Mlemele	7.8	6.8	8.7	61	1
合计	113.5	94.7	100.0	1524.0	16

3.1.4.1　施工程序

土地整理施工程序为:测量放样→现场清理→农田道路施工→渠道开挖、砌筑及附属结构施工→混凝土衬砌和回填→土地平整及晾晒场施工。

3.1.4.2　主要施工内容

1. 农田道路施工

农田道路路面应用天然砾石铺设,并用压路机压实。

如果开挖的表层土条件较好,可用作铺设材料。如果底层土部分或全部为软弱土,则可在工程师批准的情况下,用从外部取土坑(设计 $CBR \geqslant 3$)的良好土壤代替。路堤填筑分层层厚为 30 cm。

根据纵向坡度设计,坡度必须小于 14%。道路的断面坡度为 1.5% ~ 2.0%,非路面道路为 3% ~ 6%,中心部分按规范要求高于边缘部分。

道路施工开始后,厚度应均匀。

必要时,应砌筑排水沟,以便适当将水排出。如果存在道路上方通过的地表水、地下水或农圃道位置上的渗透水,承包商应安装排水沟,以保护施工和养护道路。

施工程序为:测量放样→表层土清除与清理→开挖(如有必要)→路堤(如有必要)→路基处理→红土路面施工→现场清理。

2. 渠道工程施工

渠道采用定形的开挖机械开挖、衬砌采用定型渠道衬砌机进行。应小心进行开挖工作,不得过度挖掘,边坡表面应具有良好的渠道或排水工程的条件。

渠道底标高按规范考虑如下。

渠道(二级或三级)底部标高必须等于或高于稻田底部标高。

排水支管底标高比水田低 60 cm。虽然排水条件较好,但正常时间排水面积较小,差值大于 60 cm。同时,当水田的排水依赖涵洞排水时,排水支管的底标高比水田低 90 ~ 120 cm。

当承包商砌筑渠道或排水沟时,应考虑路面高度不会给堤坝造成意想不到的问题。此外,也应清除所有可能对渠道或排水沟造成损坏的岩石或障碍物,以防止发生泄漏。

渠道施工前,应砌筑临时渠道,与水田比较的底高为 −5 ~ 10 cm,用于取水和机械移动。同时,还应修建临时水道,以防止发生水流问题。

(1)灌溉渠施工。

施工程序为:测量放样→现场清理→开挖→渠道砌筑→混凝土衬砌和回填→竣工检查。

灌溉渠的高程比排水渠高。首先应进行放样,确定渠道路径。应在坚固基础上进行混凝土浇筑和加固。在灌溉渠路线上进行适当的表面成型,以保证水流顺畅。

(2)排水渠施工。

施工程序为:测量放样→现场清理→开挖→渠道砌筑→竣工检查。

砌筑排水沟,用于排水,同时避免灌溉田发生不必要的积水。排水沟的高程比灌溉渠低。

首先应进行放样确定渠道路径。在灌溉渠路线上进行适当的表面成型,以保证水流顺畅。

3.土地平整

在进行土地平整工作之前,应进行适当测量,以检查标高和协调情况,并根据工作要求向工程师报告测量结果。

施工程序为:测量放样→剥离表土→土方工程→整地工程。

(1)挖土、筑堤施工。

在平整工程开始之前,应将表层土和所有障碍物移至指定地点,其中包括工作区域内的所有意外障碍物,比如岩石、碎石、砂砾等。应小心进行挖土作业,以免过度挖土。

如有必要,将对需要更多土壤的区域砌筑土堤。

在挖方和筑堤工程完成后,承包商应检查水稻田的标高,并提交灌溉渠和排水沟施工报告,同时报告水稻田标准高度等。

无用的道路应清除,以免影响耕作;不得将土壤散布在水田中。

(2)特别平整作业施工。

在对生长的水稻有危害或存在重金属污染的情况下,在道路的特殊边坡、排水沟、堤岸或路堤中使用客土。

承包商将对该区域的排水进行管理,以便对已筑堤的低洼地、溪流和农田池塘进行平整作业。必要时,应加强土层与超高填土的路堤。

承包商将处理路堤过高或沉降过大的地方。如果在陡峭区域进行挖土作业时存在现有地下水,承包商将与工程师就其排水方法进行讨论。

(3)水稻田平整。

在平整土地工程完成并在地块注水后,实施水稻田平整工程。由于不能在表层土铺砌后进行修复,必须用湿式推土机进行深土水稻田平整作业。承包商应根据工作要求对路堤部分的情况、不良土壤部分产生的原因、土壤阻力和与其

他物质的混合状态进行检查,然后开始工作,比如额外填土和消除其他材料。工作结束后,在底部或侧面发现涌出水时,承包商应进行排水。

在水田、灌溉渠、排水沟等平整工程完成后,按规范要求进行土地平整和分部工程。土地平整工程应最大限度地减少土壤移动,并平衡削坡工程和路堤工程之间的数量。在路堤工程完成后,承包商应进行压实作业,以防止发生不稳定或不均匀沉降现象。

一般在同一地区进行路堤与路堑平衡作业,但以下情况应按规范进行:平整工程完成后的水稻田地面高度(如需要地下排水层)应高于地下排水层 90～120 cm。

(4)晾晒场施工。

晾晒场施工主要包括场地清理与平整、砂石垫层铺摊及碾压、钢筋网混凝土浇筑。

3.2　调节和配水建筑物

调节及配水建筑物是用以调节水位和分配流量的建筑物,如节制闸、分水闸等。

3.2.1　节制闸

节制闸是建于河道或渠道中用于调节上游水位、控制下泄水流流量的水闸。天然河道上的拦河节制闸枢纽常常包括进水闸、船闸、冲沙闸、水电站、抽水站建筑物。渠道上的节制闸利用闸门启闭调节上游水位和下泄流量,满足下一级渠道分水或截断水流进行闸后渠道检修的要求。通常节制闸建于分水闸和泄水闸的稍下游,抬高水位以利分水和泄流;或建于渡槽或倒虹吸管的稍上游,以利控制输水流量和事故检修;并尽量与桥梁、跌水和陡坡等结合,以节省造价。

渠系上节制闸的过水宽度要与上、下游渠道宽度相适应,以利于连接;特别是平原地区的填方渠道,底坡平缓,若闸宽过大,通过设计流量时闸前显著壅水,将增加上游渠堤的工程量,且影响其安全;建于挖方渠道上的节制闸,闸孔过水断面可略小于渠道过水断面。通过节制闸的流量和上下游水位需根据灌区采用的灌溉制度来确定。当采用轮灌时,节制闸上下游渠道的设计流量相同,下游水位即为设计流量时相应的渠水位;当采用续灌时,节制闸上下游设计流量不同,闸前水位需取相应流量的渠水位,但下游水位需考虑下一级节制闸壅水的影响。渠道节制闸多用开敞式,闸槛高程宜与渠底齐平,采用平底宽顶堰,闸后消能防冲措施比较简单,开始泄流时可利用护坦上设置的消力墩扩散水流,撞击消能;也可用消力池底流消能。上下游翼墙力求与渠坡平顺连接,常常采用扭曲面过渡,以减小水头损失。在平原圩区的河渠上,在短距离内设置两个节制闸,俗称套闸,分级挡水,可起简易船闸的作用,既可解决圩内交通运输,又可起到防洪排涝和控制水位的作用。沿海地区的套闸,洪水时开闸泄洪,涨潮时关闸防止海水倒灌;低水(或落潮)时,关闸蓄水灌溉,故套闸多按双向受压设计,其功能类似分洪闸。节制闸的组成、结构及设计要点与一般水闸相同。

3.2.2　分水闸

分水闸是建于干渠以下分水渠道首部以控制分水流量的水闸,主要作用是控制分水流量。分水闸分为有闸控制或无闸控制。有闸控制的分水闸位于节制闸稍上的渠堤上或分水口稍后的分水渠上。当渠道需要两侧分水时,两分水闸尽量共用一个节制闸,既能节约工程量,又便于操作管理。无闸控制的分水闸常布置在供水渠的一侧,分水渠是向供水区供水的渠道。当分水流量较大时,分水闸常用开敞式;当渠堤较高、分水流量不大时,宜用涵洞式。分水闸孔口尺寸根据分水流量和上下游水位确定。有闸控制时,分水闸上游水位采用节制闸前的壅高水位;无闸控制时,闸上游水位近似取用上一级渠道在分水口以下的渠水位。分水闸下游水位均采用由用水区推算到分水渠口的水位。分水闸的设计过闸流速不宜太大,以利于与下游渠道的连接和消能。

分水闸进口有不对称布置和对称布置两种。不对称布置改善进流条件,过流能力高于对称布置约 5%,且较经济。进口对称布置的翼墙连接形式有八字式、走廊式、一字墙式和扭曲面式,其中扭曲面式进流条件好,水头损失小,但施工比较复杂,容易随堤坡不均匀沉降而开裂。因此,许多地区采用预制构件,特别是年内气温变化较小的南方地区,对小型工程的扭曲面翼墙采用整体预制、吊装施工方法,可以克服上述缺陷。

分水闸和节制闸的轴线有正交布置和斜交布置。采用斜交布置时,其夹角均小于 90°,对分水和防止泥沙入渠均较有利,故在具有泥沙入渠的分水闸布置常用斜交布置。分水闸一般规模小、数量多,结构形式应力求简单,宜采用轻型的定型构件,装配施工。

3.3 交叉建筑物

交叉建筑物是渠道与山谷、河流、道路、山岭等相交时所修建的建筑物,如渡槽、倒虹吸管、涵洞、水工隧洞等。

3.3.1 渡槽

3.3.1.1 渡槽的作用及组成

渡槽是输送渠道水流跨越河渠、道路、沟谷等的架空输水建筑物,可用来输送渠水、排沙、泄洪、导流等。

渡槽一般由进出口连接段、槽身、支承结构及基础组成。渠道通过进出口连接段与槽身相连接,槽身置于支承结构上,槽身重量及槽中水重通过支承结构传给基础,再传给地基。

渡槽一般适用于渠道跨越窄深河谷且洪水流量较大,渠道跨越广阔滩地或洼地等情况。与倒虹吸管相比,渡槽具有水头损失小、便于管理运用及可通航等优点,是交叉建筑物中采用最多的一种形式。

3.3.1.2 渡槽的类型

渡槽的类型,一般指输水槽身及其支承结构的类型。输水槽身及其支承结构的类型较多,且材料不同,施工方法各异,因而其分类方式也较多:按槽身断面形式分为 U 形槽、矩形槽及抛物线形槽等;按材料分为砖石渡槽、混凝土渡槽、钢筋混凝土渡槽、钢丝网水泥渡槽等;按施工方法分为现浇整体式、预制装配式及预应力渡槽;按支承结构形式分为梁式、拱式、桁架式、组合式及悬吊或斜拉式等。而其中梁式渡槽是最基本也是应用最广的形式。

梁式渡槽的槽身支承于墩台或排架之上,槽身侧墙在纵向起梁的作用。

根据支点位置的不同,梁式渡槽可分为简支梁式、悬臂梁式及连续梁式三种。悬臂梁式渡槽一般为双悬臂式,也有单悬臂式。

梁式渡槽的跨度不宜过大,一般在 20 m 以下较经济。

3.3.1.3 渡槽的总体布置

渡槽的总体布置主要包括槽址位置的选择、渡槽选型、进出口建筑物布置等内容。一般根据规划确定的任务和要求,进行勘探调查,取得较为全面的地形、地质、水文、建材、交通、施工和管理等方面的基本资料,在技术经济分析的基础上,选出最优的布置方案。

1. 槽址位置的选择

选择槽址关键是确定渡槽的轴线及槽身的起止点位置。一般对于地形、地质条件较复杂、长度较大的大中型渡槽,应找二至三个较好的位置,通过方案比较,从中选出较优方案。

选择槽址位置的基本原则是力求渠线及渡槽长度较短,地质良好,工程量最小;进、出口水流顺畅,运用管理方便;槽身起、止点落在挖方上,并有利于进、出口及槽跨结构的布置,施工方便。具体选择时,一般应考虑以下几个方面。

(1)地质良好。尽量选择具有承载能力的地段,以减少基础工程量。跨河(沟)渡槽,应选在岸坡及河床稳定的位置,以减少削坡及护岸工程量。

(2)地形有利。尽量选在渡槽长度短、进出口落在挖方上、墩架高度小的位置。跨河渡槽,应选在水流顺直河段,尽量避开河湾处,以免凹岸及基础受到流水冲刷。

(3)便于施工。槽址附近尽可能有较宽阔的施工场地,料源近,交通运输方便,并尽量少占耕地,减少移民。

(4)交通便利,运用管理方便。

2. 槽型选择

长度不大的中小型渡槽,一般可选用一种类型的单跨或等跨渡槽。对于地形、地质条件复杂且长度大的大中型渡槽,视其情况,可选一至两种类型和两三种跨度的布置方案。具体选择时,应主要从以下几方面考虑。

(1)地形、地质条件。对于地势平坦、槽高不大的情况,宜选用梁式渡槽,施工较方便;对于窄深沟谷且两岸地质条件较好的情况,宜建单跨拱式渡槽;对于跨河渡槽,当主河槽水深流急,水下施工困难,而滩地部分槽底距地面高度不大,且渡槽较长时,可在河槽部分采用大跨度拱式渡槽;在滩地则采用梁式或中小跨度的拱式渡槽;对于地基承载力较低的情况,可考虑采用轻型结构的渡槽。

(2)建筑材料情况。应贯彻就地取材和因材选型的原则。当槽址附近石料储量丰富且质量符合要求时,应优先考虑采用砌石拱式渡槽,但也应进行综合比较研究,选用经济合理的结构形式。

(3)施工条件。若具备必要的吊装设备和施工技术,则应尽量采用预制装配

式结构,以期加快施工进度,节省劳力。同一渠系上有几个条件相近的渡槽时,应尽量采用同一种结构形式,便于实现设计施工定型化。

3.进出口建筑物布置

渡槽进出口建筑物一般包括进出口渐变段,槽跨结构与两岸的连接建筑物(槽台、挡土墙等),节制闸、交通桥及泄水闸等建筑物。

进出口建筑物的主要作用:①使槽内水流与渠道水流衔接平顺,并可减小水头损失和防止冲刷;②连接槽跨结构与两岸渠道,可以避免产生漏水、岸坡或填方渠道产生过大的沉陷和滑坡现象;③满足交通和泄水等要求。

(1)渐变段的形式及长度。为了使水流进出槽身时比较平顺,以利于减小水头损失和防止冲刷,渡槽进出口均需设置渐变段。渐变段常采用扭曲面形式,其水流条件好,一般用浆砌石建造,迎水面用水泥砂浆勾缝。八字墙式水流条件较差,但施工方便。

渐变段的长度 L 一般采用下列经验公式确定:

$$L = C(B_1 - B_2) \tag{3.9}$$

式中,C 为系数,进口取 $15 \sim 2.0$,出口取 $2.5 \sim 3.0$;B_1 为渠道水面宽度,m;B_2 为渡槽水面宽度,m。

对于中小型渡槽,通常进口 $L \geqslant 4h_1$,出口 $L \geqslant 6h_2$,h_1、h_2 分别为上、下游渠道水深。

渐变段与槽身之间常因各种需要设置连接段,连接段的长度视具体情况由布置确定。

(2)槽跨结构与两岸的连接。对于梁式、拱式渡槽,槽跨结构与两岸渠道的连接方式基本是相同的。其连接应保证安全可靠,连接段的长度应满足防渗要求,一般槽底渗径(包括渐变段)长度不小于 $6 \sim 8$ 倍渠道水深;应设置护坡和排水设施,保证岸坡稳定;填方渠道还应防止产生过大的沉陷。

a.槽身与填方渠道的连接。通常采用斜坡式和挡土墙式两种形式。斜坡式连接是将连接段(或渐变段)伸入填方渠道末端的锥形土坡内,根据连接段的支承方式不同,又可分为刚性连接和柔性连接两种。

刚性连接是将连接段支承在埋于锥形土坡内的支承墩上,支承墩建于老土或基岩上。对于小型渡槽,可不设连接段,而将渐变段直接与槽身相连,并按变形缝构造要求设止水。

柔性连接是将连接段(或渐变段)直接置于填土上,靠近槽身的一端仍支承在墩架上。要求夯实回填土,并根据估算的沉陷量,对连接段预留沉陷高度,保证进出口建筑物的设计高程。

挡土墙式连接是将边跨槽身的一端支承在重力挡土墙式边墩上,并与渐变段或连接段连接。挡土墙建在老土或基岩上,保证其稳定并减小沉陷量。为了减小挡土墙背后的地下水压力,在墙身和墙背面应设排水。渐变段与连接段之下的回填土,多采用砂性土,并应分层夯实,上部铺 0.5～1.0 m 厚的黏性土作防渗铺盖。该种形式一般用于填方高度不大的情况。

b.槽身与挖方渠道的连接。由于连接段直接建造在老土或基岩上,沉陷量小,故其底板和侧墙可采用浆砌石或混凝土建造。有时为缩短槽身长度,可将连接段向槽身方向延长,并建在浆砌石底座上。

3.3.1.4　渡槽的水力设计

通过水力设计确定槽底纵坡、槽身过水断面形状及尺寸、进出口高程,并验算水头损失是否满足渠系规划的要求。

1.槽底纵坡的确定

合理选定纵坡 i 是渡槽水力设计的关键一步,槽底纵坡 i 是槽身过水断面和槽中流速大小的决定性因素。当条件许可时,宜选择较陡的纵坡。初拟时,一般取 $i=1/1500～1/500$ 或槽内流速 $v=1～2$ m/s(最大可达 $3～4$ m/s);对于长渡槽,可按渠系规划允许水头损失 $[\Delta Z]$ 减去 0.2m 后,再除以槽身总长度,作为槽底纵坡 i 的初拟值。

2.槽身过水断面形状及尺寸的确定

槽身过水断面常采用矩形和 U 形两种:矩形断面适用于大、中、小流量的渡槽,U 形适用于中小流量的渡槽。

槽身过水断面的尺寸,一般按渠道最大流量来拟定净宽 b 和净深 h,按通过设计流量计算水流通过渡槽的总水头损失值 ΔZ,若 ΔZ 等于或略小于渠系规划允许水头损失值 $[\Delta Z]$,则可确定 i、b 和 h 的值,进而确定相关高程。

槽身过水断面按水力学有关公式计算,当槽身长度 $L \geqslant (15～20)h$(h 为槽内设计水深)时,则按明渠均匀流公式计算;当 $L < (15～20)h$ 时,则按淹没宽顶堰公式计算。

初拟 b、h 时,一般按 h/b 比值来拟定,h/b 不同,槽身的工程量也不同,故应选定适宜的 h/b 值。梁式渡槽的槽身侧墙在纵向起梁的作用,加高侧墙可以提高槽身的纵向承载力,故从水力和受力条件综合考虑,工程上对梁式渡槽的矩形

槽身一般取 $h/b=0.6\sim0.8$，U 形槽身 $h/b=0.7\sim0.9$；拱式渡槽一般按水力最优要求确定 h/b。

为了保证渡槽有足够的过水能力，防止因风浪或其他原因造成侧墙顶溢流，侧墙应有一定的超高。其超高与其断面形状和尺寸有关，对无通航要求的渡槽，一般可按下列经验公式确定：

矩形槽身：

$$\Delta h = \frac{h}{12} + 5 \tag{3.10}$$

U 形槽身：

$$\Delta h = \frac{D}{12} \tag{3.11}$$

式中，Δh 为超高，即通过最大流量时，水面至槽顶或拉杆底面（有拉杆时）的距离，cm；h 为槽内水深，cm；D 为 U 形槽过水断面直径，cm。

3. 总水头损失 ΔZ 的校核

对于长渡槽，水流通过渡槽时水面变化如图 3.3 所示。

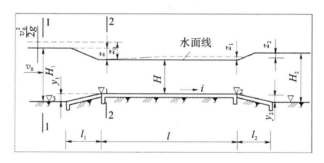

图 3.3 水力计算示意图

(1)通过渡槽总水头损失 ΔZ。

$$\Delta Z = Z + Z_1 - Z_2 \tag{3.12}$$

ΔZ 应等于或略小于规划中允许的水头损失值。

(2)进口段水面降落值 Z。常近似采用下列公式计算：

$$Z = \frac{1+K_1}{2g}(v^2 - v_0^2) \tag{3.13}$$

式中，K_1 为进口段局部水头损失系数，与渐变段形式有关；g 为重力加速度，取 9.81 m/s²；v 为渡槽通过设计流量时断面的平均流速，m/s；v_0 为上游渠道通过设计流量时断面平均流速，m/s；当渐变段为长扭曲面时取 0.1，为八字斜墙时取

0.2,为圆弧直墙时取 0.2,为急变形式时取 0.4。

(3)槽身沿程水面降落值 Z_1。

$$Z_1 = iL \tag{3.14}$$

式中,i 为槽身纵坡;L 为槽身总长度,m。

(4)出口段水面回升值 Z_2。根据实际观测和模型试验,当进出口采用相同的布置形式时,Z_2 值与 Z 值有关,一般近似取:

$$Z_2 \approx \frac{1}{3}Z \ 或 \ Z_2 = \frac{1-K_2}{2g}(v^2 - v_1^2) \tag{3.15}$$

式中,v_1 下游渠道流速,m/s;K_2 出口段局部水头损失系数,常取值 0.2。

4.进出口高程的确定

为确保渠道通过设计流量时为明渠均匀流,进出口底板高程按下列方法确定(符号见图 3.3)。

进口槽底抬高值:

$$y_1 = H_1 - Z - H \tag{3.16}$$

进口槽底高程:

$$\nabla_1 = \nabla_3 + y_1 \tag{3.17}$$

出口槽底高程:

$$\nabla_2 = \nabla_1 - Z_1 \tag{3.18}$$

出口渠底降低值:

$$y_2 = H_2 - Z_2 - H \tag{3.19}$$

出口渠底高程:

$$\nabla_4 = \nabla_2 - y_2 \tag{3.20}$$

3.3.1.5　渡槽的运用管理

结合渡槽的工作运用特点,针对渡槽运用过程中主要的几个问题的处理措施进行说明。

1.过水能力不足

(1)减少过水断面的糙率。槽身为砌石时,可以采用水泥浆材料抹面,以增加过水能力。

(2)加大过水断面面积。确保基础和支承结构稳定的条件下加高、加宽过水断面。

(3)调整渡槽上、下游比降。

(4)调整槽身比降或调换槽身形式。

2.槽身漏水处理

(1)胶泥止水。

a.配料。胶泥的配制,应按实际工程情况,选择适宜的配合比。

b.做内、外模。可先用水泥纸袋卷成圆柱状塞入接缝内,在缝的外壁抹一层水泥砂浆,作为外模。3~5天以后,取出纸卷,将缝内清扫干净,并在缝的内壁嵌木条,用黏泥抹好缝隙作为内模。

c.灌注。将配制好的胶泥慢慢加温,等胶泥充分塑化后,即可向环形模内灌注。

(2)油膏止水。这是一种较为简便的方法,一般在缝内灌填油膏而成,其施工程序如下。

a.接缝处理。接缝内要求清理干净,保持干燥状态。

b.油膏预热熔化。预热熔化的温度,应保持在120℃左右,一般是采取间接加温的方式进行。

c.灌注。油膏灌注之前,应先在缝内填塞一定的物料,如水泥袋纸,并预留约3cm的灌注深度,然后灌入预热熔化的油膏。为使其粘贴紧密,应边灌边用竹片将油膏同混凝土面反复揉擦,当灌至缝口时,要用皮刷刷齐。

d.粘贴玻璃丝布。先在粘贴的混凝土表面刷一层热油膏,将预先剪好的玻璃丝布贴上,再刷一层油膏和粘贴,最后再涂刷一层油膏。施工时,应注意粘贴质量,使其粘贴牢靠。

3.木屑水泥止水

在接缝中堵塞木屑水泥,作为止水材料,该法施工简单,造价低廉,特别适用于小型工程。

3.3.2 倒虹吸管

3.3.2.1 倒虹吸管概述

倒虹吸管是输送渠水通过河渠、山谷、道路等障碍物的压力管道式输水建筑物,其形状类似倒置的虹吸管,但并无虹吸作用。

1.倒虹吸管的适用条件

当渠道与障碍物间相对高差较小,不宜修建渡槽或涵洞时,可采用倒虹吸管。当渠道穿越的河谷宽而深,采用渡槽或填方渠道不经济时,也常采用倒虹吸管。

2. 倒虹吸管的特点

倒虹吸管的特点如下:与渡槽相比,可省去支承部分,造价低廉,施工较方便;当埋于地下时,受外界温度变化影响小;属压力管流,水头损失较大;与填方渠道的涵洞相比,可以通过更大的山洪。倒虹吸管在小型工程中应用较多。

3. 倒虹吸管的材料

目前,国内外应用较广的倒虹吸管有钢筋混凝土管、预应力钢筋混凝土管和钢管三种。

(1)钢筋混凝土管具有耐久、价廉、变形小、糙率变化小、抗震性能好等优点,一般适用于中等水头(50～60 m)以下情况。

(2)预应力钢筋混凝土管的抗裂、抗渗和抗纵向弯曲性能均优于钢筋混凝土管,且节约钢材,又能承受高压水头。在同管径、同水头压力条件下,预应力钢筋混凝土管的钢筋用量仅为钢管的 20%～40%,比钢筋混凝土管可节约 20%～30%的钢筋,且可节省劳力约 20%。故一般对于高水头倒虹吸管,优先采用此种。

(3)钢管具有很高的承载力和抗渗性,而造价较高,可用于任何水头和较大的管径。如陕西韦水倒虹吸管,钢管直径达 2.9 m。

带钢衬钢筋混凝土管,能充分发挥钢板与混凝土两者的优点,主要适用于高水头、大直径的压力管道工程。

4. 倒虹吸管的类型

倒虹吸管管身断面形状分为圆形管、箱形管、拱形管,按使用材料可分为木质、砌石、陶瓷、素混凝土、钢筋混凝土、预应力钢筋混凝土、铸铁和钢板等。

圆形管具有水流条件好、受力条件好的优点,在工程实际中应用较广,其主要用于高水头、小流量情况。

箱形管分矩形管和正方形管两种,可做成单孔或多孔,其适用于低水头、大流量情况。

直墙正反拱形管的过流能力比箱形管强,主要用于平原河网地区的低水头、大流量和外水压力大、地基条件差的情况,其缺点是施工较麻烦。

3.3.2.2　倒虹吸管的布置与构造

倒虹吸管一般由进口、管身、出口三部分组成。总体布置应结合地形、地质、

施工、水流条件、交通情况及洪水影响等因素综合分析而定,力求做到轴线正交、管路最短、岸坡稳定、水流平顺、管基密实。按流量大小、使用要求及经济效益等,倒虹吸管可采用单管、双管或多管方案。

1.管路布置

按管路埋设情况及高差大小不同,常采用以下几种布置形式。

(1)竖井式倒虹吸管。一般常用于压力水头小(小于 3 m)及流量较小的过路倒虹吸管,其优点是构造简单、管路短、占地少、施工较易,而水流条件较差、水头损失大。井底一般设 0.5 m 深的集沙坑,以便供清除泥沙及维修水平段时排水之用。

(2)斜管式倒虹吸管。斜管式倒虹吸管是中间水平、两端倾斜的倒虹吸管,该种形式的水流条件比竖井式倒虹吸管好,在工程中应用较多。其主要适用于穿越高差较小的渠道或河流,且岸坡较缓。

(3)折线形倒虹吸管。当管道穿越河沟深谷,若岸坡较缓(土坡 $m \geqslant 1.5$,岩坡 $m \geqslant 1.0$),且起伏较大时,管路常沿坡度起伏铺设,称为折线形倒虹吸管。其常将管身随地形坡度变化浅埋于地表之下,埋设深度应视具体条件而异。该种形式开挖量小,但镇墩数量多,主要适用于地形高差较大的山区或丘陵区。

(4)桥式倒虹吸管。当管道穿越深切河谷及山沟时,为减小施工难度,降低管中压力水头,缩短管道长度,降低沿程水头损失,可在折线形铺设的基础上,在深槽部分建桥,在桥上铺设管道过河,称为桥式倒虹吸管,桥下应留一定的净空高度,以满足泄洪要求。

2.进口段布置

进口段一般包括渐变段、进水口、拦污栅、闸门及沉沙池等,应视具体情况按需设置。

(1)渐变段。一般采用扭曲面,长度为渠道水深的 3~4 倍,所用材料及对防渗、排水设施的要求与渡槽进口段相同。

(2)进水口。进水口常做成喇叭形。进水口与胸墙的连接通常有三种形式,即当两岸坡度较陡时,对于管径较大的钢筋混凝土管与胸墙的连接:喇叭形进口与管身常用弯道连接,其弯道半径一般采用管内径的 2.5~4.0 倍;当岸坡较缓时,可不设竖向弯道而将管身直接伸入胸墙内 0.5~1.0 m 与喇叭口连接;对于小型倒虹吸管,常不设喇叭口,一般将管身直接伸入胸墙,其水流条件差。

(3)拦污栅。其常布设在闸门之前,以防漂浮物进入管内。栅条与水平面夹

角以 $70°\sim80°$ 为宜,栅条间距一般为 $5\sim15$ cm。其形式有固定式和活动式两种。

(4)闸门。单管输水一般不设闸门,常在进口处预留门槽,需要时用叠梁或插板挡水;双管或多管输水时,为满足运用和检修要求,则进口前设置闸门。

(5)沉沙池。若渠道水流中携带大量粗粒泥沙,为防止管内淤积及管壁磨损,可考虑在进水口前设沉沙池(图 3.4)。按池内沉沙量及对清淤周期的要求,可在停水期间采用人工清淤,也可结合设置冲沙闸进行定期冲沙。若渠道泥沙资料已知,沉沙池尺寸按泥沙沉降理论计算而定;无泥沙资料时,可按下列经验公式确定:

池长:
$$L \geqslant (4\sim5)h \tag{3.21}$$

池宽:
$$B \geqslant (1\sim2)b \tag{3.22}$$

池深:
$$S \geqslant 0.5D + \delta + 20 \tag{3.23}$$

式中,h 为渠道设计水深,m;b 为渠道底宽,m;D 为管道内径,cm;δ 为管道壁厚,cm。

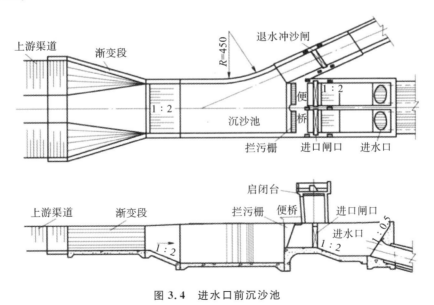

图 3.4　进水口前沉沙池

3.出口段布置

出口段一般包括出水口、闸门、消力池、渐变段等,其布置形式与进口段类似

（图 3.5）。为满足运用管理要求,通常在双管或多管倒虹吸管出口设闸门或预留叠梁门槽。

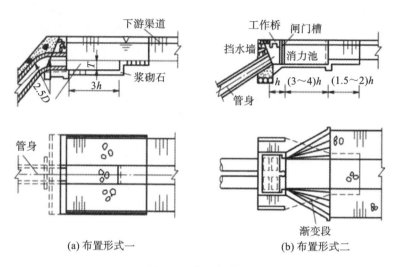

(a) 布置形式一   (b) 布置形式二

图 3.5　出口段布置

出口设消力池的主要作用是调整流速分布,使水流均匀地流入下游渠道,以避免冲刷。消力池的长度一般取渠道设计水深的 3~4 倍。

池深可按下式估算:

$$S \geqslant 0.5D + \delta + 30 \qquad (3.24)$$

式中,D、δ 与式(3.23)中的含义相同。

出口渐变段形式一般与进口段相同,其长度通常取渠道设计水深的 5~6 倍。

4. 倒虹吸管的构造

(1)管身构造。为了防止温度变化、耕作等不利因素的影响,防止河水冲刷,管道常埋于地表之下(钢管一般采用露天布置)。其埋深视具体情况而定,一般要求:在严寒地区,须将管身埋于冰冻层以下;通过耕地时,应埋于耕作层以下,一般埋深为 0.6~1.0 m;穿过公路时,管顶埋土厚度取 1.0 m 左右;穿越河道时,管顶应在冲刷线以下 0.5~0.7 m。

为了清除管内淤积和泄空管内积水以便进行检修,应在管身设置冲沙泄水孔,孔的底部高程一般与河道枯水位齐平,对桥式倒虹吸管,则应设在管道最低部位。进人孔与泄水孔可单独或结合布置,最好布设在镇墩内。

倒虹吸管的埋设方式、管身与地基的连接形式、伸缩缝等,与土石坝坝下埋管基本相同。对于较好土基上修建的小型倒虹吸管,可不设连续坐垫,而采用支墩支承,支墩的间距视地基及管径大小等情况而定,一般采用 2～8 m。

为了适应地基的不均匀沉降以及混凝土的收缩变形,管身应设伸缩沉降缝,间距可根据地质条件、施工方法和气候条件综合确定。现浇钢筋混凝土管缝的间距,在挖方土基上一般为 15～20 m,在填方土基上为 10 m 左右,岩基上为 10～15 m。缝宽一般为 1～2 cm,常用接缝的构造如图 3.6 所示。

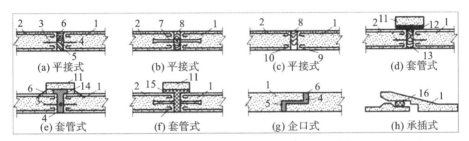

1—管壁;2—钢筋;3—金属止水片;4—沥青麻绒;5—沥青麻绳;6—水泥砂浆;
7—塑料止水带;8—防腐软木圈;9—环氧基液贴橡胶板;10—橡胶板保护层;
11—套管;12—沥青毛毡;13—柏油杉板;14—石棉水泥;15—沥青玛琋脂;
16—橡胶圈

图 3.6　管身的接缝止水构造

现浇管多采用平接和套接,缝间止水片现多采用塑料止水接头或环氧基液贴橡胶板,其止水效果好。预制管在低水头时用企口接,高水头时用套接,缝宽多为 2 cm。各种接缝形式中,应注意塑料(或橡胶)不能直接和沥青类材料接触,否则会加速老化。

预制钢筋混凝土管及预应力钢筋混凝土管,管节接头处即为伸缩沉降缝,其管节长度可达 5～8 m,接头形式可分为平接式和承插式。承插式接头施工简易,密封性好,具有较好的柔性,目前被广泛采用。

(2)支承结构及构造。

a. 管座。对于小型钢筋混凝土管或预应力钢筋混凝土管,常采用弧形土基、三合土、碎石垫层,其中碎石垫层多用于箱形管,弧形土基、三合土多用于圆管。对于大中型倒虹吸管常采用浆砌石或混凝土刚性管座。

b. 支墩。在承载能力超过 100 kPa 的地基上修建中小型倒虹吸管时,可不用连续管座而采用混凝土支墩,其常采用滚动式、摆柱式及滑动式。而对于管径小于 1 m 的,也可采用鞍座式支墩,其包角一般为 120°,支墩间距取 5～8 m 为宜。预制管支墩一般设于管身接头处,现浇管支墩间距一般为 5～18 m。

水利灌溉工程建设与管理

c.镇墩。在倒虹吸管的变坡处、转弯处、管身分缝处、管坡较陡的斜管中部，均应设置镇墩，用以连接和固定管道。镇墩一般采用混凝土或钢筋混凝土重力式结构，其与管道的连接形式有刚性连接和柔性连接两种。刚性连接是将管端与镇墩浇筑成一个整体，适用于陡坡且承载力大的地基。柔性连接是将管身插入镇墩内 30~50 cm 与镇墩用伸缩缝分开，缝内设止水片，常用于斜坡较缓的土基上。位于斜坡上的中间镇墩，其上端与管身采用刚性连接，下端与管身采用柔性连接，这样可以改善管身的纵向工作条件。

3.3.2.3 倒虹吸管的水力计算

倒虹吸管为压力流，其流量按有压管流公式进行计算。倒虹吸管水力计算是在渠系规划和总体布置基础上进行的，其上下游渠道的水力要素、上游渠底高程及允许水头损失均为已知。水力计算的主要任务是确定管道的横断面形状及管数、横断面尺寸、水头损失计算及过流能力校核、下游渠底设计高程及进口水面衔接计算。

1. 确定横断面形状及管数

(1)断面形状。常用的断面形状有圆形、箱形、直墙正反拱形三种，设计中应结合工程实际情况选择合适的断面形状。

(2)管数的确定。合理选择管数也是设计的关键。选用单管、双管或多管输水，主要考虑设计流量大小及其变幅情况、运用要求、技术经济等重要因素，对于大流量或流量变幅大、检修时要求给下游供水、采用单管技术经济不够合理时，宜考虑采用双管或多管。

2. 横断面尺寸

倒虹吸管横断面尺寸主要取决于管内流速，管内流速应根据技术经济比较和管内不淤条件确定，管内的最大流速由允许水头损失控制，最小流速则按挟沙流速确定。工程实践表明，倒虹吸管通过设计流量时，管内流速一般为 1.5~3.0 m/s。有压管流的挟沙流速可按下式进行计算：

$$v_{np} = \omega_0 \sqrt[6]{\rho} \cdot \sqrt[4]{\frac{4Q_{np}}{\pi d_{75}^2}} \tag{3.25}$$

式中，v_{np} 为挟沙流速，m/s；ω_0 为泥沙沉速或动水水力粗度，cm/s；ρ 为挟沙水流含沙率，以质量比计；Q_{np} 为通过管内的相应流量，m³/s；d_{75} 为挟沙粒径，mm，以质量计，小于该粒径的沙占 75%。

70

初选流速后,可按设计流量由公式 $A = \dfrac{Q}{v}$ 计算所需过水断面积 A。

对于圆形管,则管径为:

$$D = \sqrt{\frac{4A}{\pi}} \qquad (3.26)$$

对于箱形管,则管径为:

$$h = \frac{A}{b} \qquad (3.27)$$

式中,h 为管身过水断面的高度,m;b 为管身过水断面的宽度,m;A 为过水断面积,m。

3. 水头损失计算及过流能力校核

倒虹吸管的水头损失包括沿程水头损失和局部水头损失两种。总水头损失为:

$$Z = h_f + h_j \qquad (3.28)$$

式中,Z 为总水头损失,m;h_f 为沿程水头损失,m;h_j 为局部水头损失之和,m。

一般情况下局部水头损失在总水头损失中所占比例很小,故除大型管道外,为简化计算,也可采用管内平均流速代替不同部位的流速值。

按通过设计流量计算水头损失 Z 后,与允许水头损失 $[Z]$ 值进行比较,若 Z 等于或略小于 $[Z]$,则说明初拟的流速合适;否则,另选流速,重新计算,直到 $Z \approx [Z]$。

过流能力按有压管流公式进行计算。

4. 下游渠底设计高程的确定

一般根据规划阶段对工程水头损失的允许值,并分析运行期间可能出现的各种情况,参照类似工程的运行经验,选定一个合适的水头损失 Z,据此确定下游渠底设计高程。确定的下游渠底设计高程应尽量满足:①通过设计流量时,进口处于淹没状态,且基本不产生壅水或降水现象;②通过加大流量时,进口允许产生一定的壅水,但一般为 $30\sim50$ cm;③通过最小流量时(按最小不利情况输水),管内流速满足不淤流速要求,且进口不产生跌落水跃。

5. 进口水面衔接计算

(1)验算通过最大流量时,须注意进口的壅水高度是否超过挡水墙顶,上游堤顶有无一定的超高。

(2)验算通过最小流量时,须注意进口的水面跌落值是否会在管道内产生不利的水跃情况。为了避免在管内产生水跃,可根据倒虹吸管总水头损失的大小,采用不同的进口结构形式(图 3.7)。

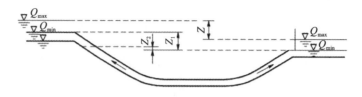

图 3.7　倒虹吸管水力计算

当 $Z_1 - Z_2$ 差值较大时,可适当降低进口高程,在进口前设消力池,池中水跃应被进口处水面淹没,如图 3.8(a)所示。

当 $Z_1 - Z_2$ 差值不大时,可降低进口高程,在进口设斜坡段,如图 3.8(b)所示。

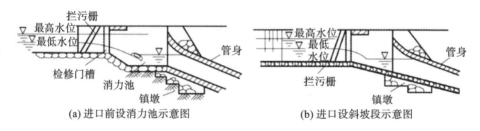

(a)进口前设消力池示意图　　　　　　(b)进口设斜坡段示意图

图 3.8　倒虹吸管进口水面衔接

3.3.2.4　倒虹吸管的运用管理

1.倒虹吸管的管理

(1)初次放水或冬修后,不应放水太急,以防回水的顶涌破坏。

(2)与河谷交叉的倒虹吸管,要做好护岸工程,并经常保持完整,防止冲刷顶部的覆土。

(3)顶部上弯的管顶应设放气阀,第一次放水时,要把它打开,排除空气,以免造成负压,引起管道破坏。

(4)寒冷地区,冰冻前应将管内积水抽干,若抽水较困难,也可将进出口封闭,使管内温度保持在 0 ℃以上,以防冻裂管道。

(5)闸门、拦污栅、排气阀要经常维护,确保操作运用灵活。

2.倒虹吸管的维修

(1)裂缝漏水的处理。裂缝按发生的部位和形状,一般分为纵向裂缝、横向(环向)裂缝和龟纹裂缝。有关资料和试验表明:凡管壁裂缝宽度小于 0.1 mm 的,对渗漏和钢筋锈蚀均无显著影响,可不做处理;当裂缝宽度超过 0.1 mm 时,应进行处理,以防裂缝漏水,造成破坏。

裂缝的处理:应达到管身补强和防渗漏的目的,如内衬钢板、钢丝网水泥砂浆、钢丝网环氧砂浆、环氧砂浆贴橡皮、环氧基液贴玻璃丝布、聚氯乙烯胶泥填缝及涂抹环氧浆液等。

(2)接头漏水的处理。可先在接缝处充填沥青麻刀,然后在内壁表层用环氧砂浆贴橡皮。对于已填土并且受温度影响较小的埋管,可改用刚性接头,并在一定距离内设柔性接头。刚性接头施工时,可在接头内外口填入石棉或水泥砂浆,内设止水环,并在内壁面上涂抹环氧树脂。

钢制倒虹吸管的接头漏水,主要原因如下:主管壁薄,刚度不足,受力变形后不能与伸缩节的外套环钢板相吻合;伸缩节内所填充的止水材料不够密实;压缩后回弹不足。为了防止钢制虹吸管接头漏水,设计应采用加强管壁刚度的有效措施,在运用管理中,每年的冬修都必须拆开伸缩节,进行止水材料的更换。

3.3.2.5　观音山倒虹吸压力钢管安装施工工程案例

滇中引水工程楚雄 9 标位于云南省楚雄州禄丰县以北,上接龙潭隧洞,下连蔡家村隧洞。观音山倒虹吸压力钢管长 9550 延米(并排 3 根内径 4.2 m 压力钢管),安装工程量约 71790 t。单条压力钢管伸缩节数量为 79 个;支撑环间隔 10 m 布置一个;单根补排气阀 10 个;放空阀 5 个;进人孔 9 个;镇墩共计 71 个。工地安装大节 10 m,总共 2850 大节。施工内容包括压力钢管、伸缩节、支座、补排气阀及其他部件的安装,以及现场焊缝涂装等。

观音山倒虹吸布置于山间断陷盆地内,盆地近南北向,中间分布东北—西南走向的观音山;整个压力钢管沿地形布置,龙潭隧道口处钢管进水池底板(最高处)标高 1909.927 m;管道底最低点平管段标高 1760.5 m;最大高差 149.427 m。

接下来主要介绍施工一段的斜坡段压力钢管安装。

斜坡段压力钢管的安装,利用永久的支墩和临时钢架作为支撑,在每条压力钢管底部铺设运输轨道,轨道中心线与钢管中心线平行,轨道上方安装具备运输能的台车,斜坡顶部布置卷扬机及导向滑轮。斜坡顶部采用 160 t 汽车吊将钢管吊装至台车内,通过卷扬机将台车下放至安装位置。利用台车上布置的液压

千斤顶对位钢管以及倒链葫芦拉拽匹配件进行安装。

1. 斜坡段压力钢管工程量与分段

斜坡段压力钢管安装方案适用于以下镇墩区间,见下表3.3。

表 3.3 斜坡段压力钢管工程量与分段

序号	镇墩号	长度/mm	钢管厚度 δ/mm
1	起点—1#镇墩	73804.4	16
2	1#—2#镇墩	143768.8	16
3	2#—3#镇墩	143792.3	18
4	5#—6#镇墩	147052.3	20
5	8#—9#镇墩	122434.2	22
6	9#—10#镇墩	122434.3	22
7	10#—11#镇墩	122434.3	25
8	11#—12#镇墩	122434.3	25
9	12#—13#镇墩	122434.2	28
10	15#—16#镇墩	136500	28
11	30#—31#镇墩	131304	28
12	31#—32#镇墩	132306.3	25
13	32#—33#镇墩	131304	
	小计	1652003.4	

2. 斜坡段压力钢管安装流程

(1)采用160 t汽车吊将压力钢管吊装至运梁小车上,压力钢管底部和侧壁与运输小车锁紧固定。

(2)采用10 t卷扬机通过钢丝绳牵引运输小车,将压力钢管送至安装位置。

(3)利用运输小车上的液压千斤顶、倒链葫芦等调整工具对压力钢管的位置和角度进行调整,测量人员全程跟踪测量,确保管节安装位置准确无误。管节调整就位后,锁紧台车,将前后管节管口四周用短焊缝焊接固定,然后逐层焊满整个焊缝。焊缝焊接完成后,撤出台车,采用千斤顶支撑后再装管节,进行下段管节施工,直至完成斜坡段压力钢管安装施工。

3.临时结构配置

临时施工设施材料统计如下表3.4所示。

表3.4　临时施工设施材料统计

项目	类别	规格	材质	重量	备注
钢管外侧平台	型材		Q235B	18 t	10a 槽钢、角钢 100×8、σ4 花纹钢板
钢管内侧平台	型材		Q235B	6.5 t×3	10a 槽钢、角钢 100×8、σ4 花纹钢板、尼龙轮

4.临时结构形式

(1)钢管外侧施工平台。

钢管外侧施工平台主要为型材搭建的临时框架结构,主受力杆件为 10a 槽钢,连接系为 10×8 mm 角钢。栏杆扶手为 φ30×3.5 mm 钢管,走道板为 4 mm 花纹钢板。

(2)钢管内侧施工平台。

钢管内侧施工平台主要为型材搭建的临时结构,主受力杆件为 10a 槽钢,连接系为 10×8 mm 角钢。平台下方设置尼龙滚轮,可在钢管内侧行走,栏杆扶手为 φ30×3.5 mm 钢管,走道板为 4 mm 花纹钢板。钢管内侧施工平台通过拉索与钢管壁锁定。

5.设备选型

(1)吊装设备选型。

160 t 汽车吊主要用于斜坡段压力钢管的吊装,选用国产三一 SANY 型号:SAC1600S 全路面汽车吊。

(2)压力钢管吊装最不利工况分析。

汽车吊站位于临时平台上,从临时平台上吊装压力钢管,压力钢管最重节段为 36 t(含吊装吊具),吊装幅度 12m,根据表 3.4,选用一台 160 t 汽车吊进行压力钢管吊装作业。臂杆长度 22.8 m,作业半径 12 m 时最大吊装重量为 45 t＞36 t,满足要求。

(3)下放设备选型。

斜坡段压力钢管的安装,利用永久的支墩和临时钢架作为支撑,在每条压力钢管底部铺设运输轨道,轨道中心线与钢管中心线平行,轨道上方安装具备运输能力的台车,斜坡顶部布置卷扬机及导向滑轮。斜坡段的下放长度一般不超过

300 m,对于单段斜坡长度超过 300 m 的,需要分段施工,减少台车下放的距离和卷扬机钢丝绳的使用长度,提高安装效率,降低安全风险。

卷扬机最大拉力受力分析图如图 3.9 所示。

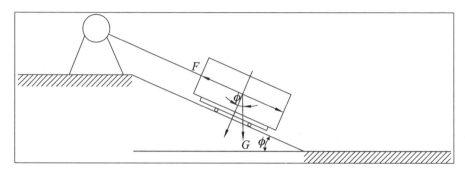

图 3.9　卷扬机最大拉力受力分析图

压力钢管最长 13.922 m,最重 40.1 t,运输小车 3 t,斜坡段压力钢管安装最大坡度为 $\phi=23.68°$,卷扬机的最大拉力为:

$$F_{拉} = \frac{G_{总} \times \sin\phi}{3} = \frac{(40.1+3) \times 10 \times \sin23.68°}{3}$$

$$= 57.7 \ (kN) \tag{3.29}$$

经计算,卷扬机最大拉力为 57.7 kN,考虑其他因素,选择 10 t 卷扬机,卷扬机运行速度为 9 m/min。

3.3.3　涵洞

3.3.3.1　涵洞概述

涵洞是渠道与溪沟谷地、道路交叉时,为了宣泄溪谷来水或输送渠水,在填方渠道或交通道路下修建的交叉建筑物。涵洞一般不设置闸门,其跨度往往较小。当涵洞进口设置挡水和控制流量的闸门时,为涵洞式水闸(简称涵闸或涵管)。涵洞的方向应与原溪谷方向一致,以使进出口水流顺畅,避免上淤下冲。洞轴线力求与渠、路正交,以缩短洞身长度。洞底高程等于或接近原溪沟底高程。纵坡可等于或稍陡于天然沟道底坡。涵洞建筑材料主要为砖石、混凝土、钢筋混凝土。在四川、新疆等地区采用干砌卵石拱涵已有悠久历史,积累了丰富经验。

3.3.3.2　涵洞的工作特点和分类及形式

1. 工作特点和分类

涵洞因承担的任务、水流状态及结构形式等的不同,有不同的工作特点和类型。

(1)按水流状态的不同,涵洞分为有压涵洞、无压涵洞或半有压涵洞:①有压涵洞的水流充满整个洞身,从进口到出口处都是有压的;②无压涵洞的水流从进口到出口都保持自由水面;③半有压涵洞的进口洞顶为水流封闭,但洞内的水流具有自由表面。

(2)按承担任务的不同,涵洞分为输水涵洞、排水涵洞、交通涵洞。

①设在填方渠道或道路下面,用以输送渠水的涵洞称输水涵洞。为了减小水头损失,上下游水位差一般不大,其流速在 2 m/s 左右,所以常设计成无压的,其水流状态与无压隧洞或渡槽相似。一般不考虑防渗、排水和出口消能问题。

②用以宣泄溪谷来水的涵洞称排水涵洞,可以设计成无压涵洞、有压涵洞或半有压涵洞。在宣泄洪水时,由于流量的变化,可能出现明流和满流交替的水流状态而产生强烈震动,危及工程安全。又由于上下游水位差较大,出口流速较大,设计时应考虑消能防冲,加强安全保护措施。排水涵洞宣泄小河溪谷的洪水时期一般较短,防渗排水不是其主要问题,设计时视具体情况予以考虑。

③设置在填方渠道下用于交通的涵洞称交通涵洞。交通涵洞要特别注意渗漏水的影响。

2. 涵洞的形式

涵洞由进口、洞身和出口组成,其顶部往往有填土。涵洞的形式一般是指洞身的形式,根据用途、工作特点及结构形式和建筑材料等常分为圆形管涵、箱形涵洞、盖板式涵洞和拱形涵洞等几种。

(1)圆形管涵。

圆形管涵水力条件和受力条件较好,能承受较大的填土压力和内水压力。多用混凝土或钢筋混凝土建造,是涵洞常采用的形式。其优点是构造简单,工程量小,施工方便。当泄水量大时可采用双管或多管。

四铰管涵是一种新型管涵结构,它是将圆形管涵的管顶、管腹和管底用铰(缝)分开,采用钢筋混凝土或混凝土预制构件装配而成的,适用于明流涵洞。由于设计计算中考虑和利用了填土的被动抗力,改善了受力条件,因而可节省钢

材、水泥,降低工程造价。通常管径为 1.0~1.5 m,壁厚为 12~16 cm。

(2)箱形涵洞。

箱形涵洞为四边封闭的钢筋混凝土整体结构。其特点是对地基不均匀沉陷适应性好,可调节高宽比来满足过流量要求。小跨径箱涵一般做成单孔,当跨径大于 3 m,可做成双孔或多孔。当荷载较大时,常设置补角以改善受力条件。单孔箱涵壁厚一般为其总宽度的 1/12~1/8,双孔箱涵顶板厚度一般为其总宽度的 1/10~1/9,侧墙厚度一般为其高度的 1/13~1/12,内隔墙厚度可稍薄。箱涵适用于洞顶填土厚、跨径较大和地基较差的无压或低压涵洞,可直接敷设在砂石地基或砌石、混凝土垫层上。小跨度箱涵可分段预制,现场安装成整体。

(3)盖板式涵洞。

断面为矩形,由边墙、底板和盖板组成。侧墙及底板常用浆砌石或混凝土建造,设计时可将盖板和底板视为侧墙的铰支撑,并计入填土的土抗力,能节省工程量。底板视地基条件,可做成分离式或整体式的。盖板多为预制钢筋混凝土板,厚度为跨径的 1/12~1/5。盖板顶面以 2% 的坡度向两侧倾斜,以利排水。盖板式涵洞适用于洞顶填土薄、跨径较小和地基较好的无压或低压涵洞。

(4)拱形涵洞。

由拱圈、侧墙及底板组成。在两侧填土能保证拱结构稳定的前提下,能发挥拱结构抗压强度高的优势,多用于填土较厚、跨度较大、泄流量较大的明流涵洞。

①拱圈。拱形涵洞按拱圈的形状可分为圆弧拱涵洞和平拱涵洞等。圆弧拱的矢跨比 $f/L=1/2$,平拱的矢跨比 $f/L=1/8~1/3$。圆弧拱的水平推力较小,但拱圈受力条件较差,自拱脚至 1/4 跨径处常出现较大的拉应力,往往需要较大的截面尺寸。

拱圈可做成等厚度或变厚度的。混凝土的拱厚不小于 20 cm,砌石的拱厚不小于 30 cm。在填方不高时,可按下列经验公式初步拟定拱圈厚度:

砖拱、石拱及混凝土拱:

$$t_0 = 1.82\sqrt{R_0 + \frac{L}{2}} + 8 \qquad (3.30)$$

拱脚厚度:

$$t_s = (1.5 \sim 2.0)t_0 \qquad (3.31)$$

式中,t_0 为圆弧拱拱顶厚度,cm;R_0 为圆弧拱半径,cm;L 为圆弧拱跨径,cm;t_s 为拱脚厚度,cm。

为了防止拱脚出现裂缝,可砌筑护拱。其各部尺寸可按下列经验公式初步拟定:

$$a = 0.2r + 0.1f + 60 \tag{3.32}$$

$$b = a + 0.1h \geqslant \frac{2}{3}h \tag{3.33}$$

式中符号及各部尺寸详见图 3.10。

②侧墙。拱圈的拱座过去多采用重力式。山东等省根据轻台圬工拱桥的经验,在拱座的计算中,考虑到拱顶的推力及底板的支承作用,计入了填土的土抗力,使拱座的尺寸减小,节省了工程量。

③底板。拱形涵洞的底板,可根据地基条件和跨度的大小,做成整体式或分离式。为了改善整体式底板的受力条件,可采用反拱形式的底板。中小型拱形涵洞一般建筑物级别较低,为计算简便和节省工程量,可将反拱底板按三铰拱计算。

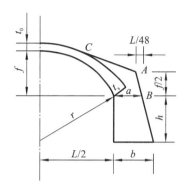

图 3.10　拱涵尺寸图(单位:cm)

3.3.3.3　涵洞的构造

1.进出口

涵洞的进出口是用来连接洞身和填方土坡的建筑物,一要保证稳定,二要顺利过流。进出口建筑物形式,应使水流平顺地进入和流出洞身以减小水头损失,同时应防止水流对洞口附近的冲刷。常见的进出口形式有以下几种。

(1)圆锥护坡式。进出口设圆锥形护坡与堤外连接。其构造简单,省材料,但水力条件较差。一般用于中小型涵洞或出口处。

(2)八字斜降墙式。在平面上呈"八"字形,结构简单,扩散角一般为 20°~40°,水力条件较好。

(3)反翼墙走廊式。涵洞进口两侧翼墙高度不变以形成廊道,水面在该段跌落后进入洞身,可降低洞身高度,但工程量较大。

(4)外伸八字墙式。因八字墙伸出填土边坡外,其作用与反翼墙式相似。有时可改成扭曲面翼墙,水力条件更好,但扭曲面翼墙施工较麻烦。

(5)进口抬高式。在 1.2 倍洞高的长度范围内抬高进口,以保证进口水流不封住洞顶,改善进流条件。水面在该段内降落,从而降低其后明流涵洞高度,构

造简单,常被采用。

另外尚有喇叭口式、流线形式,以及各地因地制宜常用的一些形式,此处不一一叙述。

关于进、出口胸墙的高度,应分别按上、下游设计水位确定,通常顶部挡土墙高度为 0.5～1.0 m。

进出口一定范围内的渠道,沟床应护砌以防冲刷,护砌长度一般为 3～5 m。当出口流速过大时,应采取消能防冲措施。

2.涵洞洞身

为了适应地基的不均匀沉陷和温度变化而引起的伸缩变形,软基上的涵洞应分段设置沉陷缝。对于预制管涵,按管节长度设缝;对于砌石、混凝土、钢筋混凝土涵洞,其设缝间距不大于 10 m,且不小于 2～3 倍洞高。通常在进出口与洞身连接处,以及外荷载变化较大处设置沉陷缝。缝间应设止水,其构造可参考倒虹吸管。

明流涵洞水面以上应有足够的净空高度,对于管涵和拱涵,净空高度应大于或等于洞高的 1/4 倍;对于箱涵,应大于或等于洞高的 1/6 倍。

涵洞顶部填土厚度应不小于 1.0 m,对于衬砌渠道下的涵洞顶部填土厚度应不小于 0.5 m,以使洞身有较好的工作条件。

为了防止涵洞顶部及两侧渗漏,可在洞外填筑一层防渗黏土,厚度为 0.5～1.0 m。有压涵洞应在洞身外设置截水环。

3.涵洞基础

土基上的管涵基础常采用砌石或混凝土管座,其包角为 $90°～135°$。在压缩性小或经压实的土层上,仅需做素土或三合土夯实;小管径的管涵可直接敷设在弧形土基上,或置于碎石三合土垫层上。软弱地基上,可用碎石垫层。拱涵及箱涵在岩基上仅需将基面平整。在寒冷地区,涵洞基底应埋于冻层以下 0.3～0.5 m。

3.3.3.4 涵洞的布置和水力计算

1.涵洞的布置

任务是选定建筑物的形式和各部尺寸。布置时应考虑地形、地质、水文、水力条件及对上下游其他建筑物的影响等因素。由于涵洞的工作条件往往比较复杂,设计时应综合各因素影响,以使涵洞布置在技术经济上合理。

涵洞的水流方向,应尽量与洞顶渠道或道路正交,排水涵洞则应与原水道方向一致。洞底高程可等于或接近原水道底部高程。纵坡可等于或稍大于原水道底坡,一般可采用 1‰~3‰。若纵坡过陡,为使洞身稳定可设置齿状基础或在出口设镇墩。

涵洞的线路应选在地基均匀、承载能力较大的地段,以避免由于不均匀沉陷而使洞身断裂。一般在淤泥及沼泽地带不宜修建涵洞,当必须通过软弱地带时,应进行地基处理。

2. 涵洞水力计算

任务是确定涵洞孔径和下游连接段的形式和尺寸。由于水流状态比较复杂,计算时应先判别涵洞的水流流态,然后进行水力计算。

涵洞的水流流态有无压流、压力流和半压力流。对于圆形、拱形涵洞,当洞前水深 $H \leqslant 1.1a$(a 为洞高)时;对于矩形涵洞,当 $H \leqslant 1.2a$ 时,均为无压流。当涵洞全部长度都充满水流时为压力流。进口段为满流,洞内有明流时为半压力流。

输水涵洞一般都设计成无压的。当洞身较长时可按明渠均匀流计算通过设计流量时所需的尺寸,并校核通过加大流量时,洞内是否有足够的净空高度。当洞身不长(小于渠道设计水深 10 倍)时,洞内不能形成均匀流,可根据拟定的洞身断面尺寸和纵坡,按非均匀流计算洞内水面线和进口段水面降落值,由此确定洞身和进出口连接段的高度,并校核通过加大流量时,洞内是否有足够的净空高度。

排水涵洞可以设计成无压涵洞、有压涵洞或半有压涵洞。无压涵洞要求的断面尺寸较大,但进口的水面壅高较小。有压涵洞的洞身断面尺寸较小,但水头有时较大,因而进口水面壅高较大。半有压涵洞则处于两者之间。所以在布置时,应考虑上游来水面积大小,洪水持续时间的长短以及水面涨落的快慢等情况,同时还应考虑上游水面壅高对进口的影响,以及原水道及两岸情况。①当上游来水面积较大,洪水持续时间较长且涨落缓慢,允许的上游水面壅高值较小时,可按无压涵洞设计。②当上游来水面积较小,洪水涨落迅速且上游水面壅高影响不大时,可按半有压流设计。按半有压流设计时应保证洞内为无压明流。③当按有压流设计时,应使进口水流平顺,洞身纵坡宜尽量小些,以通过设计流量时的上游允许壅高水位,计算决定洞身断面尺寸。断面尺寸宜小不宜大,以保证洞内为有压流,避免洞内产生明流满流交替状态。

涵洞水流流态的判别、过水能力计算的方法及有关公式,详见水力学及有关

书籍。

3.3.4　水工隧洞

在水利枢纽中为满足泄洪、灌溉、发电等各项任务在岩层中开凿而成的建筑物称为水工隧洞。

3.3.4.1　水工隧洞的特点

水工隧洞的结构特性及工作条件,决定了它有以下三方面的特点。

1.结构特点

隧洞是位于岩层中的地下建筑物,与周围岩层密切相关。在岩层中开挖隧洞,破坏了原有的平衡状态,引起洞孔附近应力重新分布,岩体产生新的变形,严重的会导致岩石崩塌。因此,隧洞中常需要临时性支护和永久性衬砌,以承受围岩压力。围岩除了产生作用在衬砌上的围岩压力,同时又具有承载能力,可以与衬砌共同承受内水压力等荷载。围岩压力与岩体承载能力的大小,主要取决于地质条件。因此,应做好隧洞的工程地质勘探工作,使隧洞尽量避开软弱岩层和不利的地质构造。

2.水流特点

枢纽中的泄水隧洞,其进口通常位于水下较深处,属深式泄水洞。它的泄水能力与作用水头 H 的 1/2 次方成正比,当 H 增大时,泄流量增长较慢。但深式进口位置较低,可以提前泄水,提高水库的利用率,故常用来配合溢洪道宣泄洪水。

由于作用在隧洞上的水头较高,流速较大,如果隧洞在弯道、渐变段等处的体型不合适或衬砌表面不平整,都可能出现气蚀而引起破坏,所以要求隧洞体型设计得当、施工质量良好。

泄水隧洞的水流流速高、单宽流量大、能量集中,在出口处有较强的冲刷能力,必须采取有效的消能防冲措施。

3.施工特点

隧洞是地下建筑物,与地面建筑物相比,洞身断面小,施工场地狭窄,洞线长,施工作业工序多、干扰大,难度也较大,工期一般较长。尤其是兼有导流功能的隧洞,其施工进度往往控制着整个工程的工期。因此,采用新的施工方法,改善施工条件,加快施工进度和提高施工质量在隧洞工程建设中需要引起足够的重视。

3.3.4.2　水工隧洞的类型

1.按用途分类

(1)泄洪洞。配合溢洪道宣泄洪水,保证枢纽安全。

(2)引水洞。引水发电、灌溉或供水。

(3)排沙洞。排放水库泥沙,延长水库的使用年限,有利于水电站的正常运行。

(4)放空洞。在必要的情况下放空水库里的水,用于人防或检修大坝。

(5)导流洞。在水利枢纽的建设施工期用来施工导流。

在设计水工隧洞时,应根据枢纽的规划任务,尽量考虑一洞多用,以降低工程造价。如施工导流洞与永久隧洞相结合,枢纽中的泄洪、排沙、放空隧洞的结合等。

2.按洞内水流状态分类

(1)有压洞。隧洞工作闸门布置在隧洞出口,洞身全断面均被水流充满,隧洞内壁承受较大的内水压力。引水发电隧洞一般是有压隧洞。

(2)无压洞。隧洞的工作闸门布置在隧洞的进口,水流没有充满全断面,有自由水面。灌溉渠道上的隧洞一般是无压的。

一般说来,隧洞根据需要可以设计成有压的,也可以设计成无压的,还可以设计成前段是有压的而后段是无压的。但应注意的是,在同一洞段内,应避免出现时而有压时而无压的明满流交替现象,以防止引起振动、空蚀等不利流态。

3.3.4.3　水工隧洞的布置

1.水工隧洞的线路选择

水工隧洞的路线选择是隧洞设计的关键问题之一,它关系到工程造价、施工难易、工程进度、运行可靠性等。影响隧洞线路选择的因素很多,如地质、地形、施工条件等。因此,应该在做好勘测工作的基础上,根据隧洞的用途,拟定出若干方案,综合考虑各种因素,进行技术比较后加以选定。

隧洞的线路选择主要考虑以下几个方面的因素。

(1)地质条件。

隧洞路线应选在地质构造简单、岩体完整稳定、岩石坚硬的地区,尽量避开不利的地质构造,如向斜构造、断层及构造破碎带。要尽量避开地下水位高、渗

水严重的地段,以减少隧洞衬砌上的外水压力。洞线要与岩层、构造断裂面及主要软弱带走向有较大的交角,对于整体块状结构的岩体及胶结紧密的厚岩层,夹角不宜小于 $30°$,对于薄层以及层间连接较弱,特别是层间结合疏松的薄层高倾角岩层,夹角不小于 $45°$。在高地应力地区,洞线宜与最大水平地应力方向有较小夹角,以减少隧洞的侧向围岩压力。隧洞应有足够的覆盖厚度,对于有压隧洞,当考虑弹性抗力时,围岩的最小覆盖厚度不小于 3 倍洞径。根据以往工程经验,对于围岩坚硬完整无不利构造的岩体,有压隧洞的最小覆盖厚度不小于 $0.4H$(H 为压力水头),如不加衬砌,则应不小于 $1.0H$。

在隧洞的进、出口处,围岩往往较薄,应在保证岩体稳定的前提下,避免高边坡的开挖导致工程量的增大和工期的延长,故进、出口的围岩最小厚度应根据地质、施工、结构等因素综合分析确定,一般情况下,进、出口顶部的岩体厚度不宜小于洞径或洞宽。

(2)地形条件。

隧洞的路线在平面上应尽量短而直,以减小工程费用和水头损失。如因地形、地质、枢纽布置等需要转弯时,对于低流速的隧洞弯道曲率半径不应小于 5 倍洞径或洞宽,转弯转角不宜大于 $60°$,弯道两端的直线段长度也不宜小于 5 倍的洞径或洞宽。高流速的隧洞应避免设置曲线段,如设弯道时,其曲率半径和转角最好通过试验确定。

(3)水流条件。

隧洞的进口应力求水流顺畅,减少水头损失。重视隧洞出口轴线与河流主流的相对位置,水流应与下游河道平顺衔接,与土石坝下游坝脚及其建筑物保持足够距离,防止出现冲刷。

(4)施工条件。

洞线选择应考虑施工出渣通道及施工场地布置问题。洞线设置曲线时,其弯曲半径应考虑施工方法及施工大型机械设备所要求的转弯半径。

对于长隧洞,还应注意利用地形、地质条件布置施工支洞、斜洞、竖井(图3.11),以便进料、出渣和通风,增加总工作面,改善施工条件,加快施工进度。

此外,洞线选择应满足枢纽总体布置和运行要求,避免在隧洞施工和运行中对其他建筑物产生干扰。

2.水工隧洞的工程布置

水工隧洞的工程布置主要包括隧洞进、出口的布置,隧洞的纵坡选择及闸门的位置布置和多用途水洞的布置。

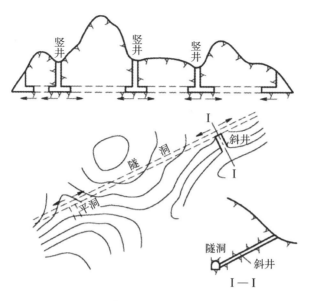

图 3.11 施工支洞、斜洞、竖井的布置

(1)隧洞进、出口的布置。

进、出口建筑物的布置,应根据枢纽总体布置,考虑地形、地质条件,使水流顺畅,进流均匀,出流平稳,下泄安全。

隧洞的进口高程应根据隧洞的用途及实际运用要求加以确定。用于发电引水的隧洞,要保证其有压工作状态时,其进口顶部高程应在水库最低工作水位以下 0.5~1.0 m,以免吸入空气;底部应高出水库淤沙高程最少 1.0 m,防止粗颗粒泥沙进入洞内,造成磨损。灌溉隧洞的进口高程应保证在水库最低工作水位时,能引入设计流量,并应与下游灌区布置在同一侧。若为自由灌溉,应满足引水高程的要求。排沙洞应设置在需要排沙的发电、灌溉引水洞进口附近,其高程宜较低。用于放空水库和施工导流的隧洞进口高程一般都较低。

进口的进水方式有表孔溢流式和深水进口式两种。前者的进口布置方式与岸边溢洪道相似,只是用隧洞代替了泄槽。泄水时,洞内为无压流。我国采用这种布置形式的有毛家村、流溪河、冯家山等无压泄洪洞。这种布置形式的表孔进口虽有较大的超泄能力,但其泄流能力受到隧洞断面的限制。深式泄水隧洞,可以是无压的,也可以是有压的。这种布置形式与重力坝上的泄水孔布置形式相似。

隧洞的出口布置应保证水流下泄安全,出流平稳。对于有压隧洞,出口断面

面积应小于洞身断面面积,以保持洞内有较大的正压。《水工隧洞设计规范》(SL 279—2016)指出,若隧洞沿程体形无急剧的变化,出口的断面积宜收缩为洞身断面的85%～90%,若沿程体形变化较多,洞内水流条件差,宜收缩为洞身断面的80%～85%,收缩方式宜采用洞顶压坡的形式。

隧洞的出口应根据地形地质条件、水流条件、下游河床抗冲能力、消能防冲要求及对周围建筑物的影响,通过技术经济比较选择适宜的消能防冲方式。对于高流速、高水头、大流量的泄水隧洞,宜采用挑流或底流消能方式,较常用的为挑流消能。

(2)隧洞的纵坡选择。

隧洞的坡度主要涉及泄流能力、压力分布、过水断面大小、工程量、空蚀特性及工程安全。应根据运用要求及上、下游的水位衔接在总体布置中综合比较确定。

有压洞的纵坡主要取决于进出口高程,要求在最不利的条件下,全线洞顶保持不小于2 m的压力水头。有压洞的底坡不宜采取平坡或反坡,因其会出现压力余幅不足且不利于检修排水。有压洞的纵坡从施工排水和检修隧洞排水来考虑,一般取坡度为3‰～10‰。

无压隧洞的纵坡应根据水力计算加以确定,一般要求在任何运用情况下,纵坡均应大于临界坡度。

(3)闸门位置布置。

泄水隧洞中一般要设置两道闸门。

检修闸门设置在隧洞进口,用来挡水,以便对工作闸门或隧洞进行检修。检修闸门一般要求在静水中启闭,一些大、中型隧洞的深式进水口常要求检修闸门能在动水中关闭、静水中开启,以满足出现事故时的需要,此时也称为事故闸门。当隧洞出口低于下游水位时,出口处还需设置叠梁式检修门。

工作闸门用来调节流量和封闭孔口,要求能在动水中启闭。工作闸门可根据需要设置在隧洞的进口、出口或洞中的某一适宜位置。

工作闸门布置在进口的隧洞,一般为无压洞,如图3.12(a)所示。为保证门后洞内无压流的稳定流态,门后洞顶应高出洞内水面一定高度,并需向门后通气。这种布置的优点是检修门与工作门都在隧洞的进口,管理运用方便,洞中水压力很小,易于检修和维修。缺点是过流边界水压力小,在高流速的情况下易发生空蚀。工作闸门也可布置在进口的有压洞,但由于闸门在开启过程中,洞内将出现明满流过渡现象,水流情况较复杂,可能会引起空蚀和振动,除流速较低的施工导流洞外,应避免采用这种布置方式。

工作闸门布置在出口的为有压洞,如图 3.12(b)所示。这种布置方式的优点是洞内始终为有压流,水流流态稳定,门后通气条件好,便于闸门部分开启。缺点是洞内经常承受较大的内水压力,一旦衬砌漏水,将对稳定产生不利影响,检修门与工作门分别布置于进出口,管理不便。

工作闸门布置在洞身内某处,门前为有压洞段,门后为无压洞段。采用这种布置的主要原因是:①由于地形、地质、施工等因素,隧洞中需要设弯道,为满足水流条件的要求,将工作闸门设在弯道后的直线段上;②出口处的地质条件较差,把工作闸门布置在洞内可以利用较强的岩体承受闸门上传来的水压力。

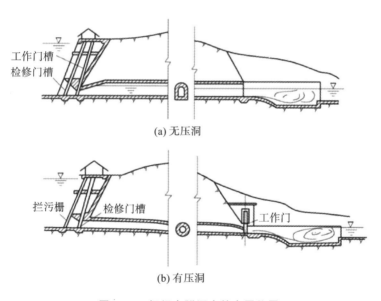

(a) 无压洞

(b) 有压洞

图 3.12　闸门在隧洞中的布置位置

(4)多用途隧洞的布置。

为了减少工程量,降低工程造价,同时也为了避免枢纽中单项工程过多,给布置带来困难,在隧洞设计上,往往考虑一洞多用或临时任务与永久任务相结合的布置方式。但由于需要满足不同的要求,必须妥善解决由此带来的一些矛盾。

①泄洪洞与导流洞合一布置。利用施工期的导流隧洞改建成运用期的永久泄洪隧洞是减小工程量、节省投资的合理措施,在已建工程中较常采用。

导流洞的进口高程较低,而泄洪洞进口高程可以较高,为了降低闸门上的水

压力,降低进口结构造价,改善闸门运行条件及解决进口淤堵问题,常在施工导流任务完成后,将导流洞前段堵塞,而在原导流洞口的上方另设进口,隧洞底坡根据水流流速设计为抛物线形式,然后再接一反弧段与原导流洞相衔接。这种布置形式在工程上常形象地称为"龙抬头"式。

"龙抬头"式泄洪洞大多是无压洞,并往往水头高、流速大,在弯道处,特别是在反弧段及其下游,由于离心力作用,水流流态复杂,脉动强烈,压力变化大,易遭受空蚀破坏。因此,应做好体形设计,控制施工质量,限制过流表面不平整度,并选用适当的掺气减蚀措施来避免空蚀的破坏。

②泄洪洞与发电洞合一布置。泄洪洞与发电洞合一布置是在洞前段共用一洞,在后段分岔为两个洞分别泄洪与发电。这种布置方式的优点是工程量小,工程进度快,工程布置紧凑,管理集中方便。但存在着两个主要问题:①分岔岔尖附近水流流态复杂,易产生负压和空蚀破坏;②泄洪时对发电有影响。

在分岔部位,水流边界突然改变,必然引起一定范围内水流紊乱。从水力学的角度看,分岔角度越小,对水流的干扰越小,水头损失也越小。但过小的分岔角使岔尖过窄,对结构强度及施工都是不利的。《水工隧洞设计规范》(SL 279—2016)指出,分岔角宜在30°~60°范围内选取,在满足布置和结构要求下应尽量采取较小的分岔角度。发电隧洞在分岔后的长度不宜小于自身洞径的10倍。

泄洪洞与发电洞合一布置有两种形式:一是主洞泄洪、支洞发电;二是主洞发电、支洞泄洪。试验研究表明,采用前一种形式,洞内流态较好,岔尖附近负压相对较小。因此,泄洪洞宜布置在主洞上,发电洞宜布置在支洞上。但泄洪时,由于洞内流速加大,有效水头降低,发电出力会相应减小。

为了提高岔尖部位的压力,改善其空蚀状况,减小泄洪洞出口处的断面积是一种有效的措施。如主洞泄洪,泄洪洞出口断面积不宜超过泄洪洞洞身断面积的85%,如支洞泄洪,则不宜超过支洞洞身断面积的70%。

对于泄洪量大、经常使用的泄洪洞或重要的水电站,不宜采用这种布置方式。

③其他任务隧洞的合一布置。发电与灌溉隧洞合一布置,水轮机尾水后接灌溉渠道,利用发电尾水进行灌溉。发电是经常性的,而灌溉用水是季节性的,所以应在发电尾水的后面设置一弃水设施,将无须灌溉时的发电尾水排入下游河道。

3.3.4.4　昆呈隧洞下穿宝象河专项施工方案

1.隧道工程概况和特点

(1)工程基本情况。

云南省滇中引水工程昆明段施工 5 标工程项目包括:昆明段昆呈隧洞前段 1 座输水建筑物,桩号 KM59＋585.614 m(KCT1＋000 m)～KM80＋559.614 m(KCT21＋974 m)。该段总干渠全长 20.974 km,另外,为满足工程分水及输水安全要求,结合输水工程的调度运行,合理调节上游水位和输水流量,以满足向下一级输水渠道分水或退水、截断水流、检修维护需要,在该段输水总干渠布置宝象河分水口(兼具退水功能),宝象河分水口桩号为 KM71＋190.692 m(KCT12＋605.078 m),分水流量 20 m³/s(含补滇)。

本标段输水隧洞特性见表 3.5。

表 3.5　本标段输水隧洞特性表

编号	建筑物名称	桩号/m	建筑物平面长度/m	设计流量/(m³/s)	底坡(i)	过水断面尺寸(宽×高)(m×m)	断面形式
1	昆呈隧洞1	KCT1＋000～KCT12＋605.078	11605.078	55	1/5150	6.68×7.22	马蹄形
2	昆呈隧洞2	KCT12＋605.078～KCT21＋974	9368.922	50	1/5150	6.44×6.97	马蹄形

(2)交叉段情况。

交叉段滇中引水工程建筑物为昆呈隧洞 KCT12＋700～KCT12＋740 洞段(2022 年 8 月开始该段施工),设计流量 50 m³/s,隧洞内断面尺寸 6.44 m×6.97 m(宽×高,马蹄形),开挖断面尺寸 8.04 m×8.57 m,下穿洞段长约 40 m,隧洞埋深 39 m,上覆有效岩体厚度 18 m。下穿宝象河洞段基岩为寒武系中统陡坡寺组页岩段页岩、泥岩夹白云岩,施工蓝图中该段围岩类别均为 V 类。

宝象河属昆明城区主要入滇河道,河道宽度约 13 m,根据现场踏勘和查阅相关水文地质资料,现河道水位约 0.6 m,雨季预计水位约 2 m,自北东流向南西,是昆明市主要的水景观河道。主要由上游宝象河水库汛期弃水和地表冲沟径流直接补给。场区处于郊区,地面现状为农田、建筑物、绿化带和河道。图 3.13 为昆呈隧洞 2 下穿宝象河平面图。

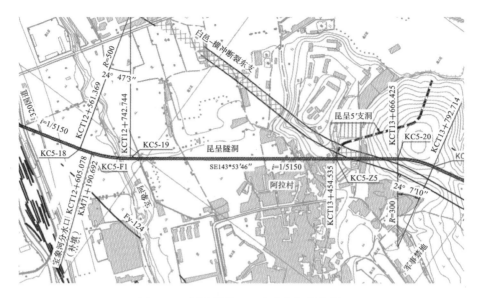

图 3.13　昆呈隧洞 2 下穿宝象河平面图

2.工程地质与水文地质条件

昆呈隧洞下穿宝象河洞段上覆 20～30 m 厚、以黏土和砾质土为主的第四系冲洪积层，下伏基岩为陡坡寺组页岩段页岩夹粉砂岩和龙王庙组白云岩。主要地下水类型为第四系孔隙水和岩溶水。白云岩和砾质土为主要含水层，富水透水性中等，黏土为相对隔水层。

3.总体施工程序

开挖方式为三台阶机械开挖，预留核心土方式；初期支护的施工严格按照"管超前，严注浆，短开挖，强支护，快封闭，勤测量"的十八字方针指导施工，开挖前做好超前地质预报、监控测量和信息反馈工作，采用各种地质分析、物探、超前钻探等手段在下穿宝象河洞段施工当中探明前方围岩地质情况，并根据前方地质、水文条件的变化及时调整施工方法，采取相应的技术措施，降低地质灾害发生的概率，从而指导隧洞工程施工的顺利进行，保证施工质量安全。

由于下穿宝象河段风险极大，为保证安全顺利通过宝象河，项目计划在正式进入宝象河之前根据设计图纸所给的灌浆措施提前进行灌浆试验，根据灌浆效果优化调整灌浆参数。如现有灌浆措施不能达到下穿宝象河要求，则联系参建各方商讨下步措施，如采取管幕工艺。

4.超前大管棚施工

超前大管棚一般长 12 m，钢管采用热轧无缝钢管，直径 108 mm、壁厚不小于 6 mm,标准节长 3 m 或 6 m,前端加工成锥形,在顶拱 120°～180°范围布置。

(1)管棚孔的钻孔。

根据设计要求确定孔位并做出标记,开孔允许偏差为 40 mm。钻孔时应严格控制钻杆轴向,保证管棚施工钻进方向的准确,脚手架应搭设可靠,钻机应固定牢固,钻进过程中应采用测斜仪器。钻孔顺序由高孔位向底孔位进行,并间隔错开;钻到一定深度时,应用测斜仪器检查孔的倾角是否正确,以便及时纠正。管棚孔深度应符合设计要求,超深不宜大于 200 mm。钻孔顺序应由高孔位向低孔位进行。钻孔直径应比设计管棚直径大 20～30 mm。钻孔完成后,孔内的岩粉和积水应洗吹干净,并保护好孔口。

(2)管棚的安装。

管棚安装前应对管棚孔进行检查,对不符合要求的管棚孔进行处理。钢管接头采用丝扣连接,丝扣长 15 cm,为使钢管错接,奇数孔钢管采用 3 节连接,分别用 3 m、6 m、3 m 的标准长钢管;偶数孔钢管采用 2 节 6 m 标准长钢管连接。纵向两组管棚的搭接长度一般为 3 m。钢管末端应与套拱导向管或钢拱架焊接牢固。管棚安装后,用速凝砂浆封口。在砂浆强度达到设计要求之前,不应敲击、碰撞或牵拉管棚。

(3)管棚的注浆。

一般采用纯水泥浆液注浆。注浆前进行注浆试验,并根据试验的情况调整注浆参数。初始注浆试验时,水泥浆水灰比可采用 1∶1～1∶0.5。注浆可在钻孔过程中采用前进式注浆,也可在钻孔完成后采用孔口管注浆。注浆初始压力宜为 0.5～1.0 MPa,终压宜为 2.0 MPa,具体需根据围岩地质条件及外水压力情况经现场灌浆试验确定。每孔的注浆量达到设计注浆量或注浆压力达到 2.0 MPa 时,继续保持 10 min 以上后可以结束注浆。注浆结束后及时清除管内浆液,并用 M30 水泥砂浆紧密充填,增强钢管的刚度。

5.超前注浆小导管施工

超前小导管参数为 $\phi42@0.3\times2.5$ m$(L=4.5$ m)顶拱 120°～180°范围布置。

超前小导管施工布置见图 3.14。

(1)小导管的加工制作。

小导管采用 $\phi42\times3.5$ mm 无缝钢管加工而成,小导管前端加工成锥形,以便插打。管壁四周按 15 cm 间距梅花形、钻设 $\phi8$ 压浆孔。

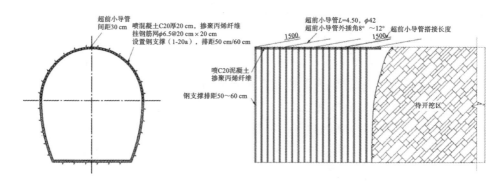

图 3.14 超前小导管施工布置

(2)小导管的安装。

超前小导管以紧靠开挖面的钢拱架为支点,设置于拱顶范围,沿隧洞纵向开挖轮廓线向外钻孔,打入后注浆,形成管架支护环。钻孔顺序由高孔位向低孔位进行。

(3)小导管的注浆。

小导管注浆前,应对开挖面附近喷射厚为 $50\sim100$ mm 混凝土封闭。

注浆压力应为 $0.5\sim1.0$ MPa,必要时可在孔口处设置能承受规定的最大注浆压力和水压的止浆塞。

注浆后至开挖前的时间间隔,视浆液种类宜为 $4\sim8$ h。开挖时应保留 $1.5\sim2.0$ m 的止浆墙,防止下一次注浆时孔口跑浆。

(4)注浆异常现象处理。

发生串浆现象,即液浆从其他孔中流出时,采用多台灌浆泵同时注浆或堵塞串浆孔、隔孔注浆。

6.超前灌浆施工

下穿洞段掌子面及洞周超前灌浆,$L=20$ m,间距 2 m,搭接长度暂定 5 m。

(1)止浆墙混凝土施工。

止浆墙位于超前预灌浆起灌段开挖掌子面前,厚度为 3 m 的 C20 素混凝土结构,模板采用组合钢模,混凝土按 3 m 分层浇筑,采用混凝土运输车运至工作面,泵送入仓。在止浆墙上采用预埋孔口管,在混凝土浇筑之前应按施工图纸所示的灌浆部位预埋钢管,钢管应牢固定位,以防止在混凝土浇筑过程中移动。

(2)钻孔冲洗。

灌浆孔均需进行冲洗。根据监理工程师指示,采用风水联合冲洗或用导管通入大流量水流,从孔底向孔外冲洗的方法进行冲洗;裂隙冲洗方法应根据不同的地质条件,通过现场灌浆试验确定。

对于遇水后性能易恶化的地层,不得进行钻孔冲洗,根据设计要求,少做或不做压水试验。

冲洗压力要求如下:冲洗水压采用 80％ 的灌浆压力,且不大于 1 MPa。冲洗时间不大于 15 min 或至回水清净为止。裂隙冲洗时间至回水清净时,孔内残存的沉积物厚度不得超过 20 cm。

灌浆孔(段)裂隙冲洗后,该孔(段)应立即连续进行灌浆作业,因故中断时间间隔超过 24 h 者,应在灌浆前重新进行裂隙冲洗。

(3)孔口管埋设。

孔口管埋设需固结牢固密实,保证不漏浆、不窜浆。其埋设方法如下:先用 YQ-100 型冲击式钻机钻孔,再将 ϕ108 孔口管插入,外露 20～30 cm,管壁与孔口接触处用麻丝填塞,再向孔口管内注双液浆固结。孔口管起着导向作用,钻孔安装时需控制好外插角度。

压水试验:①为便于分析灌浆效果,在固结灌浆孔岩石裂隙冲洗结束后,进行压水试验,可根据监理指示采用"简易压水""单点法"进行压水试验;②简易压水试验在裂隙冲洗后进行。压力为灌浆压力的 80％,该值若大于 1 MPa,采用 1 MPa;压水 20 min,每 5 min 测一次压水流量,取最后的稳定流量作为计算流量,其成果用透水率表示。

(4)灌浆施工。

①超前灌浆方法、注浆方式、浆材等根据不同的地质条件和实施目的确定。水泥浆液水灰比按 0.6∶1～1∶1,采用双液浆时水泥与水玻璃浆体积比按 1∶0.5 取,具体需根据围岩地质条件及外水压力情况经现场灌浆试验确定。水泥-水玻璃双液浆中水玻璃采用Ⅱ型水玻璃,体积质量 1.25 g/cm³,模数 2.4～3.0,浓度 30°～40°Be′。

②采用前进式分段灌浆,每段 5 m,第一段灌浆压力为 0.3～0.5 MPa,第二段灌浆压力为 0.5～1.0 MPa,第三段灌浆压力为 1.0～1.5 MPa,第四段灌浆压力为 1.5～2.0 MPa,具体灌浆压力通过现场灌浆试验确定。

③当钻孔涌水量大于等于 50 L/min 时,注入速度为 80～150 L/min;当涌水量小于 50 L/min 时,注入速度 30～80 L/min。

④当灌浆段在最大设计压力下注入率不大于 1 L/min 后,继续灌注 30 min,可结束灌浆。灌浆结束后,应对往外流浆或往上返浆的灌浆孔进行闭浆待凝处

理,待凝时间不少于 24 h 或按监理工程师指示处理。

3.4　落差建筑物

当渠道输水、分水、泄水或退水遇到陡峻的地形时,为避免落差集中或坡度较陡会发生冲刷破坏而兴建的落差建筑物。冲刷破坏有跌水、陡坡、跌井、悬臂式跌水等。

3.4.1　跌水

跌水是使水流经由跌水缺口流出,呈自由抛射状态跌落于消力塘,解决集中落差、防止冲刷破坏的渠系建筑物。跌水一般有单级跌水和多级跌水的形式。跌水通常由进口、跌水墙、消力塘和出口组成。

3.4.1.1　单级跌水

单级跌水的落差一般为 3~5 m。下面分述各组成部分及其构造和作用。

1. 进口

进口的主要作用是保证上游渠道水深均匀一致,由连接段和跌水缺口组成。

连接段是跌水缺口与上游渠道相连的收缩段或扩散段,常采用八字墙或扭曲面的形式。连接段的合理长度 L_e 与渠道底宽 B 和水深 h 的比值(B/h)有关。根据工程经验,当 $B/h<2$ 时,连接段长度 $L_e=2.5\ h$;$B/h=2.1\sim2.5$ 时,$L_e=3\ h$;$B/h>2.5$ 时,L_e 应根据情况适当延长。连接段底部边线与渠道中心线的夹角不宜大于 $45°$。连接段通常采用片石或混凝土衬砌,以防止渠水的冲刷,同时可增加渗径,以减小下游的消力塘底板的渗透压力。

跌水缺口常采用梯形横断面、矩形横断面和底部加台堰的形式。矩形横断面,只有当渠道流量变化很小或须设闸门时才采用;台堰式横断面,适用于清水渠道;当渠道流量变化较大和较频繁时,多采用梯形横断面,它可保持上游渠道的水面比降而不至于产生较大的壅水和降水,其单宽流量也比矩形横断面的要小。

2. 跌水墙

跌水墙有直墙和斜墙两种形式。跌水墙多按重力式挡土墙设计,若考虑消力塘侧墙和护坡对跌水墙的支撑作用,也有按梁板计算的。

3. 消力塘

横断面形式一般为矩形、梯形和折线形（即渠底高程以下为矩形，渠底高程以上为梯形）。消力塘的尺寸要判断流态，由水力计算决定。在一般情况下其底板衬砌厚度为 0.4～0.8 m。

4. 出口

出口包括连接段和整流段（类似水闸的海漫）。消力塘末端最好用 1∶2 或 1∶3 的仰坡与下游渠底相连。整流段断面应与渠道断面一致，可用干砌石、浆砌块石或混凝土衬护。整流段长度一般不应小于下游渠道水深的 3 倍。单级跌水的水力计算，有跌水横断面的过流量计算，以确定横断面的尺寸；还有消力塘的水力计算，在于确定消力塘的宽度、长度和深度。水力计算的方法可参阅水力计算手册和参考文献。

3.4.1.2　多级跌水

当集中落差大于 5 m，修建单级跌水不经济时（比如跌水墙断面尺寸及消力塘的尺寸过大），可考虑修建多级跌水。

多级跌水由多个连续的或分散的单级跌水组成。多级跌水分级的方法一般有两种：一种是按水面落差相等分级；另一种是按相等的台阶跌差分级。根据经验，当第二共轭水深 h_2 与收缩水深 h_1 的比值为 5～6 时，每级的高度以 3～5 m 为宜。其水力计算与单级跌水相同。

多级跌水有设消力槛和不设消力槛两种形式。不设消力槛的消能不完善，易产生冲刷现象，采用的很少。

3.4.2　陡坡

陡坡是利用正坡陡槽连接上下游渠道，使水流沿陡坡急流状态冲入消力塘，利用淹没水跃消能解决坡度较陡时与下游渠道的水流衔接，防止冲刷破坏的渠系建筑物。陡坡的底坡度大于临界水力坡度。灌溉渠道上常采用的陡坡形式有等底宽陡坡、变底宽陡坡及菱形陡坡等。陡坡通常由进口、陡槽、消力塘和出口组成。其进口形式及其水力计算与跌水相同，陡槽段要专门进行水力计算。

3.4.2.1　等底宽陡坡

1. 陡槽比降

陡槽比降应根据修建陡坡处的地形、土质、落差及流量的大小而定。当流量大、土质差、落差大时,陡槽比降应缓一些;当流量较小、土质好、落差小时,则可陡一些。陡槽比降通常取 $1:5.0\sim1:2.5$。

陡槽比降的确定,还要考虑基土的抗滑稳定,即应满足下列关系式:

$$\tan\delta \leqslant \tan\phi \tag{3.34}$$

式中,δ 为陡槽底板的底面与水平面的夹角,(°);ϕ 为基土的内摩擦角,(°)。

2.陡槽及消力塘构造

陡槽的横断面有矩形的和梯形的。梯形断面的边坡坡度通常应陡于 $1:1$。较长的陡坡,应沿槽身长度每隔 $5\sim20$ m 设一接缝,以适应温度变化引起的结构变形,防止裂缝,并在接缝处做齿坎增加抗滑能力,设止水以减少接缝渗漏。

对于软弱地基(如湿陷性黄土),可采用夯实或掺灰土夯实等办法进行地基处理;有条件时,最好进行强夯地基加固,以提高地基的强度和抗渗性,减少沉陷及其影响。

大型陡坡的槽底板厚度,应通过抗滑稳定计算来确定。一般陡坡的槽底板厚度,常根据已完成工程的经验选取。混凝土或钢筋混凝土衬砌的厚度为 $20\sim50$ cm,浆砌块石的厚度为 $30\sim60$ cm。

陡槽边墙的高度 H 的确定:在落差较小时,可取为进水缺口处边墙高度和消力塘边墙高度的连线;当落差较大时,应按计算的最大水面线加一定的安全超高确定;当槽内水流流速大于 10 m/s 时,应考虑水深的掺气影响,计算公式为:

$$H = h_a + \Delta h \tag{3.35}$$

式中,h_a 为掺气影响的槽内水深;Δh 为安全超高值,一般取为 0.5 m。

陡坡通常用消力塘形成淹没水跃来消能。陡坡消力塘的平面形式一般有等底宽和底宽扩散两种。其横断面有梯形、矩形及折线形。从水流状态和消能效果来看,矩形断面较其他两种形式好,但造价较高。

陡坡消力塘的底板衬砌厚度 t,可按下列经验公式进行估算:

$$t = Kv_1\sqrt{h_1} \tag{3.36}$$

式中,系数 $K=0.03+0.17\times\sin\delta$,$\delta$ 为陡坡末端坡面与水平面的夹角,(°);v_1 为陡坡末端流速,m;h_1 为陡坡末端的水深,m。

在一般土基上,用浆砌块石衬砌,其最小厚度为 40 cm;用混凝土衬砌,其厚度也不宜小于 30 cm;消力塘底板的前半部宜厚些,后半部可以薄些,以节省工程量。

3.陡槽的人工加糙

槽底人工加糙,可促使水流扩散,增加水深,降低流速和改善下游的消能状况。但人工加糙会引起底板和边墙震动,一般只在水流能量不太大的情况下应用。

通常的加糙形式有双人字形槛、交错式矩形糙条、单人字形槛、棋布形方墩等。当陡槽比降为 1∶3～1∶2、落差较大时,在陡槽上加设交错式矩形糙条,比用其他形式下游的消能效果好;当陡槽比降为 1∶1.5～2∶2.5、落差较小、陡槽水平扩散角 $\theta=9°～20°$ 时,采用单人字形槛可使陡槽水流迅速扩散,下游消能效果良好;当陡槽比降为 1∶5～1∶4、落差为 3～5 m,陡槽水平扩散角很小或为零时,采用双人字形槛,效果较好。

3.4.2.2　变底宽陡坡

陡槽底宽变化可改变其单宽流量和水深。陡槽底宽变化的陡坡有底宽扩散和底宽缩窄两种。若受地质及其他条件限制,消力塘不宜深扩,而下游水深又较小,消能不利时,可将陡槽底宽扩散,使单宽流量变小,以满足消能抗冲要求。若要增加陡槽内的水深,或为了使陡槽水深保持一定、使陡槽末端水深与下游渠道的水深相等,减少土石方开挖量和衬砌量,则可考虑将陡槽的底宽缩窄。底宽可以沿陡槽全长均匀变化,也可局部段变化。常见的情况是陡槽始端处缩窄,末端处扩散。

但是,陡槽内的流速一般较快,在考虑采用底宽收缩或扩散时,应避免产生冲击波或其他使流态恶化的因素,一般采取限制底宽变化率的方法。当底宽缩窄时,其收缩角不宜大于 15°;当底宽扩散时,扩散角应小于 7°。

3.4.2.3　菱形陡坡

菱形陡坡的陡槽上部扩散,下部收缩,在平面上呈菱形(图 3.15),消能效果较好,但工程量较大,适用于落差为 2.5～5 m 的情况。

跃前断面的底宽 b_1 按下式计算:

$$b_1 = (0.75～0.85)(b_2 + 2mh_2) \tag{3.37}$$

当陡槽扩散角 θ 不超过 20°时,跃前 b_1 处的收缩水深 h_1 可以维持均匀,此角度按下式计算:

$$\theta = \arctan\frac{b_1 - b_c}{6(P - P_1)} \tag{3.38}$$

消力塘长度,按下式计算:

$$L_B = 4.65h_2 - 3P_1 \tag{3.39}$$

公式中的各符号见图 3.15。

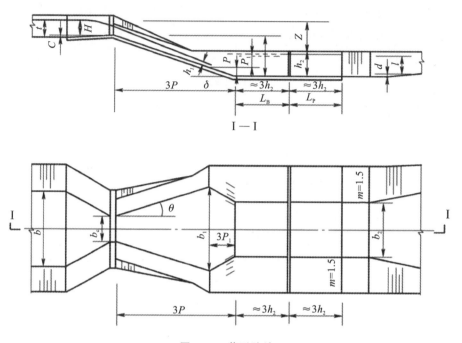

图 3-15　菱形陡坡

3.4.3　其他形式的陡坡和跌水

3.4.3.1　压力管式陡坡

压力管式陡坡由进口、压力管、半压力式消力塘和出口组成。其特点是陡槽部分用倾斜的压力管代替,斜管上面覆盖土石。在我国南方的一些退、泄水渠道上常采用,其落差宜小于 5 m。

1.进口

进口由连接段及进水口组成。由于落差一定时,不同的进口形式对流量系数的影响很小,所以进口连接段的形式除常采用直立八字墙或扭曲坡面外,也可采用直墙突然收缩的进口形式。连接段的长度一般取渠道设计水深的 3 倍。

2.压力管

压力管进口应淹没在渠道水位以下一定深度,出口应置于下游渠底高程以下,通常管内壁的顶部与下游渠底高程齐平,使压力管进出口总是淹没的,以保证管内为稳定的有压流。按淹没流水力计算公式确定管径尺寸。

为了施工方便,压力管的坡度不宜大于 1∶2。当流量较大时,可采用方形断面的现浇钢筋混凝土结构。

3. 消力塘

管式陡坡的消力塘属半压力式,由压力管出口处的压力盖板及弧线形的消力塘底板等部分组成。为了消除盖板下面可能产生的真空现象,需要在盖板的中部设若干个通气孔。消力塘底的前段为直线,后段采用阿基米德螺线,以使消力塘的断面逐渐扩大。

实践证明,当消力塘出口的断面积与压力管断面积的比值为 4～6 时,可获得良好的消能效果。对于规模较大的压力管式陡坡工程,应通过水工模型试验加以验证和修改。

4. 出 口

出口包括连接段和整流段,其尺寸拟定及构造与前述陡坡、跌水的出口相同。

3.4.3.2　悬臂式跌水

悬臂式跌水一般由进口、陡槽、挑流鼻坎、支承结构及基础组成。通常在下游的抗冲能力较强时选用。

1. 构造

悬臂式跌水的进口与一般的陡坡进口相同。陡槽的横断面宜采用矩形,其底坡和横断面尺寸应按材料的抗冲流速来确定。

挑流鼻坎的设计,应使挑射出的水流不危及基础的安全,并达到最佳的消能效果。常用的鼻坎形式有连续式、矩形差动式和梯形差动式。梯形差动式可减少下游冲刷坑的深度,有利于消除鼻坎负压,较其他形式好。为了使水流平顺,鼻坎的反弧半径不宜小于鼻坎上收缩水深 h_1 的 5 倍,以 $(8～12)h_1$ 较好。鼻坎挑射角 $\delta=25°$ 较好。梯形差动式挑坎的最优尺寸见表 3.6。挑流鼻坎高程的设置应满足挑流对挑射能量和起挑处水舌下的补气要求,一般高出下游最高水位 1～2 m。

表 3.6　梯形差动式挑坎的最优尺寸

挑射角		齿坎高度 / 齿坎前水深	齿槽宽度 / 齿坎宽度	齿坎宽度 / 齿坎前水深	齿坎的水平扩散角	齿坎边坡
δ_1	δ_2	d/h_1	a/b	b/h_1	θ	m
0	25°	1.0	0.75	2.5～2.7	25°	0.5

支承结构及基础常采用以钢筋混凝土管柱或桩为基础的桩柱式结构。基础埋置深度既要满足承载力要求,又要满足下游冲刷坑内水流翻滚淘刷影响下的稳定要求。

2.水力计算

悬臂式跌水的水力计算,包括挑射距离的估算和冲刷坑深度的估算。具体计算方法,可参阅相关资料。

3.5　泄水建筑物

泄水建筑物是用以排放多余水量、泥沙和冰凌等的水工建筑物。泄水建筑物具有安全排洪、放空水库的功能。对于水库、江河、渠道或前池等的运行起太平门的作用,也可用于施工导流。

泄水建筑物一般包括导流明渠、导流隧洞、导流涵洞(管)、导流底孔等。

3.5.1　导流明渠

3.5.1.1　明渠导流特征

明渠导流是水利水电工程常用的导流方式之一,但明渠一般只能用于初期导流,后期导流还需有其他方式配合。明渠导流具有如下特征。

(1)导流明渠一般过水面积大,泄流条件好,泄流能力强,可有效地控制上游水位的壅高。

(2)对于有通航要求的河道,采用明渠导流可通过明渠布置与断面优选,调整明渠内水流流速、流态,满足明渠内通航水流条件,用于施工期通航。

(3)导流明渠一般开挖量大,保护范围广,明渠体型设计宜结合枢纽建筑物形式考虑。

(4)导流明渠存在冲刷与淤积问题,需在布置与断面形式上综合比较。

(5)明渠坝段一般有封堵后快速施工的要求。

3.5.1.2　明渠进、出口的布置

进、出口方向与河道主流方向的交角宜小于30°,力求不冲、不淤、不产生回流,可通过水力学模型试验调整进、出口的形状和位置,其原则如下。

（1）明渠进、出口的布置应有利于进水和出水的水流衔接，尽量消除回流、涡流的不利影响，有通航要求的要考虑施工期船只顺畅通行问题。

（2）进、出口的位置取决于基坑大小、施工要求，以及距上、下游围堰堰脚有适当的安全距离；其最小安全距离依据围堰形式和堰脚防冲措施而定，一般情况下，对于无保护措施的土石围堰，取 30～50 m；对于有保护措施的土石围堰及混凝土围堰，取 10～20 m，还应考虑地基条件是否允许。

（3）进、出口高程的确定。按截流设计选择进口高程，出口高程一般由下游消能控制。进、出口高程和渠道水流流态应满足施工期通航、排冰等要求。在满足上述要求的条件下，尽可能抬高进、出口高程，以减少水下开挖量。明渠底宽应按施工导流、航运及排冰等各项要求进行综合选定。

（4）当出口为岩石地基时，一般不需要设置特殊的消能和防护措施；当为软基或出口流速超过地基抗冲刷能力时，需研究消能防护措施。

3.5.1.3　明渠布置

（1）导流明渠渠线布置需综合考虑各方面的因素。一般明渠位置可分为三种类型。

①开挖岸边形成的明渠。利用岸边河滩地开挖导流明渠，其渠身穿过坝段（挡水坝段），供初期导流，如铜街子、宝珠寺、三峡等水电站（水利枢纽）工程。

②与永久工程相结合的明渠。利用岸边船闸、升船机或溢洪道布置导流明渠，如岩滩、水口、大峡等水电站工程。

③在河床外开挖的明渠。在远离主河床的山垭口处设置导流明渠，这是典型的河床一次拦断明渠导流的导流方式。如陆水水电站、下汤水库等工程。

（2）为便于初期导流与后期导流的衔接，导流明渠一般布置在枢纽泄洪坝段的另一侧，明渠封堵后，洪水可由已建成的枢纽泄洪建筑物宣泄。

（3）导流明渠宜选择平坦地带或垭口部位布置，以减小开挖量。同时，明渠布置应兼顾纵向围堰的布置条件，尽量避免纵向围堰进入主河床深槽内（宜将纵向围堰布置在江心岛或基础条件较好的平台上）。

（4）为适应地形变化，渠道弯道半径应选择较大值。一般明渠的弯道半径以2.5～3 倍水面宽为宜。

（5）大型导流明渠布置，尤其是有通航任务的明渠，布置时应通过水工模型试验验证布置形式，必要时需进行船模航行试验。

（6）渠线应尽量避免通过滑坡地区。当无法避免时，应进行详细的地质勘探

和资料分析,采取确保安全的必要措施。

(7)渠道比降应结合地形、地质条件,在满足泄水要求的前提下,尽量减小明渠规模,降低防护难度。对于有通航要求的河道,其渠道比降应满足最大允许航行流速的要求。

3.5.1.4　明渠断面形式

渠道断面形式有梯形、矩形、多边形、抛物线形、弧形、U形及复式断面,导流工程中常用的主要有梯形、矩形、多边形及复式断面。

梯形断面广泛适用于大、中、小型渠道,其优点是施工简单,边坡稳定,便于应用混凝土薄板衬砌。

矩形断面适用于坚固岩石中开凿的石渠,如傍山或塬边渠道以及渠宽受限制的区域。

多边形断面适用于在粉质砂土地区修建的渠道。当渠床位于不同土质的大型渠道,亦多采用多边形断面。

复式断面适用于深挖渠段。复式断面有利于调整明渠弯道水流的流速分布及流态,改善明渠通航条件。渠岸以上部分的坡度可适当放陡,每隔一段留一平台,有利于边坡稳定并节省土方开挖量。

3.5.1.5　明渠防护结构形式

导流明渠一般具有泄流量大、水流流速快的特点。此外,导流明渠一般和纵向围堰配合使用,渠道防渗是通过对围堰进行防渗封闭而实现的,而无须专门设置渠道的防渗系统;而预留土(石)埂的导流明渠,须对预留土(石)埂采取防渗措施,多采用垂直防渗(如高压喷射灌浆、防渗帷幕、防渗墙等);也可根据实际条件,结合明渠衬护结构对渠道进行防渗处理,如混凝土护面、铺设土工膜、衬护黏土层或其他防渗材料等。

3.5.2　导流隧洞

3.5.2.1　导流隧洞特征

导流隧洞是用于水利水电工程施工导流的泄水建筑物,除有与永久水工隧洞相类似的特征外,还有如下显著特点。

（1）属临时建筑物，运行期较短，一般为 2～5 年，隧洞结构耐久性要求较低。

（2）导流隧洞运行条件特殊，一般均存在明、满流交替运行的状况，且导流隧洞后期需封堵，存在高外水压力（洞内无水）的运行条件。

（3）导流隧洞施工工期紧。为保证主体工程尽快动工，导流隧洞必须先建成通水，以实现河道截流目标。

（4）导流隧洞布置条件一般较差，主要因永久建筑物布置的需要，地形地质条件较好的一岸或部位一般优先布置永久建筑物（如厂房引水系统、泄洪洞等）。

因此，水电工程施工越来越多地采用隧洞导流方式，特别是在高山峡谷地带，导流隧洞具有布置难度小、运行可靠等优点。20 世纪 80 年代以后，随着我国水电开发逐步向西部转移以及峡谷高坝的建设，大型导流隧洞日益增多。隧洞导流的优点是不仅适用于初期导流，也适用于后期导流，但也存在隧洞运行期的高速水流、抗冲耐磨、围岩稳定以及退出运行时间的下闸断流和隧洞封堵等问题。导流隧洞与永久泄水建筑物的结合利用也是需要深入研究的课题，我国在这方面已积累了较丰富的经验。

3.5.2.2　导流隧洞设计

隧洞导流方式适用于河谷狭窄、地质条件允许的枢纽工程。我国大中型水电工程近半数采用了隧洞导流，土石坝中的面板堆石坝多采用隧洞导流。是否采用隧洞导流方案需要根据水文特性、导流条件、枢纽布置及坝体施工要求和计划进度安排等综合比较确定。

导流隧洞轴线的选择关系到围岩的整体稳定、工程造价、施工工期与运行安全等问题，需要根据地形、地质、水力学、施工、运行、沿程建筑物、枢纽总布置以及周围环境等因素综合考虑，并通过多种方案的技术经济比较确定。

导流隧洞的断面尺寸和数量视河流水文特性、岩石完整情况以及围堰运行条件等因素确定，还应考虑工程施工导流期洪峰流量值的大小。

3.5.2.3　隧洞断面形式

隧洞断面形状，应根据水力条件、围岩特性、地应力分布和施工因素确定，常见的断面形状有圆形、城门洞形、马蹄形、矩形和蛋壳形。

导流隧洞断面形式选择直接影响工程施工、运行期安全和工程投资。在地质条件差的围岩中建造大型导流洞应进行成洞条件分析及初期支护措施研究。对于较长隧洞，可采用多种断面形式或衬砌形式，不同断面之间应设置渐变段，

为保证洞内水流平顺,渐变段的边界曲线应采用平缓曲线过渡,且便于施工;渐变段长度应适中,太短则水头损失大,太长则施工麻烦,一般取 1.5～2.0 倍洞径;有压隧洞渐变段的圆锥角以 6°～10°为宜,高流速无压隧洞渐变段的形式应通过试验确定。

3.5.2.4 隧洞衬砌结构形式

导流隧洞衬砌主要有全断面钢筋混凝土衬砌、喷锚支护、组合衬砌和不衬砌等形式。导流隧洞穿越地层类型较多时,各段运行条件、施工条件均有差异,应结合隧洞地质条件、受力状态、施工因素、水流条件等分段选择合适的衬砌形式。

3.5.3 导流涵洞(管)

3.5.3.1 涵洞(管)导流特征

涵洞(管)导流适用于土坝、堆石坝工程,涵洞(管)埋入坝下进行导流。由于涵洞(管)的泄水能力较差,所以一般仅用于导流流量较小的或只用来担负枯水期的导流任务。涵洞(管)与隧洞相比,具有施工简单、速度快、造价低等优点。因此,只要地形、地质具有布置涵洞(管)的条件,均可考虑涵洞(管)导流。如柘林、岳城、白莲河等水电站。

涵洞(管)也可用于初期导流,后期导流与其他方式配合。如松涛水电站,采用分期导流,初期由涵洞(管)导流,后期由导流隧洞承担导流与泄洪。

3.5.3.2 涵洞(管)导流设计

涵洞(管)导流适用于导流流量较小的河流或只用来担负枯水期的导流。一般在修筑土坝、堆石坝等工程中采用。土石坝工程多采用涵洞(管)导流,此方式是利用埋置在坝下的涵洞(管)将河水导向下游的导流方式,且多是中小型土石坝工程,混凝土坝工程施工中很少使用。

一次性拦断河床的涵洞(管)导流方式是先将涵洞(管)建好,然后在坝轴线上、下游修筑围堰拦断河道,将河水经涵洞(管)导流至下游。涵洞(管)应具有较强的泄水能力,足以宣泄施工期的来水量,同时,在洪水到来之前,坝体高程必须达到拦蓄洪水的高程。

拦河坝分期施工时采用涵洞(管)导流方式的施工程序使每一期施工都利用围堰分隔水流。施工导流措施受多方面因素的制约,一个完整的方案,需要通过技术经济比较,必要时应做模型试验,经过论证后确定。

涵管过多对坝身结构不利,且使大坝施工受到干扰,因此坝下埋管不宜过多,单管尺寸也不宜过大。涵洞(管)应在干地施工,通常涵洞(管)布置在河滩上,滩地高程在枯水位以上。涵管导流一般在修筑土坝、堆石坝等工程中采用。涵管导流一般用钢筋混凝土管,钢筋混凝土管可以是现场浇筑,也可以是预制安装,但一定要坐落在可靠的基础上(如放在岩石基础上);如果是放在覆盖层上,则应对覆盖层进行严格的处理,并做好涵管分段的接头,接头处要做好止水及外部的防渗与反滤。

国内多采用导流涵洞(管)直接埋置于坝基中,对于采用一次性拦断河床的涵洞(管)导流方式的工程,大多是在通过河槽的一侧,在稍低于最终基础开挖高程下开挖出岩石槽,在基槽中设置输水涵洞(管),进口端设置进水闸门。

3.5.3.3 涵洞(管)布置

(1)涵洞(管)的布置应有良好的地基,一般应坐落在岩基上,或对地基进行必要的处理。

(2)涵洞(管)的工作状态与隧洞一样,有明流、压力流及明压流交替过渡;在条件允许的情况下,尽量采用明流泄水为好,以减少振动影响,防止气蚀破坏。如必须采用有压泄流,应采取适当措施,尽量缩短有压段的工作时间,消除振动和负压的影响。

(3)涵洞(管)轴线一般沿直线布置,如必须转弯,应控制弯曲半径,保持良好的水流顺畅。当水头大于 20m 时,一般不允许设置弯道。

(4)进水口应具有良好的进水条件,防止产生负压和气蚀破坏,进口曲线一般采用 1/4 椭圆,并具有良好的渐变段。出口应有消能措施和可靠的防冲保护,其高程与底坡的选择可参照前述隧洞的布置。

(5)当水头不高时,导流涵洞可与永久建筑物结合。如在岳城水库的涵洞中导流与泄洪、发电、灌溉相结合,其中 8 孔泄洪用,1 孔发电、灌溉用。

3.5.3.4 涵洞(管)断面尺寸与形式

(1)当围堰与土石坝坝体相结合时,往往是上游围堰越高越经济。除经济分析外,还需从围堰的工程量和工期要求来确定涵洞(管)的断面尺寸,同时,还应考虑后期坝体安全度汛的要求。

(2)涵洞(管)的断面形式,常采用拱门形断面。国内最大的单孔导流涵洞

（管）是柘林水电站，其尺寸为 9.0 m×12.2 m。岳城水库的导流兼泄洪涵洞采用 9 孔并列，总宽度达 77 m。

3.5.4 导流底孔

3.5.4.1 底孔导流特征

导流底孔是在坝体内设置的临时泄水孔道，在工程中主要用于施工后期导流。采用隧洞导流的工程，施工后期往往可利用坝身泄洪孔口导流，因此只有在特定条件下才设置导流底孔，例如二滩、乌江渡、东风等水电站工程。一些闸坝式工程虽采用河床内导流的方式，但由于泄洪闸堰顶高程很低，可用闸孔导流，不必另设导流底孔，例如葛洲坝、大峡、凌津滩以及映秀湾等水电站工程。有些工程的导流底孔还用于施工期通航和放木，例如水口、安康等水电站工程。

导流底孔一般均设置于泄洪坝段，也有个别工程在取水坝段内设导流底孔，也有一些工程跨缝或在坝的空腔内设置，以简化结构。绝大多数工程的导流底孔运用正常，但也有个别工程产生了气蚀。导流底孔在完成任务后用混凝土封堵，个别工程的导流底孔在水库蓄水后改建为排沙孔。

3.5.4.2 导流底孔设计

导流底孔一般设置在泄洪坝段，可采用底孔单独导流，也可由底孔与其他导流方式联合导流，如锦屏一级水电站工程为满足初、中、后期导流度汛要求，除在左、右岸各布置了 1 条导流隧洞、坝身上设置 5 个导流底孔外，还利用坝身上设置 2 个放空底孔和 5 个泄洪深孔以及岸边泄洪洞联合泄流。

3.5.4.3 导流底孔布置与形式

1. 导流底孔布置原则

（1）将导流底孔与永久建筑物的底孔结合，当永久建筑物设计中有放空、供水、排沙底孔可利用时，应尽量与导流底孔结合。

（2）单设导流底孔时，底孔宜布置在主河道附近，以利于泄流顺畅，即将导流底孔布置在溢流坝段，可充分利用护坦作为底孔导流的消能防冲结构。

（3）当底孔与明渠导流结合时，宜将底孔坝段布置在明渠中，作为工程完建、封堵的控制性建筑物。

(4)混凝土支墩坝在选用底孔导流时,宜将底孔布置在支墩的空腔内。

2. 布置高程选择

导流底孔设置高程应能满足施工期导流要求,需从泄流要求、截流、通航、防淤、磨损及下闸封孔情况等方面综合考虑,并同其他导流泄水建筑物(如隧洞导流时,底孔高程过大会导致隧洞下闸封堵期水头高、外水压力大等)协调;同时,导流底孔设置高程应与大坝永久泄洪孔相协调。

从泄流、截流、通航方面看,底孔高程低一些为好,可增大泄流能力,减少落差。从防淤、封孔方面看,底孔的高程高一些为好。底孔设置高程应接近河床高程,以兼顾各方面的要求。当底孔数目较多时,可设在同一高程,也可将底孔分设于不同高程。后期导流度汛的底孔可适当抬高。

3. 位置选择

导流底孔的位置应设在基础条件好,进水、出流顺畅的坝段。孔数较多时,应避免各孔进水不均匀。

导流底孔通常布置在大坝泄洪坝段内,以便利用消力塘或护坦做出口的消能防冲。当导流底孔需要设置在非溢流坝段时,应根据地形、地质情况,考虑出口防冲要求。有时为了导流需要,将导流底孔布置在厂房进水坝段时,底孔通过厂房坝段的结构较复杂,施工干扰大,应采取以下措施:①厂房先不施工或只浇筑尾水管以下部分,在其上部过水;②通过厂房坝段用钢管或钢筋混凝土管连接;③尽量从安装间下部结构简单的部位通过,避免干扰上部结构施工。

导流底孔在各坝段布置主要有跨中和跨缝两种布置形式。底孔所处坝段位置应满足永久泄洪孔布置条件和底孔闸门启闭设施的操作条件。

3.5.4.4　底孔形式与孔口尺寸

底孔的设计流态常为压力流,或进口为压力流,孔内为明流,且常有明流、压力流交替过渡。底孔总过水面积需根据设计流量、围堰高度要求、坝体度汛和后期封堵等要求确定,应进行技术经济比较。单孔断面尺寸选择需考虑以下因素。

(1)底孔横断面尺寸在满足泄量要求的前提下,通过技术和经济论证,选择单孔尺寸与孔口数量,一般采用多个小尺寸的泄水孔,其最小尺寸以不妨碍后期封堵为度。

(2)底孔应满足封孔闸门尺寸和启闭机能力的要求,如孔口过大则闸门过

重,造成闸门沉放困难。有些工程为了控制闸门尺寸,在进口设置中墩。

(3)底孔应考虑通航等综合利用要求。当需要利用底孔通航时,底孔的宽度和高度应满足船舶或木排的航运宽度和净空要求,进口一般不宜设置中墩。当底孔数目较多时,也可设置专门的通航孔,其孔口尺寸和高程的设置可以区别对待。

(4)当底孔上部同时有坝体过水等双层泄水情况时,应通过水工模型试验验证,确定避免底孔空蚀破坏的措施。

(5)底孔导流后,应采取措施保证封堵混凝土与坝体的良好结合。

(6)为防止导流底孔门槽、门槛运行期冲刷受损,保证后期封堵时顺利下闸,其进口门槽、门槛的金属结构应按永久工程进行设计。

底孔断面形式有圆形、椭圆形、矩形、贴角矩形及拱门形等,选择时应根据具体应用条件、导流截流条件和综合利用等要求确定。对于重力坝和支墩坝,一般常用拱门形和矩形,大跨度的用拱门形,小跨度用矩形或贴角矩形。在已建工程中,矩形、贴角矩形及拱门形应用较多。其高宽比一般在 1.0～2.5,也有的在3.0～3.5。对于重力坝,窄深式底孔不仅有利于改善坝体应力,还有利于闸门结构和减小闸门承受的总水压力。底孔宽度与坝段宽度之比,一般都小于 0.5。

3.5.4.5　导流底孔体型

导流底孔通常分为五段:进口段、闸门段、渐变段、洞身段和出口段。

进口段包括短的有压进口、压力进口等形式,一般进口体形设计需满足以下要求:宣泄各种流量时均能形成正压,以免产生空蚀;压强变化平缓,以使进口段损失最小;尽量减小进口的断面尺寸,便于闸门关闭;应力求结构简单,便于施工。进口体形一般取 1/4 椭圆曲线。

闸门段设计与闸门、门架、起重设备的设计中的结构与机械问题密切相关,防止空蚀是闸门段设计中最重要的内容之一。尤其是高水头闸门局部开启运行时,可能遇到严重的空蚀与振动,并且需要很大的通气量。根据导流底孔运行特点,闸门系统往往设置 1～2 套,即当底孔低于常水位时,为便于底孔封堵,其出口需增设一套叠梁门挡水。

渐变段包括进口渐变段、洞身渐变段、门槽之间的渐变段和出口渐变段等。渐变段的作用主要是使水流平顺衔接、防止空蚀、减小损失,其体形设计还需通过模型试验验证。

洞身段一般设计成直线平低形式,但高水头底孔常设计成竖向曲线段,此时应复核弯曲段各点压强,防止空蚀。

出口段应设置收缩断面,以提高其上游测压管水头线位置,消除负压,防止空蚀。

3.6　冲沙和沉沙建筑物

冲沙和沉沙建筑物是为防止和减少渠道淤积而在渠首或渠系中设置的冲沙和沉沙设施,如冲沙闸、沉沙池等。

3.6.1　冲沙闸

冲沙闸是设在渠首及渠系工程中,用以冲刷淤沙的水闸,又称冲刷闸、排沙闸。

无坝取水渠首中的冲沙闸常设在沉沙池或沉沙渠的末端靠近河流一侧,按正面取水、侧面排沙的原则布置,冲沙闸与进水闸之间的夹角取 30°～60°。有坝取水的冲沙闸常布置在进水一侧的河床上,与拦河闸(坝)在同一轴线,用以冲走进水闸前及沉沙槽中的淤沙。洪水期,冲沙闸可兼泄部分洪水,并起稳定闸前主槽的作用。冲沙闸底槛高程宜低于进水闸底槛高程 1～1.5 m,尽可能与枯水期河床平均高程齐平。为了更好地把粗颗粒泥沙引向冲沙闸,常在进水闸前设置导沙坎,在冲沙闸上下游设置潜没分水墙,以利集中水量,分孔冲沙。渠系中的冲沙闸多设在引水渠末端靠近河道一侧,利用开闸后在闸前渠道中形成水面降落和大的流速冲走引水渠中的淤沙。有特殊需要时,亦可设在干、支渠的一侧,与节制闸配合工作,排走部分渠段淤沙。

冲沙闸有连续冲沙和间歇冲沙两种方式。当灌溉期河道水量充足,可满足取水和冲沙水量要求时,可同时开启进水闸和冲沙闸,使含沙量小的表层水引向渠道,含沙量大的底层水由冲沙闸泄至下游河道;当河道来水量仅能满足进水闸引水要求时,采用间歇冲沙,即关闭冲沙闸以保证引水,当沉水槽中淤沙达到一定厚度,形成过量泥沙进入渠道时,关闭进水闸,停止引水,开启冲沙闸排沙。不论采用何种冲沙方式,都应密切注意冲沙闸上下游河床的变化。

冲沙闸常用开敞式水闸。当河道水位变幅大、闸室较高时,为了减少闸门高度、控制高水位时的过闸单宽流量,可采用胸墙式水闸。

冲沙闸设计流量的确定有两种方法。①选择一定频率的洪水流量:当闸前

为正常挡水位时,设计过闸流量取频率为 75%～80%的洪水流量;或以频率为 2.5%～3%的日平均流量作为冲沙闸的最大泄量。②根据河相关系及泥沙特性确定闸孔的设计流量:一般选用出现时间长,塑造河床主槽作用最大的多年平均流量。此外,冲沙闸的宽深关系需与渠首河段通过此流量时宽深关系相适应。冲沙闸过宽或过窄都易改变河道主流断面形态,影响泄流排沙效果。工程实践表明,冲沙闸用第一种方法确定的设计流量进行闸孔尺寸计算时,其运用效果良好。

冲沙闸的组成、构造及设计要点与一般水闸相同。

3.6.2　沉沙池

3.6.2.1　沉沙池的作用和工作原理

在多泥沙河流上,虽在引水口处设有防沙设施,但推移质泥沙不可能全部摒弃在渠首之外,加之水流中又携带悬移质泥沙,因此,还需对进入渠首的有害泥沙进行处理。常用的措施是:根据地形条件及水头大小,在进水闸后面适当的地方修建沉沙池。设计沉沙池时应根据灌区的用水量要求和输水渠道的具体情况,以水流的允许含沙量和允许进入输水渠道的泥沙粒径为依据。黄河下游自流引水允许含沙量宜小于 50 kg/m³,沉沙池出口允许含沙量不宜大于 10 kg/m³,允许泥沙粒径不宜大于 0.05 mm。黄河中游自流引水允许含沙量可根据实际情况和用途确定。

沉沙池的断面远大于引水渠的断面,水流进入沉沙池后,由于断面扩大,流速减小(一般为 0.2～0.35 m/s),水流挟沙能力大为降低,使水流中的泥沙逐渐沉淀下来。通常粗颗粒泥沙首先沉淀在沉沙池的进口处,逐渐形成三角洲,随着时间的延长,三角洲逐渐向池长方向延伸、增厚;较细颗粒由三角洲的前端沉入池底,从而形成异重流。当异重流运行至沉沙池尾端时,即停止前进。沉沙池内的泥沙要按时冲洗,一般由池末冲沙廊道排走,冲洗流速不应小于 2.0～3.0 m/s。

3.6.2.2　沉沙池的类型及布置

沉沙池按照平面形状,主要分为直线形、曲线形和条渠形三种。

1. 直线形沉沙池

这种沉沙池有单、双室及多室三种。单室沉沙池是最简单的形式,冲洗时不得不关闭通向渠道的闸门,停止供水,以免水流将搅起的泥沙带入干渠。为了解决冲沙与引水的矛盾,池旁可以修建侧渠,冲洗沉沙池时可由侧渠供水,使灌区用水不致中断。但此时供水的含沙量较大。为了减小泥沙入渠,沉沙池的冲洗时间尽可能安排在农田需水量最小的时段。

水流由渠道进入沉沙池时要求流态平顺、均匀,不产生涡流或水流集中现象。因此,池厢(沉沙室)宽度最好不超过长度的 1/3,进、出口应采用过渡段与渠首相连,使水流沿着平面和深度方向都能获得均匀扩散或收缩,出口过渡段长度可取 10～20 m,水流收缩角宜为 10°～20°。必要时,出口处可设置叠梁式活动底坎。进口过渡段内常设有扩散墙,或安装静水栅等设施,进口段长度可取 15～30 m。池底纵坡应根据冲沙速度及具体冲沙条件等进行计算,可取 1/200～1/50。

当引水流量大于 15～20 m³/s 时,单室沉沙池的尺寸很大,冲沙历时也长,而且冲洗效率不高,给供水造成不便。此时可采用双室或多室沉沙池,以便轮流冲洗,连续供水。双室沉沙池中的每个池厢所通过的流量,可采用干渠的设计流量,使之能够轮流冲洗,连续供水;也可以是设计流量的一半,当其中一个池厢冲洗时,另一个则通过超额流量。在多室沉沙池中,每个沉沙室通过的流量可以平均分配,当其中一个沉沙室冲洗时,其余沉沙室共同通过全部流量。池厢横断面宜取矩形或梯形,池厢深度可取 2.5～3.5 m。池厢分段应设伸缩沉降缝,缝距可取 10～20 m,缝内应设防渗止水设施。

直线形沉沙池运用时简便可靠,不仅可以连续供水,而且冲沙流量也小,但是结构较复杂,造价较高。

2.曲线形沉沙池

这种沉沙池是利用弯道环流原理,把池厢做成具有 90° 弯曲的渠段,使泥沙淤积在弯道的凸岸,并由许多排沙廊道排至排沙渠,然后泄入下游河流。这种沉沙池的排沙效果很好,排沙效率可达 90%～100%。

曲线形沉沙池有单厢(单室)和多厢(多室)两种形式。与其他类型沉沙池相比,厢内流速较大(≥0.7 m/s),处理中粗颗粒泥沙乃至小砾石较为有利。曲线形沉沙池在新疆各自流引水灌溉渠首广泛采用,效果良好。

3.条渠形沉沙池

这种沉沙池利用天然洼地作为沉沙区,并用围堤和格堤将沉沙区分为若干个带形或梭形条渠,一般有湖泊式、带形条渠、梭形条渠等几种形式。湖泊式多

111

利用附近荒滩洼地,因陋就简沿洼地边围堤而成,一般为不规则形式。带形条渠在距进口不远处宽度突然放宽,且宽度基本沿程不变,两端设八字形渐变段。其上段落淤多,尾部几乎不落淤,首尾落淤量相差 3~4 倍。梭形条渠系在沉沙洼地内修筑两条格堤,形成两头窄中间宽的梭形条渠。在相同流量下,池内流速由大逐渐变小,再由小逐渐变大,可使泥沙送得远、淤得匀。当一条条渠淤满后,可在第一条条渠旁修筑第二条、第三条等。条渠平均流速可根据沉沙颗粒和运行过程而定,一般可取 0.25~0.50 m/s。条渠出口处泥沙颗粒多小于 0.03 mm。由于条渠沉沙池布置较合理,故沉沙效率较高。这种沉沙池是临时性的,无须清淤,待淤平后即可放弃,可以用来耕种,此时再建新的条渠形沉沙池。

沉沙池按清除泥沙的工作状况来划分,又可分为定期冲洗式和连续冲洗式两种。定期冲洗式沉沙池是当沉沙室淤满后,粗颗粒泥沙开始进入干渠时,应停止引水并进行冲洗,冲洗流速不宜小于 2.5 m/s,一般为半个月或一个多月冲洗一次,汛期冲洗次数较多,汛期以后冲洗次数较少。连续冲洗式沉沙池的冲洗过程是不间断的,随着泥沙淤积而随时进行冲洗。

3.7 量水建筑物

渠道上常用的特设量水设施主要是各种形式的量水堰和量水槽,本节主要介绍这两种形式。这些量水堰和量水槽可就地施工,也可预制装配。

3.7.1 量水堰和量水槽的形式

量水堰和量水槽的形式很多。量水堰有薄壁堰、宽顶堰、三角形剖面堰及平坦 V 形堰。量水槽分为长喉道槽及短喉道槽,它们各适用于不同的流量变化范围和安装条件。许多国家和国际有关组织已对经过充分研究和实践验证的量水堰和量水槽制定了定型标准。下面简要介绍几种常用的主要类型。

1. 薄壁堰

薄壁堰是历史最悠久的明渠量水设施之一,通常是在金属薄板上设置缺口。水流由缺口经过时具有锐缘堰流的性质,在距堰板上游一定距离处观测水位,即可按堰流公式或事先绘制好的水位流量关系图表得到流量。常采用的缺口形状有矩形、梯形及三角形三种。

(1)矩形缺口薄壁堰的缺口为矩形。其特点是,可根据所测流量大小选择不同的缺口宽度,可测定的流量较三角形大,但堰前易引起泥沙淤积,流量小时精度较差。

(2)梯形缺口薄壁堰的缺口为上宽下窄的梯形,侧边边坡的坡度通常为 4∶1,在我国采用较多,其特点与矩形堰相似。

(3)三角形缺口薄壁堰的缺口为一个顶点向下的对称三角形。其特点是,在较小流量时仍有较大水头,故能准确地测量极小流量,是精度最高的量水设施之一,常作为检测和率定标准用。这种堰的缺口常采用 90°夹角,也可根据所测流量变幅大小采用其他角度。

薄壁堰的测流精度较高,误差为 $1\% \sim 2.5\%$,适用于含沙量小、有足够落差且流量较小的渠道。薄壁堰制造简单,装设容易,造价较低,可单独使用,也可与渠系建筑物配合使用,可做成固定的,也可做成活动的。薄壁堰设计的关键是必须遵守所采用的流量公式的有关限制条件。这些限制条件包括堰顶或三角形缺口顶角与渠底的最小距离、行近渠槽的最小宽度、最小流量时堰顶或三角形缺口顶角与下游水位的相对高差等。

2.宽顶堰

宽顶堰的应用范围为堰顶以上水头 H 与沿水流方向的水平堰顶长度 L 之比 H/L 应在 $0.1 \sim 0.4$ 之间。在此范围内可认为堰顶水流流线是平行的,当 H/L 大于 0.4 时,堰顶流线弯曲,流量系数只能通过实验确定。标准宽顶堰有两种,即锐缘矩形宽顶堰与圆缘矩形堰。

(1)锐缘矩形宽顶堰。堰顶上、下游顶角均为直角。这种堰的优点是:外形简单,便于修建或装配安装,较经济;可用于较小水位差;适用于中等流量和大流量。其缺点是:流量系数不固定,上游顶角容易损坏而影响测量精度。

(2)圆缘矩形堰。圆缘矩形堰是将上述矩形宽顶堰的上游顶角稍为修圆而成。其下游端可做成圆角,也可以是铅直面或向下的斜坡。这种堰型的布置及施工技术要求与锐缘矩形宽顶堰相同。圆缘矩形堰的优点是:较矩形宽顶堰的流量系数大,提高了堰的耐久性,泄流特性不易受局部损坏和堰上游淤积的影响。

3.三角形剖面堰及平坦 V 形堰

这种堰由 1∶2 的上游坡和 1∶5 的下游坡组成,坡面必须光滑平整。两坡面相交形成直线堰顶,堰顶须水平且与行近渠槽水流方向正交。

这种堰的优点是:施工简单、耐久,当水流携带杂质使堰体遭到轻微损坏时,

对测量精度影响不大,可较其他堰型用于更小的水位差,适用于中、大流量,在使用条件限制范围内,是一种可靠的量水建筑物,这种堰型在英国使用广泛。其缺点是测定流量的变幅不大。为了解决这一问题,以上述堰型为基础,并吸收三角形薄壁堰的优点,又研制出了平坦 V 形堰。该堰纵剖面为三角形,横剖面为 V形。这种堰型的优点是:可精确地测定小流量,而在通过大流量时,又可使上下游水位差大为减小,在自由出流及淹没出流状态均可测流,因此适用范围大。

4.量水槽

量水槽是一种在明渠内设置一缩窄段(喉道),使之在该段形成临界流态,并在上游或上下游特定位置测量水深,据以测定流量的量水设施,故又称为临界水深槽。该缩窄段可由束窄渠道形成,也可由束窄渠道和拱起的渠底结合而成。这种量水槽有长喉道槽和短喉道槽两大类。

(1)长喉道槽。长喉道槽由上游收缩段、狭长的喉段和下游扩散段组成。其特点是喉道较长,临界流态在喉段内保持距离较长,流态不易受下游水位影响,采用单一的上游水深即可换算出相应流量,能确保较高的量水精度。喉道横断面形式有矩形、梯形、U 形及三角形等,可以较好地做到与现行渠道采用相同的断面形式和尺寸。横断面形式的选择除考虑现行渠道的断面形式与尺寸外,还取决于若干因素,如拟测流量的变幅、精度要求、可用水头以及水流是否携带泥沙等。上述喉道横断面形式根据上游渐变段与喉道连接处的收缩情况,又分为只有侧收缩(无底坎)、只有底收缩以及既有侧收缩又有底收缩的三种类型。使用何种类型取决于各种流量的下游条件、最大流量、允许水头损失、H/b(净深 H 和净宽 b)的限制值以及水流是否携带泥沙等。

长喉道槽的优点:水头损失小;量水精度高;孔口形状较灵活,选择合适的孔口形状可便于通过泥沙,适于挟沙水流;淹没度较高,不易受下游水位影响;适用于水头宝贵的平原灌区及坡降较缓的灌溉渠道。其缺点是工程量较大,设计较复杂。

(2)短喉道槽。短喉道槽是一种喉道长度大为缩短的临界水深槽。其运行原理与长喉道槽相同。其缺点是因其控制段较短,在喉段内形成临界流流态的距离短,下游水位稍有波动,很快就影响到上游流态,因此,其量水精度和稳定性难以保证,淹没度较低。此外,由于喉道短,水面线曲率较大,喉道中水流不再与槽底平行,不能从理论上预先计算确定水位流量关系,只能用现场率定或室内率定加以确定。短喉道槽类型较多,有卡法奇(Khafagi)槽、巴歇尔槽、无喉道槽和H 槽等。卡法奇槽主要在欧洲使用,后三种主要在美国使用。巴歇尔槽在我国使用较多。下面仅介绍这种形式。

巴歇尔槽于 1920 年在美国研制而成,一直得到使用。我国《水工建筑物与堰槽测流规范》(SL 537—2011)对巴歇尔槽的有关规定主要是参考国际标准 ISO 9826—1992,并总结我国多年应用的经验制定的。巴歇尔槽的主要优点是工程量省,在自由流条件下,量水精度较高,测流比率大,损失水头小,尤其适宜在流量变幅大的渠道上使用。其缺点是结构复杂,造价高,施工困难。

巴歇尔槽共有 23 个标准系列槽,其中,标准巴歇尔槽 13 种,大型巴歇尔槽 8 种,特大型巴歇尔槽 2 种。每种标准设计均进行过细致的实验率定工作,只要严格按标准尺寸施工,水位流量关系就是确定的,故安装时不能随意改变给定的标准尺寸,也不能舍零取整。这些标准系列槽各部位尺寸(包括上游观测井位置及下游观测管进口位置坐标)在《水工建筑物与堰槽测流规范》(SL 537—2011)中均有详细规定。

3.7.2　量水堰(槽)的形式选择

影响量水堰(槽)选形的因素很多,形式选择应综合考虑以下几方面的条件:①上游及下游水位变化幅度;②水头损失的要求;③拟测流量的大小及流量变化范围;④测流精度要求;⑤渠道的形状、尺寸以及行进渠槽中的水流条件;⑥渠道水流的挟沙情况;⑦结构简单,操作简便,造价低廉。在上述条件中,最主要的技术指标是量水精度和水头损失。当前,能全面满足上述条件的量水堰(槽)还很少,如果不注意灌区特点,不作比较,随意选用量水设施或盲目推广一些国外业已淘汰或不适用的设施,势必造成很大浪费,必须针对当地具体情况进行优化选形,尽可能做到经济合理。

灌区量水由于使用场合特定,自然条件及考虑因素比天然河道简单,其他方面的要求也较明确,故有可能从众多设施和方法中优选出少数特定的形式和方式。研究表明,与其他形式相比,长喉道槽水头损失小,量水精度高,淹没度高,且孔口形状灵活,能较好地防止泥沙淤积和漂浮物阻塞,施工简单,是较能全面满足上述条件,值得在灌区中推广的形式。自 20 世纪 70 年代以来,该形式已在国外得到推广。其使用的主要困难是设计时计算较复杂,目前已有编好的计算机程序和适用于中小型渠道使用的定型设计可供参考。

3.7.3　其他量水设施

特设量水设施除量水堰(槽)外,还有一些是利用水流动力驱动一套机械传

动机构,并借助专门仪器直接读出流量或水量(显示或记录)的特设测量仪表。另有一些则是利用流速改变所引起的水头差来确定流量的装置,如量水管嘴、量水薄片孔口等。其中量水管嘴是在渠道内设置带有孔口的挡水板,在孔口处安装管嘴,根据设在挡水板前后水尺的上下游水位差确定流量。其特点是壅水小、水头损失小,比降不大或深水渠道均能适用。在我国的一些灌区采用了这种装置。

3.8 江西省梅江灌区南区工程案例

3.8.1 工程布置

梅江灌区位于宁都县中部梅江两岸,以梅江干流和一级支流为主要水源,灌面高程分布在 180～300 m,涉及宁都县 24 个乡镇中除最北端的肖田乡和东南角的田埠乡以外的其他 22 个乡镇,本次设计灌溉面积 58.0 万亩。

梅江灌区工程以农业灌溉为主,同时大部分蓄水水源工程还兼顾供水范围内的城镇居民生活用水,以提高人饮生活供水保证率。灌区分为三个区域八个灌片,“三区”即北区、西区和南区,“八片”即团结灌片、青塘灌片、琳池灌片、会同灌片、黄陂灌片、固厚灌片、梅江灌片、琴江灌片。

南区位于宁都县南部,包括固厚灌片、琴江灌片和梅江灌片,设计灌溉面积17.26 万亩,灌面分布于梅江干流两岸、支流固厚河和琴江两岸,约 96% 的灌面地面高程在 150～300 m。

3.8.2 灌溉渠道设计

3.8.2.1 总体概况

根据梅江灌区总体布局,南区共包含琴江灌片、固厚灌片、梅江灌片。建设骨干灌溉渠(管)道 16 条,干渠 4 条,支渠 12 条。

干渠均分布在琴江灌片,包含四条干渠,分别为三门滩干渠、龙湾干渠、朱潭干渠和高坑水库中灌渠,线路总长 33.08 km。其中,已建渠道现状利用7.36 km,已建渠道维修衬砌 25.72 km。

支渠分布在琴江灌片、固厚灌片、梅江灌片。

琴江灌片包括流坊灌渠、黄土陂灌渠、龙湾一支渠、龙湾二支渠、红旗北灌渠和红旗南灌渠 6 条渠道,除龙湾一支渠为新建渠道外,其余均为现状改造,总长 28.26 km,其中现状利用 3.03 km,维修衬砌 19.36 km,新建 5.87 km。

固厚灌片包括花园水陂灌渠、黄牛陂水库灌管和云迳渠道 3 条,总长 13.05 km,其中黄牛陂水库灌管为新建管道,总长 2.94 km,其余 2 条为现有渠道改造,总长 10.11 km。3 条渠道现状利用 1.55 km,维修衬砌 8.56 km。

梅江灌片包括新街渠道、蛇皮坑北灌渠和蛇皮坑南灌渠 3 条渠道,总长 7.67 km。其中维修衬砌 5.86 km,新建 1.81 km。

3.8.2.2 渠道断面设计

1. 渠道纵断面设计

根据布置渠道所经过区域的地形、地质条件、灌面分布,在满足灌区范围内自流灌溉高程的前提下,选取合理的纵比降以满足渠道冲、淤流速要求,避免深挖高填,降低工程投资。

渠道纵坡设计过程分为新建和改造渠道纵坡设计。

根据现状,已有灌区原灌溉渠系渠道可充分利用的,原则上不改变原有渠道的纵坡。针对新建渠道纵断面设计按照渠道地形地势选取,约为 1∶5000～1∶1000。

改造、重建渠道纵断面设计时主要遵循的原则如下:

①最大限度利用原有建筑物,避免大面积、大方量的土方挖填;

②以原控制性建筑物作为控制点,分段进行渠底纵坡设计;

③尽可能使渠道上、下游水面衔接,避免上、下游出现大的水面变化;

④根据各段渠道的最大、最小、设计流量,在满足渠道不冲、不淤流速的前提下,力求渠道断面最小。

2. 渠道横断面设计

本渠道为山区渠道,受地形限制,不得不布置在山腰相对较高的地势上,以满足自流灌溉面积用水需求和水库引水要求,傍山渠道有以下特点:①傍山成渠;②开挖断面较大,易形成高边坡;③稳定性受地质条件影响大;④渠道断面形式受渠道地形地质条件、水力条件、占地情况等因素的影响较大。设计横断面可选择梯形断面或矩形断面。这两种断面形式具有施工简单、便于应用各种衬砌材料等特点。梯形断面有利于土渠边坡稳定,但断面开口较宽,占地面积大。矩

形断面开口宽度小,开挖断面小,适于小断面的衬砌渠道。

当地形平坡或缓坡时,采用平原地区经济断面(宽浅式)和水力最优断面是比较经济合理的;当地形坡度较大时,采用窄深式断面的渠道开挖量相对较小。若计入断面开挖后边坡处理的工程量(如高边坡放坡增加的开挖量),则宽浅式水力最优断面工程量会更大。

在耕地严重紧张、征地费用越来越高的情况下,渠道应尽量减少占地面积,提高渠道的经济性,但断面也并不是越窄越经济,渠道太窄,会给施工带来不便,使施工费用增加,运行管理也不便,造价反而会增加。本工程地形坡度在 $10°\sim$ $40°$,设计引水流量 $0.3~\mathrm{m^3/s}$,采用矩形断面,经过对现状工程中多种断面宽深比 $\beta(\beta=$ 渠道底宽/水深 $h)$ 的渠道开挖、回填、衬砌、占地等工程量进行比较,β 在 $0.8\sim1.1$ 时较为实用、经济,但同时需考虑施工条件问题。

3.8.2.3　渠道糙率确定

根据《灌溉与排水工程设计标准》(GB 50288—2018),梅江灌区南区新建渠道过水断面全部以混凝土衬砌,现场拉模浇筑,渠道衬砌表面光滑平整,其糙率可取 0.014。但在沿线渠道的水头分配计算中,仅考虑了河渠交叉建筑物和渠道倒虹吸、渡槽、隧洞等的水头损失值,而没有计跨渠公路桥桥墩等对渠道水流阻水作用所引起的局部水头损失,亦未计渠道分水口门等部位处的水头损失;由于渠道大部分傍山而行,沿线弯道多,渠道衬砌面在平面上也不太平直,且本工程地处水草丰盛的江西,渠道长期运行衬砌表面杂草苔藓等不可避免,综合以上因素,渠道综合糙率采用 0.016。

3.8.2.4　渠道水力计算

1.渠道纵坡

渠道纵坡根据渠道地形地势选取,纵坡约为 1∶5000～1∶1000。

2.渠顶超高

渠道水力计算采用明渠均匀流公式进行,计算公式如下:

$$Q = AC\sqrt{R \cdot i} \qquad\qquad (3.40)$$

式中,Q 为渠道设计流量,$\mathrm{m^3/s}$;A 为渠道过水断面面积,$\mathrm{m^2}$;C 为谢才系数,$C = \dfrac{1}{n}R^{1/6}$,n 为糙率系数;R 为水力半径,m;i 为渠道比降。

3. 渠道岸顶超高确定

梅江灌区 4、5 级渠道,各灌溉渠道安全超高参照《灌溉与排水工程设计标准》(GB 50288—2018)的规定:

$$F_b = \frac{1}{4}h_b + 0.2 \tag{3.41}$$

式中,F_b 为渠道岸顶超高,m;h_b 为渠道通过加大流量时的水深,m。

梅江灌区 3 级渠道,各灌溉渠道安全超高按照土石坝设计要求进行确定。

根据以上公式、计算参数和渠道断面形式,进行渠道水力学计算,计算成果见下表 3.7。

表 3.7　南区新建骨干渠道水力计算成果表

序号	支渠渠道名称	长度/km	渠道断面/m				流量/(m³/s)		水力计算			设计水位/m	
			渠底宽	渠深	边坡	纵坡	设计	加大	水深/m	流速/(m/s)	计算超高/m	起点	终点
1	龙湾二支渠	1.67	0.9	0.8	0	0.0005	0.16	0.21	0.386	0.461	0.318	272.50	200.00
2	红旗北灌渠	6.33	1.1	1.1	0	0.0010	0.50	0.68	0.571	0.796	0.381	186.90	181.13
3	蛇皮坑北灌渠	3.11	0.9	0.8	0	0.0010	0.19	0.26	0.339	0.622	0.307	188.23	175.20

3.8.2.5　渠道护砌设计

1. 渠道护砌材料选择

为了提高渠道水利用系数,减少渠道的渗漏损失,减少糙率,加大流速,增加输水能力,防止渠道冲刷破坏,减少土方开挖,所有渠槽采用衬砌结构。渠道防渗结构种类很多,有土料、水泥土、石料、埋铺式膜料、沥青混凝土以及混凝土等。

经比较,水泥土使用年限较短;浆砌石渠道糙率大,故断面尺寸大,占地多,

施工进度慢,造价高;埋铺式膜料允许不冲流速较低,势必导致渠道断面偏大,占地面积增加;沥青混凝土造价与混凝土衬砌结构相近,但沥青混凝土使用年限较短;因此防渗材料选择混凝土。混凝土衬砌有现场直接浇筑及预制块衬砌两种。预制混凝土板安砌糙率高,施工、制作需要场地且工序多,因而造价高、存放易被盗;现浇混凝土施工简单,占地范围小,只要施工过程中严格把关、控制尺寸和平整度是能够达到设计目的,故本阶段设计明渠护砌主要采用现浇混凝土材料。

2. 渠道边坡稳定计算

南区渠道主要为维修衬砌渠道,渠道流量小,且主要为傍山渠道,大部分渠道衬砌断面采用矩形,仅高坑中灌渠及黄土陂灌渠采用梯形断面。高坑中灌渠渠道断面尺寸为 1.0 m×0.6 m(宽×高),渠道边坡为 1∶1,黄土陂灌渠渠道断面尺寸为 0.6 m×1.0 m(宽×高),渠道边坡为 1∶0.3,渠道断面尺寸均较小,本次设计不做渠道边坡稳定计算。

3. 护砌设计

(1)干渠。

南区干渠无重建和新建渠道。

(2)支渠。

重建及新建支渠渠道多为沿等高线布置的傍山渠道,为减少开挖和占地,渠道护砌采用 C30 混凝土矩形槽的形式,衬砌厚度为 20 cm,每隔 5 m 设横向伸缩缝,缝宽 2 cm,缝内用 1∶1∶4 的沥青砂浆充填,在挖方渠段傍山侧渠顶设混凝土排水沟,断面净尺寸为 0.3 m×0.2 m;挖方渠道坡面较陡处,采用混凝土锚喷支护,防止山坡土石滑塌,淤塞渠道;为满足后期维护和管理的交通要求,支渠渠道外侧设 2m 宽混凝土伴渠道路。

4. 渠道填筑设计

为保证填方渠道的工程安全性和经济合理性,选用土料时遵循以下原则:①土料的质量指标要满足工程要求,或经加工后满足工程要求;②优先选用本渠段渠道或建筑物的挖方弃料,其次是相邻段的挖方土料;③当挖方土料在质量、数量上不满足填筑要求时,可向土料场借土;④土料场应尽可能就近选择,便于开采、运输。

本工程开挖量较大,明渠渠身填土土料拟采用渠道挖方料,主要为低液限黏土和粉土质砂。总体来说,选用的渠线表层开挖土料基本满足技术要求,开挖土料混合后可以作为渠道填筑用料。

黏性土的填筑标准以压实度和最优含水率作为设计控制指标。根据《碾压式土石坝设计规范》(SL 274—2020)相关技术规定,渠堤压实度不小于 0.93。设计干密度及设计填筑含水量具体计算公式如下:

(1)设计填筑干密度。

黏性土设计填筑干密度按下式计算:

$$\gamma_d = p \cdot \gamma_{d_{max}} \tag{3.42}$$

式中,γ_d 为设计填筑干密度;$\gamma_{d_{max}}$ 为标准击实试验最大干密度;p 为压实度,不低于 0.96。

(2)设计填筑含水量。

渠道设计填筑含水量取填土的击实试验最优含水量的平均值,与最优含水量的偏差限制在 $-2\%\sim3\%$。公式如下:

$$\omega_0 = \overline{\omega_0} \tag{3.43}$$

式中,ω_0 为设计填筑含水量;$\overline{\omega_0}$ 为标准击实试验最优含水量的平均值。

3.8.2.6　渠道维修改造设计

本次南区骨干灌溉渠系工程建设共 14 条,包括 4 条干渠、10 条支渠(管),渠道总长 74.67 km,本次建设总长 62.74 km。其中新建支渠 2 条,新建总长 4.61 km;其他 4 条干渠和 8 条支渠均为在原有渠道基础上进行现状利用、维修或者改扩建,其中维修衬砌总长 53.10 km,续建 5.03 km。

灌区的总体布置及渠系走向经多年运行,均已定形,此次渠道维修衬砌渠段绝大部分在原有渠道基础上做维修砌护及拆除重建砌护。

本次设计需对已建渠道维修衬砌,根据现场情况,存在以下问题:部分渠段年久失修;部分渠段基础沉降,衬砌断裂坍塌严重;部分渠段衬砌开裂,出现了渗漏水情况;部分渠段无运行管理通行条件;等等。本次设计根据渠道破坏情况,首先采取如下措施加固:对未护砌段根据设计规模进行断面复核,全断面混凝土全断面护砌防渗;对基础沉降、衬砌断裂坍塌严重渠段,进行拆除重建,重建断面参照新建渠道断面形式;对基本保存良好、局部砂浆剥落渠段,首先对现状衬砌表面进行凿毛并冲洗干净,再对空洞进行补浆,并进行水泥砂浆抹面;现状渠道无运行管理维修交通条件段,补充运行交通道路,已有交通道路的渠道,对道路进行维修维护。

3.8.3 渠系建筑物设计

3.8.3.1 渡槽

1.选址原则

(1)在满足渡槽跨越河流流量、水位的条件下,应尽量缩短渡槽槽身长度,降低工程造价。

(2)槽身轴线宜为直线,当受地形地质条件限制槽身必须转弯时,弯道半径不宜小于6倍的槽身水面宽度,并考虑弯道水流的不利影响。

(3)宜与所跨河道或沟道正交。

(4)在渡槽前布置安全泄空、防堵、排淤等附属建筑物。

(5)渡槽址附近有宽敞、平坦的施工场地,交通运输方便,并少占农田、少拆民房。

2.南区渡槽统计

经调查,南区原有渡槽13座,均在琴江灌片。

经线路布置,南区新增2座渡槽,在琴江灌片红旗北灌渠和梅江灌片的蛇皮坑北灌渠。本次建设南区渡槽共计15座。

3.槽身断面形式选择

渡槽上部结构根据施工方式的不同分为预制吊装式槽身与现浇整体式槽身两种形式。本工程原位重建渡槽因不能影响灌溉,施工工期有限,需预制渡槽,选择预制吊装式槽身;轴线位于原渡槽上游或下游的并行渡槽,施工工期可适当延长,选择整体现浇式槽身。在预制渡槽方案中,槽身施工过程在预制场,其施工质量容易控制和管理,能够有效地保障施工进度,但需要大型运输及吊装设备配合,槽身尺寸控制严格,工程造价较高。整体现浇式槽身方案在现场施工,渡槽施工过程中的质量管控和操作难度均比较大,槽身尺寸控制相对较松,对施工单位的施工技术要求没有预制吊装高。

槽身断面形式常用的有矩形槽和U形槽,输水断面采用矩形槽和U形槽都是可行的。根据工程经验,钢筋混凝土槽身大流量时采用矩形,中小流量可采用矩形,也可采用U形。对于简支梁式渡槽,矩形槽和U形槽应用都比较多,作为一体结构,U形槽基本无应力集中现象,外形流畅、轻巧、混凝土用量省,但施工技术要求高。矩形槽身过水断面大,施工难度小,施工简便,但混凝土用量多,吊重大。因此渡槽形式比选中,梁式渡槽断面采用矩形和 U 形进行对比。

方案一:矩形槽身。

矩形槽身施工简单,模板利用率高,且适应大跨度拱式渡槽分段落梁,稳定性较好;缺点是水力条件较 U 形渡槽稍有不利,槽身工程量较大。

方案二:U 形槽身。

U 形渡槽槽身一般较薄,槽身工程量较小,但对施工技术要求较高,需要专用模板,常用于预制吊装施工,当需要现场浇筑时,对支架基础及支架沉降要求高。一旦出现开裂、漏水等问题,修复较困难。

经比较,本阶段设计推荐矩形渡槽。

4. 支撑结构选型

根据槽址处的地质条件、槽墩高度、渡槽流量、水文等因素,确定渡槽下部结构形式。

根据现场调查,红旗北渡槽均穿越于田地或跨度约 5～7 m 的小河沟,均无行洪要求。

根据地形条件及线路水力计算,渡槽支撑高度在 5～10 m,施工难度不大,且渡槽流量在 0.5～0.68 m^3/s,槽身经计算为 1 m×1 m 断面,断面不大,初步选择 10 m 一跨,支撑荷载不大,因此选择排架式支撑,基础采用扩大基础。

5. 槽身结构计算

渡槽为简支梁式渡槽,断面形式为矩形,分别用二维板单元和一维梁单元建立简化模型进行计算。经计算,渡槽槽身弯矩最大值 369.4 kN·m,轴力 829.7 kN,跨中最大挠度 0.39 cm。

3.8.3.2　隧洞

梅江灌区南区经现场调查,共有 6 座隧洞,其中朱潭干渠 2 座,流坊灌渠 1 座,红旗北灌渠 2 座,红旗南灌渠 1 座。隧洞均为城门洞型断面,洞宽 0.8～1.3 m,隧洞进出口段围岩主要为粉土质砂,强～弱风化变质砂岩,围岩类别为 Ⅳ～Ⅳ 类,边坡稳定性较差,少数进出口段存在塌方,洞身围岩主要为强风化花岗岩、弱风化细砂岩,围岩类别为 Ⅳ～Ⅳ 类,围岩稳定性较差,局部围岩存在掉块现象。隧洞均存在不同程度的淤积问题。

根据线路布置,南区无新增隧洞。

根据现场调查情况及本阶段复核后的流量,对隧洞进行过流能力计算,经计

算,除红旗南灌渠的岭头隧洞过流能力不满足设计要求外,其他隧洞过流能力均满足要求,本次设计对未衬砌及不满足过流能力要求的隧洞进行扩建改造。

1.布置原则

(1)在满足工程总布置要求的条件下,洞线应选在线路短、沿线地质构造简单、岩体完整稳定、上覆岩层厚度适中、水文地质条件有利及施工方便的地区。尽量避开煤矿采空区,避开或减少Ⅴ类围岩和土洞的长度;洞线与岩层层面、构造断裂面及主要软弱带走向应有较大的夹角;在高地应力区,与最大水平地应力方向有较小交角;尽量避免沟谷偏压地段、与岩层走向平行的地段及可能造成地表水强补给的冲沟。

(2)洞线布置宜避免对相邻建筑物造成不利影响。

(3)隧洞的线路布置应尽可能布置成直线。当为避开不利的岩土洞段时,个别地段设置折点转弯,转弯处均布置成圆弧曲线,各转弯处的偏转角绝大部分小于20°,最大的不超过60°。钻爆法施工洞段由于输水隧洞的流态和施工要求,隧洞的转弯半径 R:偏转角小于45°时,R 为 50 m;偏转角大于等于45°时,R 为 100 m。弯段的首尾部一般均设置了直线段,其长度都大于5倍洞径(或洞宽)。

2.南区隧洞统计

南区共6条隧洞,现状利用3条,扩建加固3条。

3.隧洞形式选择

常用的隧洞断面形状主要有圆形、城门洞形和马蹄形。其中圆形断面多用于有压隧洞,适用于各种地质条件,水力特性最好,在内外水压力作用下,其受力条件也最好;而且对于无条件布置支洞的情况下,可用于 TBM 开挖。圆形断面的缺点是圆弧形底板不适宜钻爆法开挖的交通运输,处理起来或因为二次开挖而延长工期,或增加石方开挖和混凝土回填;城门洞形断面,多用于无压隧洞,适用于无侧向山岩压力或侧向山岩压力很小的地质条件,施工起来比较方便;马蹄形断面适用于不良地质条件及侧压力较大的围岩条件,水力特性和结构特性介于圆形与城门洞形之间。

本工程隧洞按无压隧洞布置,长度较短,采用钻爆法两端施工,无须布置支洞,综上原因选择施工条件好的城门洞形断面。

4.隧洞坡降选择

隧洞均为扩建加固,且隧洞所在渠道均为维修衬砌,为与上下游渠道衔接顺畅,隧洞坡降均采用现状纵坡。

5. 隧洞水力学计算

根据隧洞水力学计算分析,影响隧洞过流能力的因素主要是隧洞底坡、糙率和局部水头损失。增大底坡有利于增加隧洞过流能力、减小断面尺寸。但由于隧洞线路长,坡降较平缓,通过不同坡降比较计算,认为隧洞坡降对隧洞过流能力的影响不是主要因素,假设出口高程每降低 1 m,对隧洞断面面积的影响小于 1%。

隧洞沿程水头损失是影响隧洞过流能力的主要因素,由于不同的衬砌形式,其糙率也不同,糙率的合理选择是关键。糙率设计值根据规范和参考有关工程实测的糙率来选取。考虑工程实际的不确定因素,应有一定的安全裕度。

(1)糙率的确定。

混凝土衬砌的糙率选取:对于现浇混凝土衬砌,根据规范水泥浆抹面或经表面磨光糙率为 0.011~0.012,采用钢模,糙率为 0.012~0.013,采用木模,糙率为 0.013~0.015;围岩开挖后,采用钢模台车现浇混凝土衬砌后的糙率选取为 0.014。

(2)净空面积比确定。

对于较长的无压输水埋管或隧洞,在确定了断面形状、纵坡、糙率后,可采用明渠均匀流理论计算确定埋管或隧洞断面尺寸,并估算其水深、净空等要素。参照已建工程经验,本阶段规划设计隧洞净空面积暂按大于 20% 控制。

(3)断面尺寸确定。

拟定隧洞断面尺寸应满足施工最小洞径要求。由于灌区内隧洞设计流量均较小,应首先满足最小施工洞径要求,初步拟定隧洞最小施工洞径为 1.8 m(宽)×2.1 m(高)(城门洞型)。

6. 隧洞分缝及排水

(1)隧洞在地质条件明显变化处(如断层、破碎带等部位)及衬砌形式变化处等位置设置永久伸缩缝,单一洞段每隔48m设置伸缩缝,缝内设置橡胶止水带,其余地质条件单一洞段每隔12 m设置施工缝一条,缝内设置 BW-Ⅳ 型止水条。

(2)排水孔孔径为 φ50,间距 20°,排距 1.5 m,深入基岩 2.0 m。隧洞开挖对附近村民饮用水源影响不大,上覆地层无煤系地层,无污染水,均可打排水孔。

7. 隧洞进出口设计

为保证隧洞进出口边坡的稳定性,控制单级开挖边坡高度不超过 10 m,超过 10 m 的增设马道,马道宽 2.0 m,并在坡脚设置排水沟,在坡顶设置截水沟。

边坡采用挂网喷混凝土支护,喷 C20 混凝土,厚 100 mm,并设置 C25 系统锚杆,间排距 1.5 m,梅花形布置,$L=4$ m。

3.8.3.3 水闸

1.水闸布置原则

水闸类型主要有节制闸、分水闸等,水闸设计执行《水闸设计规范》(SL 265—2016)标准来进行布置和结构计算,各类水闸布置原则与要求如下。①节制闸一般设于水体出口,以便控制闸前水位。节制闸中心线与渠线一致,其上、下游渠段的直线长度不宜小于 5 倍水面宽度。②分水闸应设在分水渠道的进口处,宜将多条分水渠道的首部集中,按单项、双向、多项分水,必要时增设节制闸。③退水闸布置于有运行安全要求的建筑物前或放空退泄灌溉余水,便于渠道检修,就近便于泄水的渠段。

2.南区水闸布置

根据《灌溉与排水工程设计标准》(GB 50288—2018)的要求,泄水闸的泄水设计流量选为所在渠段的设计流量;为了满足渠道的正常运行要求和便于管理,泄水闸与节制闸联合布置,用于控制干渠水位和保证泄水,节制闸闸孔过水断面与渠道过水断面相等或稍大。

经初步计算,水闸尺寸分为 4 类:2 m(宽)×2 m(高)×1 孔、1.5 m(宽)×1.5 m(高)×1 孔、1 m(宽)×1 m(高)×1 孔、1 m(宽)×1.6 m(高)×1 孔。

退水闸由进口连接段、闸室、陡坡、消力池及其出口护砌等部分组成。闸前进口连接段为圆弧形直墙、直墙和底板为 M7.5 的浆砌石,底板厚 35 cm。闸室为 C30 钢筋混凝土整体结构,整体平底板厚 80 cm,中墩厚度 100 cm,边墩为重力式混凝土挡土墙。闸室顶部为 C30 钢筋混凝土 2 层双向框架结构启闭机房,闸室上游设 C30 钢筋混凝土简支板桥与渠顶连接。闸室出口陡坡段为矩形断面,底板 C30 混凝土厚 50 cm,陡坡末端接消能防冲设施,消能方式根据下游地质情况选用挑流或底流式,消能池为挖深式,断面为矩形,C30 钢筋混凝土,池深和底板厚度及长度由消力池消能防冲计算确定,底板设排水孔和反滤层。消力池出口设干砌石衬砌的海漫,厚 35 cm,长度一般取 3.0~10 m。

3.8.3.4 暗涵

1.布置原则

①当渠道与河沟或和另一渠道交叉,且输水高程低于交叉建筑物底部时可

设暗涵穿过;②傍山修建渠道,为减少开挖量、防止坡面坍塌或坡积物入渠造成淤堵;③渠道穿越大片种有经济作物的高地时;④隧洞进出口覆盖层较薄渠段。

2.穿路涵

根据《公路工程技术标准》(JTG B01—2014),结合公路部门确认意见及场区工程地质条件,对穿越高速公路、国道、省道及四车道以上的城市道路均采取顶管穿越,其余低等级公路采取破路埋管直接穿越。

渠道穿越公路或路基时,首先应考虑利用涵洞穿越。梅江灌区北区新建渠道多沿河谷布置,河谷内乡村道路和乡道较多,在渠道和乡间道路交叉处,以暗涵方式通过,南区新建及改扩建涵洞 97 座。

梅江灌区南区新建及改扩建渠道暗涵采用 C25 钢筋混凝土矩形涵,采用单孔箱型结构,根据流量不同,过水净宽 0.6～2.0 m,高 0.6～2.0 m,纵坡与暗涵上下游渠道纵坡保持一致,净空高度不小于暗涵高度的 1/6,并不小于 0.4 m。土质地基基础底面设 10 cm 厚 C15 素混凝土垫层。暗涵底板厚 0.2～0.6 m,侧墙厚 0.2～0.6 m,顶板、底板与边墙转角处设 0.1×0.1 m 倒角。临时开挖边坡:岩基采用 1∶(0.5～0.75),土基采用 1∶1.5。暗涵填筑指暗涵修建完成后,回填至原地面线的空间。除表层腐殖土或淤泥外,应充分利用渠道开挖土方筑堤,回填土体压实度不低于 0.90,涵顶道路按原状恢复。

3.8.3.5　排洪建筑物

在渠道布置时,渠道与各个冲沟存在交叉,为保证渠道运行安全,需要将冲沟的水流排入下游。排水建筑物,是指交叉断面以上汇流面积小于 20 km² 的河流和坡面集水区与渠道交叉时设置的交叉排水建筑物,排水建筑物的工程任务是将洪水从渠道的一侧安全泄往另一侧,确保渠道安全通过。对较小的冲沟,布置排洪涵管,涵管直径分为 1.0 m 和 0.5 m 两种形式。

排洪建筑物布置原则:应满足渠道防洪设计的要求,遵循"高水高排、低水低排、分片分段排泄"的原则。具体布置形式应根据地形地质条件、自身功能、洪水与渠水的高程关系、施工难度与工程投资等,通过方案比较后合理确定,并且要有自行启动的运行能力。排洪建筑物主要选择在下列位置:①与天然溪沟等洪水通道交叉的地方;②存在坡面雨洪及通过洼地的填方渠段。

排洪建筑物的洪水标准与其所在渠段防洪标准相同。原则上不允许洪水入渠,尽可能利用地形条件采用高低分排的原则。

排水建筑物的形式根据河流底高程、洪水位与干渠底高程和渠水位的关系,

分为渡洪槽、排洪涵洞或排洪倒虹吸。渡洪槽适用于河（沟）道水位高于渠堤情况，排洪槽梁底高程不应低于渠道一级马道顶高程；排洪涵适用于河道洪水位较低的情况，宣泄常遇洪水时宜为明流，宣泄较大洪水时宜为有压流；当河沟底部高程在总干渠渠底附近或位于总干渠渠底与校核水位之间时，宜布置排水排洪涵洞。

南区共新建及改扩建排洪建筑物共计22座。

第4章 节水灌溉技术

4.1 地面节水灌溉技术

4.1.1 传统地面灌溉技术

根据灌溉水向田间输送的形式和湿润土壤的方式不同,地面灌溉可分为畦灌、沟灌和淹灌三类。

畦灌,是在田间筑田埂,将大田块分割成许多狭长小地块(畦田),水从毛渠放入畦中以薄层水流向前移动,边流边渗,润湿土层的灌水方法。畦田通常沿地面最大坡度方向布置,这种沿地面坡度布置的畦,称为顺畦。顺畦水流条件好。在地形平坦地区,采用沿等高线方向布置畦田,称为横畦。因水流条件较差,横畦畦田一般较短。畦灌与大水漫灌相比,具有渗漏少、灌水均匀一致,可促进作物苗齐苗壮、增产等优点;与沟灌相比较,畦灌因地面全部受水,故容易使表层土壤板结。畦灌适宜于小麦、稻谷和花生等窄行距、密植作物,在蔬菜、牧草和苗圃的灌溉中也常采用。

沟灌,是在作物种植行间开挖灌水沟,灌溉水由毛渠进入灌水沟后,在流动的过程中主要借土壤毛细管作用从沟底和沟壁向周围渗透而湿润土壤,同时在沟底也有重力作用浸润土壤的灌溉方法。灌水工程中仅沟底有水,不是田面全部受水,因此有利于保持土壤结构,不会导致土壤板结,还可减少土面蒸发损失。但是,沟灌需要开挖灌水沟,劳动强度较大。沟灌有细流沟灌和蓄水沟灌两种。细流沟灌即沟中不留积水,水在沟中边流边渗,灌水时沟尾无须封闭;蓄水沟灌则要求沟深较大,灌水后沟尾封闭,沟中留有水层。细流沟灌适于地面坡度较大、土壤渗透性良好的地区,蓄水沟灌适于地形平缓、土壤渗透性差的地区。沟灌适于宽行距的中耕作物,如棉花、玉米和高粱等。

淹灌,又称格田灌,是在田间用较高的土埂筑成一块块方格格田,引入较大流量迅速在格田内建立起一定厚度的水层,水主要借重力作用渗入土壤而湿润土壤的灌水方法。淹灌主要适用于水稻、水生植物及盐碱地冲洗灌溉。旱作物严禁使用淹灌方法,以避免产生深层渗漏,浪费大量灌溉水。

4.1.2　地面节水灌溉技术的类型与模式

4.1.1.1　地面节水灌溉技术的类型

地面灌溉是水从地表进入田间并借重力和毛细管作用浸润泥土的灌水方法。这种方法是目前运用最广泛、最主要的一种方法。近十年来,我国广大灌区杜绝大水漫灌、大畦漫灌,以节约灌溉水、提高灌溉质量、降低灌溉成本,推广了很多项改进型的地面灌溉技术,取得了明显的节水和增产效果。地面节水灌溉技术是对传统的畦灌、沟灌的畦沟规格和技术要素等进行改进后形成的新的灌溉技术,其主要包括以下四种类型:节水型畦灌技术、节水型沟灌技术、膜上灌水技术和波涌灌溉技术等类型。

4.1.1.2　现代地面灌溉技术模式

我国现有灌溉面积8.0亿亩,其中地面灌溉占95％以上。由于农田土地平整程度差、田间灌溉工程规格不合理、地面灌溉技术落后、灌溉管理粗放等,我国地面灌溉的田间水利用率不高。应用现代地面灌溉技术,可以大幅度减少地面灌溉过程中的水量损失浪费。这对改变我国地面灌溉的落后状况、从整体上缓解农业水资源短缺的矛盾、促进灌溉农业的可持续发展具有重要的现实意义,也为我国农业现代化奠定基础,促进我国由传统农业向现代农业的转变。

根据上述现代地面灌溉技术特征,提出如下适合我国国情的现代地面灌溉技术模式。

1. 以冬小麦等大田作物为代表的现代畦灌模式

该模式采用的主要技术为:采用激光控制平地技术实现高精度的土地平整,扩大田块规格,提高农机作业效率;采用精量播种技术,降低播种量;采用水平畦田灌溉、波涌灌溉及喷、微灌等高效节水灌溉技术,提高田间水的利用率,采用精量施肥技术,提高化肥利用率,采用联合收割机技术,实现收割机械化。通过上述技术组合配套,集成小麦等大田作物的农业节水技术体系:高精度土地平整＋精量播种＋高效节水灌技术＋精量施肥技术＋机械化收割。

2. 以棉花为代表的现代沟灌模式

该模式采用的主要技术为:采用激光控制平地技术实现高精度的土地平整,

扩大田块规格,提高农机作业效率;采用精量播种技术,降低播种量,采用闸管灌溉、波涌灌溉、膜下滴灌等高效节水灌溉技术,提高田间水的利用率;采用机采棉技术,实现棉花采摘机械化。通过上述技术组合配套,集成棉花作物的农业节水技术体系:高精度土地平整+精量播种+高效节水灌技术+机械化采棉。

3. 以水稻为代表的现代地面灌溉模式

该模式采用的主要技术为:采用激光控制平地技术实现高精度的土地平整,扩大田块规格,提高农机作业效率,采用机插秧技术实现精量插秧,降低播种量,采用塑料隔板技术,减少原来土埂占地,提高土地利用率;采用水稻"浅、薄、湿、晒"控制节水灌溉技术,提高田间水的利用率,采用联合收割机技术,实现水稻收割机械化。通过上述技术组合配套,集成水稻作物的农业节水技术体系:高精度土地平整+机械化插秧+塑料隔板+控制节水灌技术+机械化收割。

现代地面灌溉技术不仅具有较好的节水增产效益,其具有的其他综合效益,还可为农民带来实实在在的好处,例如提高土地利用率、提高农机作业效率、便于田间管理等。随着我国现代化进程的加快,现代地面灌溉技术模式也将得到广泛应用。

4.1.3　节水型畦灌技术

近年来,我国广大灌区为节约灌溉水、提高灌溉质量、降低灌溉成本,推广了很多项先进的节水型畦灌技术,取得了明显的节水和增产效果。这些先进的节水型畦灌技术主要包括小畦灌、长畦分段灌、宽浅式畦沟结合灌、水平畦灌等。

4.1.3.1　小畦灌

1. 小畦灌的含义

小畦灌就是"长畦改短畦,宽畦改窄畦,大畦改小畦"的灌水方法。其关键是使灌溉水在田间分布均匀,节约时间,减少灌溉水的流失,从而促进作物健壮生长,增产节水。

小畦灌是我国北方麦区一种有效的地面灌溉节水技术,河北、山东、河南等地的一些园田化标准较高的地方,均有相当规模的推广和应用。

2. 小畦灌的优点

(1)节约水量,易于实现小定额灌水。大量实验证明,入畦单宽流量一定时,

灌水定额随畦长的增加而增大,即畦长越长,畦田水流的入渗时间就越长,灌水量也就越大。小畦灌通过缩短畦长,可减少灌水定额,一般不超过 675 m^3/hm^2,可节约水量 20%～30%。

(2)灌水均匀度高,灌水质量高。采用小畦灌的地块面积小,水流流程短且比较集中,水量易于控制,入渗比较均匀,可以避免出现"高处浇不上,低处水汪汪"等不良现象。实验数据显示,畦灌的畦长在 30～50 m 时,灌水均匀度可达 80%,符合科学用水的要求;畦长大于 100 m 时,灌水均匀度则低于 80%。

(3)防止深层渗漏,提高田间水的有效利用率。灌水前后对 200 cm 厚土层深度的土壤含水测量定表明:当畦长为 30～50 m 时,未发现深层渗漏;畦长为 100 m 时,深层渗漏量较小;畦长为 200～300 m 时,深层渗漏水量平均要占灌水量的 30%左右。

(4)减轻土壤冲刷,减少土壤养分流失,减轻土壤板结。传统畦灌的畦块大、畦块长、灌水量大,土壤冲刷比较严重,土壤养分容易随深层渗漏而损失;而小畦灌灌水量小,有利于保持土壤结构和土壤肥力,促进作物生长。测试表明,小畦灌可增加产量 10%～15%。

(5)土地平整费用低。由于地块面积小,小畦灌对整个地块的平整度要求不高,只要保证小畦地块内平整就行了,这样既减少了大面积平地的土方工程量,又节约了平地用工量,降低土地平整费用。

3.小畦灌的主要技术要素

小畦灌的主要技术要素包括灌水定额、单宽流量、畦田地面坡度、畦长和畦宽。地面坡度为 1/1000～1/400 时,单宽流量为 2.0～4.5 L/(s·m),灌水定额为 300～675 m/hm²。畦田长度自流灌区以 30～50 m 为宜,最长不超过 70 m,机井和高扬程提水灌区以 30 m 左右为宜。畦田宽度自流灌区一般为 2～3 m,机井提水区以 1～2 m 为宜。畦高度一般为 0.2～0.3 m,底宽 0.4 m,地头埂和路边埂可适当加宽加厚。

4.1.3.2　长畦分段灌

1.长畦分段灌的含义

长畦分段灌又称长畦短灌,是将一条长畦分成若干个没有横向畦埂的短畦,采用地面纵向输水沟或低压塑料薄壁软管,将灌溉水输送入畦田,然后自下而上或自上而下依次逐段向短畦内灌水,直至全部短畦灌完的灌水技术。

2.长畦分段灌的特点

采用这种技术,畦田宽度可达 5～10 m,畦田长度一般在 100～400 m,但其单宽流量并不增加。实践证明,长畦分段灌是一种良好的节水型灌水方法,它具有以下优点。

(1)节水。长畦分段灌可以实现灌水定额 450 m^3/hm^2 左右的低定额水,灌水均匀度、田间灌水存储率和田间灌水有效利用率均超过 80%,且随畦长的增加而增加。与畦长相等的常规畦灌方法比较,长畦分段灌可节水 40%～60%。

(2)省地。灌溉设施占地少,可以省去 1～2 级田间输水渠沟,且畦数量少,节约耕地。

(3)适应性强。与传统的畦方法相比,长畦分段灌可以灵活适应地面坡度、糙率和种植作物的变化,可以采用较小的单宽流量,减少土壤冲刷。

(4)易于推广。该技术投资少,节约能源,管理费用低,技术操作简单,因而经济实用,易于推应用。

(5)便于田间耕作。田间无横向畦或渠沟,方便机耕和采用其他先进的耕作方法,有利于作物增长。

3.长畦分段灌的技术要素

长畦分段灌的技术要素包括:畦长、畦宽,单宽流量,改水成数和分段进水口的间距(即短畦长度与间距)。

(1)畦长、畦宽。畦宽 5～10 m,畦长一般在 100～400 m,但其单宽流量并不大。

(2)单宽流量。依据灌水技术要素之间的关系可知,进入畦田的总灌水量与计划灌水量相等,即

$$3600qt = mL \tag{4.1}$$

式中,q 为入畦单宽流量,L/(s・m);t 为畦首处畦口的供水时间,h;m 为灌水定额,mm;L 为畦长,m。

由式(4.1)可知,在相同土质、地面坡度和畦长情况下,单宽流量的大小主要与灌水定额有关,因此,可在不同条件下引入不同的单宽流量,以达到计划的灌水定额。坡度大的畦田,入畦单宽流量应小些;坡度小的畦田,入畦单宽流量可大些。在坡度相同的情况下,畦田长、单宽流量可大些;畦田短,入畦单宽流量可

小些。地面平整度差的畦田,单宽流量可大些;地面平整度好的畦田,单宽流量可小些。

(3)改水成数。实施畦灌时,为使畦田内的土壤湿润均匀,并节省水量,应掌握好畦口的放水时间,通常以改水成数作为控制畦口放水时间的依据。改水成数是指封闭畦口,并改水灌溉另一块畦田时,畦田内薄水层水流长度与畦长的比值。例如,当水流流到畦长的80%时,封口改水,即为"八成改水"。封口后,畦口虽然已经停止供水,但畦田田面上剩余水流仍将继续向畦尾流动,流至畦尾后再经过一段时间,畦尾存水刚好全部渗入土壤,以使整个畦田湿润土壤达到既定的灌水定额。这样可使畦田上的水流在畦田各点停留的时间大致相等,从而使畦田各点的土壤入渗时间和渗入水量大致相等。

改水成数应根据灌水定额、单宽流量、土壤性质、地面坡度和畦长等条件确定,一般可采用七成、八成、九成或十成。当土壤透水性较小、地面坡度较大、灌水定额不大时,可采用七成或八成改水;当土壤透水性较大、地面坡度较小、灌水定额又较大时,可采用九成改水。封口过早,会使畦尾漏灌,畦田灌水不足;封口过晚,畦尾又会产生跑水、积水现象,浪费灌溉水。总之,正确控制封口改水,可以防止出现畦尾漏灌或发生跑水现象。

根据各地灌水经验,在一般土壤条件下,畦长为50 m时,宜采用八成改水,畦长为30~40 m时,宜采用九成改水。

(4)分段进水口的间距。根据水量平衡原理及畦灌水流运动基本规律,在满足计划灌水定额和十成改水的条件下,计算分段进水口的间距的基本公式如下。

有坡畦灌:

$$L_0 = \frac{40q}{1+\beta_0} \left(\frac{1.5m}{K_0}\right)^{\frac{1}{1-\alpha}} \tag{4.2}$$

水平畦灌:

$$L_0 = \frac{40q}{m} \left(\frac{1.5m}{K_0}\right)^{\frac{1}{1-\alpha}} \tag{4.3}$$

式中,L_0为分段进水口的间距,m;q为入畦单宽流量,L/(s·m);β_0为地面水流消退历时与水流推进历时的比值,一般取$\beta_0 = 0.8 \sim 12$;m为灌水定额,mm;K_0为第一个单位时间内的土壤平均入渗速度,mm/min;α为入渗递减系数。

(5)长畦分段灌的技术要素。长畦分段灌的技术要素参照表4.1。

表 4.1 长畦分段灌灌水技术的技术要素参照表

序号	输水沟或灌水软管流/(L/s)	灌水定额/(m³/亩)	畦长/m	畦宽/m	单宽流量/[L/(s·m)]	单畦灌水时间/min	长畦面积/亩	分段长度×长度/(m×段)
1	15	40	200	3	5.00	40.0	0.9	50×4
				4	3.76	53.3	1.2	40×5
				5	3.00	66.7	1.5	35×6
2	17	40	200	3	5.67	35.0	0.9	65×3
				4	4.25	47.0	1.2	50×4
				5	3.40	58.8	1.5	40×5
3	20	40	200	3	5.00	30.0	0.9	65×3
				4	4.00	40.0	1.2	50×4
				5	3.67	50.0	1.5	40×5
4	23	40	200	3	7.67	26.1	0.9	70×3
				4	5.76	34.8	1.2	65×3
				5	4.60	43.5	1.5	50×4

4.1.3.3 宽浅式畦沟结合灌

宽浅式畦沟结合灌是一种适应间作套种或立体栽培作物"二密一稀"种植的灌水畦与灌水沟相结合的地面节水灌溉技术。近年来,试验和推广应用已证明这是一项高产、节水、低成本的优良节水灌溉技术。

1. 宽浅式畦沟结合灌的应用

宽浅式畦沟结合灌的特点是把畦田田面和灌水沟相间交替更换使用,分别用于间作套种的不同作物的种植与灌溉。下面以常见的小麦和夏播玉米为例说明。

(1)做畦。畦田田面宽度为 40 cm,可以种植两行小麦(即"二密"),行距 10～20 cm,如图 4.1(a)所示。

(2)小麦的播种与灌溉。小麦播种于畦田后,可以采用常规畦灌或长畦分段灌,如图 4.1(a)所示。

(3)套种玉米。到小麦乳熟期,在每隔两行小麦之间挖掘浅沟,套种一行玉米(即"一稀"),行距 90 cm,如图 4.1(b)所示。在此期间,如遇干旱,土壤水分不足,或遇干热风,可利用浅沟灌水,灌水后借浅沟湿润土壤,为玉米播种和发芽出苗提供良好的土壤水分条件。

(4)畦田田面更换为灌水沟。小麦收获后,玉米已近拔节期,可在小麦收割后的空白畦田田面处开挖灌水沟,并结合玉米中耕培土,把从畦田田面上挖出的土壤覆在玉米根部,就形成了垄梁及灌水沟沟埂,而原来的畦田田面则成为灌水沟沟底,其灌水沟的间距正好是玉米的行距,灌水沟的上口宽则为 50 cm,如图 4.1(c)所示。这样既能固定玉米根部、防止倒伏,又能多蓄水分、增强耐旱能力。

宽浅式畦沟结合灌适合在干旱天气时使用,即采用"未割先浇技术",以一水促两种作物。在小麦即将收割、玉米插种之时,先在小麦行间浅沟内进行一次小定额灌水,这次灌水不仅对小麦籽粒饱满和提早成熟有促进作用,而且也提高了玉米播种出苗、幼苗期的土壤含水量,对玉米出苗、壮苗都有促进作用。

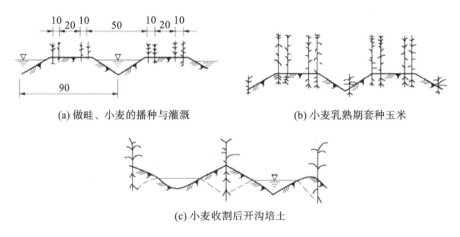

(a) 做畦、小麦的播种与灌溉

(b) 小麦乳熟期套种玉米

(c) 小麦收割后开沟培土

图 4.1　宽浅式畦沟结合灌灌水技术(单位:cm)

2.宽浅式畦沟结合灌的优点

(1)节水。宽浅式畦沟结合灌均匀度高、灌水量小,一般灌水定额为 525 m³/hm²,而且玉米全生育期灌水次数可比传统地面灌溉减少 1~2 次,耐旱时间较长。

(2)有利于保持土壤结构。灌溉水流入浅沟后,由浅沟沟壁向畦田土壤侧渗湿润土壤,因此对土壤结构破坏小,能使土壤疏松透气,有利于作物根系的生长。

(3)增产。"二密一稀"的种植方式使得田间作物的通风透光条件得到改善,有利于作物的生长。该灌水方法还可以促使玉米适当早播,解决小麦、玉米两种作物"争水、争时、争劳"的矛盾和随后的秋夏两季作物"迟种迟收"的恶性循环问题,并使施肥集中,养分利用充分,有利于两种作物稳产、高产。

宽浅式畦沟结合灌是我国北方广大旱作物灌区值得推广的节水灌溉新技术。但是,它也存在田间沟多畦多、沟畦轮番交替、劳动强度较大、费工较多等缺点。

4.1.3.4　水平畦灌

水平畦灌是建立在激光控制土地精细平整技术应用基础上的,在田块纵向和横向两个方向的田面坡度均很小或为零时,可在短时间内给大面积田块供水。

1. 激光控制平地技术

激光控制平地技术是目前世界上最先进的土地精细平整技术。它利用激光辐射在田面上方形成的平面作为操平的控制标准,使用液压控制系统自动地、敏捷地控制平地铲的升降,实施土地的精平作业。

(1)工作原理。激光发射器发出的旋转光束,在作业地块的定位高度上形成一个光平面,此光平面就是平地机组作业时的基准平面,光平面可以是水平的,也可以与水平面成一倾角(用于坡地平整作业)。激光接收器安装在靠近刮土铲铲刃的伸缩杆上,从激光束到铲刃之间的这段固定距离即标高定位测量的基准。当接收器检测到激光信号后,不停地向控制箱发送电信号。控制箱接收到标高变化的电信号后,自动进行修正,修正后的电信号控制液压控制阀,以改变液压油输向油缸的流向与流量,自动控制刮土铲的高度,使之达到定位的标高平面。

如激光束扫描在激光接收器标准上方,表明刮土铲铲刃处于平面平整线的下部,接收传送的电信号由控制箱进行修正,并控制液压阀致使油缸提升刮土铲;反之刮土铲下降,以此保持铲刃处在定位的标高平面上。

(2)激光平地系统主要工作部件。激光平地系统由激光发射器、激光接收器、控制箱、液压机构和刮土铲等组成。

(3)激光平地系统的操作。

①建立激光。首先根据需刮平的场地大小,确定激光器的位置,如长度、宽度超过 300 m,激光器大致放在场地中间位置;如长度、宽度小于 300 m,则可安装于场地的周边。激光器位置确定后,将它安装在支撑的三脚架上并调平。激光的标高,应处在拖拉机平地机组最高点上方 0.5～1 m,以避免机组和操作人员遮挡激光束。

②测量场地。利用激光技术进行地面测量,1人操作发射器,配3～5人移动标尺(每测点间距为10～20 m,每个地块按横列竖行排列),每个杆尺高3 m,其上装有可上下滑动的激光接收器。按顺序详细记录测定的测点方向和高低数据,绘制出地块的地形地势图,并计算出整块地的平均高度。这个平均标高的位置,作为平地机械作业的基准点,也是刮土铲铲刃初始作业位置。

③作业。以铲刃初始作业位置为基准,调整激光接收器伸缩杆的高度,使激光发射器发出的激光束与接收器相吻合,即在红、黄、绿显示灯的中间绿灯闪亮为止(红灯亮,表示接收不到激光仪发出的信号;绿灯亮,表示接收范围正常,当三个绿灯亮时,即为水平;黄灯亮,表示地面高低差已超出平整的范围)。然后,将控制开关置于自动位置,拖拉机平地机组就可以开始平整作业。

2.水平畦灌的特点

水平畦灌具有技术要求低、灌水利用率高、可以拦蓄降雨、劳动生产率高等优点,适用于地势平坦、面积较大、机械化程度高的灌区,尤其适用于入渗速度比较低的黏性土,同时也适用于砂性土壤。

3.水平畦灌的技术要素

水平畦灌的技术要素包括平整精度、畦长、畦宽、单宽流量及灌水时间等。

(1)平整精度。较差的田面平整精度意味着较为起伏的畦田微地形条件。其中沿纵坡方向的田面不平整,会阻碍水流的顺畅推进,形成局部积水;沿畦长的畦块横断面方向上地面凹凸不平,会引起水分入渗深度的非均匀性,从而影响灌溉质量。适宜的畦田纵坡为0.001～0.003,地面平整精度至少小于3 cm。当地面平整精度小于2 cm时,会有很高的灌溉质量。

(2)畦长、畦宽。如何选择适宜的畦长、畦宽,主要取决于田面的平整精度和入畦流量的大小。当入畦单宽流量保持在3～5 L/(s·m),且地面平整状况较差时(平整精度≥8 cm),畦长宜为30～50 m,畦宽为1～2 m;田面平整精度在5 cm左右时,畦长宜为50～70 m,畦宽宜为2～3 m;在畦田平整条件较好的情况下(平整精度≤2 cm),畦田长度可增大到100 m,畦宽可扩到10 m左右。

(3)单宽流量。较大的入畦单宽流量能加快水流在畦田内的推进速度,缩短推进历时,使水分沿畦长的入渗分布较为均匀,有利于提高灌溉效率和灌水均匀度;但单宽流量过大容易对畦面土壤造成冲刷。根据田间土壤质地,并结合畦块宽度选择,一般入畦单宽流量为3～5 L/(s·m),且不超过5 L/(s·m)。

(4)灌水时间。灌水时间过长易造成灌水过量,且会使畦田水分入渗分布不均匀,灌溉效率和灌水均匀度下降。应根据设计条件确定合理的灌水时间,并加强田间灌溉管理。

4.1.4　节水型沟灌技术

4.1.4.1　加长垄沟灌

沟灌主要是借毛细管力湿润土壤,土壤入渗时间较长,故对于地面坡度较大或透水性较弱的地块,为了增加土壤入渗时间,常有意增加灌水垄沟长度,使垄沟内水流延长,形成多种多样的灌溉垄沟形式,如直形沟、方形沟、锁链沟、八字沟等。各种加长垄沟形式灌溉示意图如图 4.2 所示。

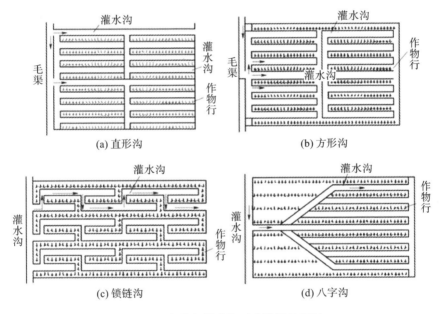

(a) 直形沟　　　　　　　　　　　　(b) 方形沟

(c) 锁链沟　　　　　　　　　　　　(d) 八字沟

图 4.2　各种加长垄沟形式灌溉示意图

4.1.4.2　细流沟灌

细流沟灌是用软管或从输水沟上开一个小口,在灌水沟内用细小流量通过毛细管作用浸润土壤的灌水方法。灌水过程中,水深为沟深的 $1/5\sim2/5$,水边流边下渗,直到全部灌溉水量均渗入土壤计划湿润层内为止,一般放水停止后沟内不会形成积水,对于土壤透水性差的土壤,可以允许在沟尾稍有蓄水。

1.细流沟灌的形式

细流沟灌的形式一般有以下 3 种。

(1)垄植沟灌。在田间顺地面最大坡度方向做垄,作物播种或栽植在垄背上。第一次灌水前在行间开沟,用于作物灌溉。这种形式适合雨量大而集中的地区,所开的沟可作为排水沟,能有效防止作物遭受涝害和渍害,大部分果实类蔬菜作物,如番茄、茄子、黄瓜等多采用这种形式,如图 4.3(a)所示。

(2)沟植沟灌。灌水前先开沟,并在沟底播种或栽植作物(中耕作物 1 行,密植作物 3 行),其沟底宽度应根据作物要求的行距和行数而定。沟植沟灌中所开的沟可起到一定的防风作用,最适用于风大而又有冻害的地区,如图 4.3(b)所示。

(3)混植沟灌。垄背及灌水沟内部都种植作物,这种形式不仅适用于中耕作物,也适用于密植作物,如图 4.3(c)所示。

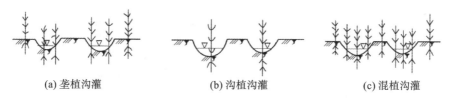

(a)垄植沟灌   (b)沟植沟灌   (c)混植沟灌

图 4.3　细流沟灌形式

2.细流沟灌的技术要素

细流沟灌的技术要素主要包括入沟流量、沟的规格和放水时间。

(1)入沟流量。细流沟灌入沟流量控制在 0.2～0.4 L/s,大于 0.5 L/s 时沟内将产生冲刷,湿润均匀度差。

(2)沟的规格。中、轻壤土,地面坡度在 1/100～2/100 时,沟长一般控制在 60～120 m。灌水沟在灌水前开挖,以免损伤禾苗,沟断面宜小,一般沟底宽为 12～13 cm,深度在 8～10 cm,间距 60 cm。

(3)放水时间。细流沟灌主要借助毛细管力下渗,对于壤土和砂壤土,一般采用十成改水;土壤透水性差的土壤,可以允许在沟尾稍有余水。

3.细流沟灌的优点

(1)沟内水浅,流动缓慢,主要借毛细管作用浸润土壤,水流受重力作用湿润土壤的范围小,所以对保持土壤结构有利。

(2)减少地面蒸发量,比灌水沟内存蓄水的封闭沟蒸发损失量减少 2/3～3/4。

(3)湿润土壤均匀,而且深度大,保墒时间长。

4.1.4.3　沟垄灌

沟垄灌是在播种前根据作物行距,先在田块上按两行作物形成一个沟垄,在垄上种植两行作物,则垄间就形成灌水沟。灌溉水湿润作物根系区土壤主要靠灌水沟内的旁侧土壤毛细管作用渗透湿润。

沟垄灌一般多适用于棉花、马铃薯等作物或宽窄行距相间种植的作物。灌水沟垄部位的土壤疏松,土壤通气状况好,土壤保持水分的时间久,有利于抵御干旱;当灌水沟垄部位土壤水分过多时,还可以通过沟侧土壤向外排水,从而不致发生渍涝危害。因此沟垄灌是一种既可以抗旱又能防渍涝的节水沟灌方法,但修筑沟垄比较费工,沟垄部位蒸发面大,容易跑墒。

4.1.4.4　沟畦灌

沟畦灌类似于畦灌中的宽浅式畦沟结合灌灌水技术。它是以三行作物作为一个单元,把中行作物行间部位的土壤向两侧的作物根部培土以形成土垄,而中行作物只对单株作物根部周围培土,行间就形成浅沟,留作灌水使用。

沟畦灌大多用于玉米等作物的灌溉,它的优点是:培土行间以旁侧入渗方式湿润作物根系区土壤,湿润土壤均匀;可使作物根部土壤保持疏松,通气性好,利于根系下扎生长;结合培土,还可以进行根部施肥操作。

4.1.4.5　播种沟灌

播种沟灌主要适用于沟播作物播种缺墒时灌水。当作物灌水播种期遭遇干旱时,为了促使种子发芽,保证苗齐、苗壮,可采用播种沟灌水。它是依据作物计划的行距要求,犁第一犁沟时随即播种,犁第二沟时,第二沟作为灌水沟,第二犁翻起来的土会覆盖第一犁沟内播下的种子,同时立即向该沟内灌水,种子所需要的水分靠灌水沟内的水通过旁侧渗透浸润土壤;之后依次类推,直至全部地块播种结束。

4.1.4.6　沟浸灌田字形沟灌

沟浸灌田字形沟灌是稻田在水稻收割后种植旱作物的一种灌水方法。水层长期淹灌的稻田耕作层下通常会形成透水性较弱的密实土壤层(犁底层),这对旱作物生长期间的排水是很不利的。据经验和试验资料,采用沟浸灌田字形沟

灌可以同时起到旱灌、涝排的双重作用,小麦沟浸灌比格田淹灌可以节水31.2%,增产5.0%左右。

4.1.4.7　隔沟灌

隔沟灌不是向所有灌水沟都灌水,而是每隔一条灌水沟灌水或在作物某个时期只对某些灌水沟灌水,而在另一个时期则对其相邻的灌水沟灌水。这种方法主要适用于作物需水少的生长阶段或地下水位较高的地区以及宽窄行作物,通常宽行间的灌水沟实施灌水,而窄行间的灌水沟则不进行灌水。

4.1.4.8　果园节水型沟灌

沟灌是果园地面灌溉中较为合理的一种灌水方法。它是在整个果园的果树行间开灌水沟,由输水沟或输水管道供水灌溉的一种技术。灌水沟的间距视土壤类型及其透水性而定,一般易透水的轻质土壤沟距为60~70 cm,中壤土和轻壤土沟距为80~90 cm,黏重土壤沟距为100~120 cm。一般密植果园在每一果树行间开一条灌水沟。一般灌水沟深20~25 cm,近树干的灌水沟深12~15 cm,灌溉结束后可将灌水沟填平。灌水沟的单沟流量通常为0.5~1.0 L/s。沟的比降应不致使灌水沟遭受冲刷,在坡度较陡的地区,灌水沟可接近平行于等高线布置。在土层厚、土质均匀的果园,灌水沟的长度可达130~150 m;若土层浅,土质不均匀,沟长不宜大于90 m。

灌水沟除在果树行间开挖封闭式纵向深沟外,也可由纵沟分出许多封闭式的横向短沟,以布满树根所分布之处。

沟水灌的主要优点是:湿润土壤均匀,灌溉水量损失,可以减少土壤板结和对土壤结构的破坏,土壤通气良好,并方便机械化耕作。

4.1.5　膜上灌溉水技术

膜上灌溉水技术是在地膜覆盖栽培的基础上,把膜侧灌水改为膜上灌水,使水流在膜上推进过程中,通过放苗孔(有时再增打专门渗水孔)或膜侧缝入渗给作物供水的一种局部灌水技术。它是畦灌、沟灌和局部灌水方法的综合。

4.1.5.1　膜上灌溉水技术的优点

(1)改善了前期土壤水分供应条件,提高了地温。打埂刮去地表土,种子直接播在湿土层有利于全苗。

（2）彻底解决了大坡地区土肥流失问题。由于地膜的防冲作用，灌水不会引起拉沟冲刷现象。

（3）膜上灌水能够保持土壤的良好通气性。渗水孔面积为 3%，其余靠浸润灌溉，土壤疏松不板结。

（4）从输水过程和灌水过程来分析，膜上灌水与滴灌有相近的性质和节水效果，但投资很小。

4.1.5.2　膜孔灌溉

膜孔灌溉也称膜孔渗灌，它是指灌溉水流在膜上流动，通过膜孔（作物放苗孔或专用灌水孔）渗入作物根部土壤的灌水方法。

膜孔灌溉分为膜孔沟灌和膜孔畦灌两种。膜孔畦灌无膜缝和膜侧旁渗，地膜两侧必须翘起 5 cm 高，并嵌入土埂中。

膜畦宽度根据地膜和种植作物的要求确定，双行种植一般采用宽 70～90 cm 的地膜，三行或四行种植一般采用 180 cm 宽的地膜。作物需水完全依靠放苗孔和增加的渗水孔供给，入膜流量为 1～3 L/s。该灌水方法提高了灌水均匀度，节水效果好。膜孔畦灌一般适合棉花、玉米和高粱等条播作物。膜孔沟灌是将地膜铺在沟底，作物禾苗种植在垄上，水流通过沟中地膜上的专门灌水孔渗入土壤，在通过毛细管作用浸润作物根系附近的土壤。

膜孔沟灌特别适用于甜瓜、西瓜、辣椒等易受水土传染病害威胁的作物。果树、葡萄和葫芦等作物可以种植在沟坡上。灌水沟规格依作物而异，蔬菜一般沟深 30～40 cm，沟距 80～120 cm；西瓜和甜瓜的沟深为 40～50 cm，沟距 350～400 cm。

4.1.5.3　膜缝灌溉

膜缝灌溉有膜缝畦灌、膜缝沟灌、细流膜缝灌等几种形式。

1. 膜缝畦灌

膜缝畦灌是在畦田田面上铺两幅地膜，畦田宽度为稍大于 2 倍的地膜宽度，两幅地膜间留有 2～4 cm 的窄缝。水流在膜上流动，通过膜缝和放苗孔向作物供水。入膜流量为 3～5 L/s，畦长以 30～50 m 为宜，要求土地平整。

2. 膜缝沟灌

膜缝沟灌是将地膜铺在沟坡上，沟底两膜方留有 2～4 cm 的窄缝，通过放苗

孔和膜缝向作物供水的一种灌溉技术。膜缝沟灌的沟长为 50 m 左右。这种方法减少了垄背杂草和土壤水分的蒸发,多用于蔬菜灌溉,其节水、增产效果都很好。

3.细流膜缝灌

细流膜缝灌是在普通地膜种植下,利用第一次灌水前追肥的机会,用机械将作物行间地膜轻轻划破,形成一条膜缝,并通过机械再将膜缝压成一条 U 形小沟。灌水时将水放入 U 形小沟内,水在沟中流动时渗入土中,浸润作物,达到灌溉目的。它类似于膜缝沟灌,但入沟流量很小,一般流量控制在 0.5 L/s,所以它又类似于细流沟灌。细流膜缝沟灌适用于 1% 以上的大坡度地块。

4.1.5.4　膜缝膜孔灌

膜缝膜孔灌是指水流在膜上流动,既利用膜缝,又利用专用灌水孔和放苗孔渗入作物根部土壤中的灌水方法。膜缝膜孔灌中应用较多的是打埂膜上灌技术,主要用于棉花和小麦。

打埂膜上灌技术是将原来使用的铺膜机前的平土板改装成打埂器,刮出地表 5~8 cm 厚的土层,在畦田侧向构筑成高 20~30 cm 的畦埂,畦田宽 0.9~3.5 m,膜宽 0.7~1.8 m。

打埂膜上灌的畦面低于原田面,灌溉时水不易外溢和穿透畦埂,故入膜流量可加大到 5 L/s。根据作物栽培的需要,铺膜形式可分为单膜或双膜。对于双膜的膜畦灌溉,其中间或膜两边各有 10 cm 宽的渗水带,要求田面平整程度较高,以增加横向和纵向的灌水均匀度。

4.1.5.5　温室波涌膜孔灌溉

温室波涌膜孔灌溉系统是由蓄水池、倒虹吸控制装置、多孔分水软管和膜孔沟灌组成的半自动化温室灌溉系统。其原理是灌溉水流由进水口流到蓄水池中,当蓄水池的水面超过倒虹吸管时,倒虹吸管自动将蓄水池的水流输送到多孔出流配水管中,水流再通过多孔出流配水管均匀流到温室膜孔沟灌的每条灌水沟中。该系统不仅可以进行间歇灌溉,而且还可以结合施肥和用温水灌溉,以提高地温和减少温室的空气湿度,并提高作物产量和防治病害。该系统主要用于温室条播作物和花卉的灌溉,还可以用于基质无土栽培的营养灌溉。

4.1.6 波涌灌溉技术

波涌灌溉又称涌流灌溉或间歇灌溉。它是把灌溉水不连续地按一定周期向灌水沟(畦)供水,逐段湿润土壤,直到水流推进到灌水沟(畦)末端的一种节水型地面灌溉新技术。也就是说,波涌灌溉向灌水沟(畦)供水不是连续的,其灌溉水流也不是一次灌水就推进到灌水沟(畦)末端,而是灌溉水在第一次供水输入灌水沟(畦)达到一定距离后,暂停供水,过一定时间后再继续供水,如此分几次间歇反复地向灌水沟(畦)供水的地面灌水技术。

4.1.6.1 波涌灌溉的特点

(1)节水效果明显。波涌灌溉采用供水与停水交替的间歇灌水方式,其最显著的特点就是节水。畦长在 100～300 m 时,间歇灌溉比连续灌溉节水 10%～30%,畦长越大,节水率越高。

(2)灌水质量提高。波涌灌溉具有灌水均匀、灌水质量高、田面水流推进速度快、省水、节能和保肥等优点。

(3)可实现小定额灌溉和自动控制。由于地面输水灌溉较易推广,只要在田间管理系统上增加一个间歇阀和自动控制器,就可以成为一个自动化间歇灌溉系统装置。

波涌灌溉特别适宜在我国旱作物灌区农田地面灌溉推广应用。但是波涌灌需要较高的管理水平,如果操作者技术不熟练,可能会产生问题。

4.1.6.2 波涌灌溉的方式

目前,波涌灌溉的田间灌水方式主要有以下 3 种。

1.定时段-变流程方式(又称时间灌水方式)

这是在灌水的全过程中,每个灌水周期(一个供水时间和一个停水时间)的放水流量和放水时间一定,而每个灌水周期的水流推进长度则不相同的灌水方式。这种方式对于长度小于 400 m 的灌水沟(畦)很有效,需要的自动控制装置比较简单,操作方便,而且在灌水过程中也很容易控制。因此,目前波涌灌溉多采用此种方式。

2.定流程-变时段方式(又称距离灌水方式)

这是每个灌水周期的水流新推进的长度和放水流量相同,而每个灌水周期

的放水时间不相等的灌水方式。这种灌水方式比定时段-变流程方式的灌水效果要好,尤其是对于长度大于 400 m 的灌水沟(畦),灌水效果更佳。但是,这种灌水方式不容易控制,劳动强度大,灌水设备相对比较复杂。

3.定流程-流量方式(又称增量灌水方式)

这是以调整、控制灌水流量来提高灌水质量的一种方式。这种方式在第一个灌水周期内增大流量,在水流快速推进到灌水沟(畦)总长度的 3/4 的位置处时停止供水,然后在随后的几个灌水周期中,再按定时段-变流程方式或定流程-变时段方式,以较小的流量来满足计划灌水定额的要求。该方式主要适用于土壤透水性较强的地块。

4.1.6.3　波涌灌溉系统的组成

波涌灌溉系统一般由水源、波涌阀、控制器和输配水管道等组成,其中波涌阀和控制器是整个系统的核心设备,又称为波涌灌溉设备。

1.水源

能按时按量供给作物需水且符合水质要求的河流、塘库、井泉均可作为波涌灌溉的水源。在井灌区,水源可来自低压输水管道给水栓(出水口),在渠灌区,水源则取自农渠分水闸口。

2.波涌阀

波涌阀按动力供给形式分为水力驱动式和太阳能(蓄电池)驱动式两类,按结构形式则分为单向或双向阀两类。整个阀体为三通结构的 T 形,采用铝合金材料铸造。水流从进水口引入后,由位于中间位置的阀门向左、右交替分水,阀门由控制器中的电动马达驱动。

3.控制器

控制器由微处理器、电动机、可充电电池及太阳能板组成,采用铝合金外罩保护。控制器用来实现波涌阀开关的转向,定时控制双向供水时间并自动完成切换,波涌灌水自动化控制器的参数输入形式以旋钮式和触键式为主,具有数字输入及显示功能,内置计算程序可自动设置阀门的关闭时间间隔。

4.输配水管道

输配水管道采用 PE 软管或 PVC 硬管将低压输水管道出水口或农渠分水口与波涌阀进水口相连,在波涌阀出水口处安装的软管伸向两侧,起到传统控制

146

闸孔完成出流灌溉的作用。

4.1.6.4   波涌灌溉的类型

根据管道布置方式的不同,波涌灌溉系统分为双管系统和单管系统两类。

1.双管波涌灌溉系统

双管波涌灌溉系统一般通过埋在地下的暗管把水输送到田间,再通过阀门和竖管与地面上带有阀门的管道相连。这种阀门可以自动在两组管道间开关水流,故称双管波涌灌溉系统。该系统通过控制两组间的水流可以实现间歇供水。当这两组灌水沟结束灌水后,灌水工作人员可将全部水流引到另一放水竖管处,进行下一组波涌灌水沟的灌水。在已具备低压输水管网的地方,采用这种方式较为理想。

2.单管波涌灌溉系统

单管波涌灌溉系统通常由一条单独带阀门的管道与供水处相连接,故称单管波涌灌溉系统。管道上的各出水口则通过低水压、低气压或电子阀控制,而这些阀门均按一字形排列,并由一个控制器控制这个系统。

4.1.6.5   波涌灌溉的技术要求

波涌灌溉可以分为波涌沟灌和波涌畦灌两类。它们与传统的连续沟灌、畦灌的最主要区别在于完成一次灌水需要几个放水和停水周期,才能润湿灌水沟和灌水畦。图 4.4 是由 3 个周期完成灌水的波涌灌溉过程图。

1.波涌灌溉控制参数

波涌灌溉控制参数如下。

(1)周期。一次波涌灌的一个供水和停水过程称一个灌水周期。每个供水周期内的灌水时间可为 30~60 min。

(2)周期数(n)。完成波涌灌全过程所需放水和停水过程的次数又称周期数。一般田块长度在 200 m 以上时,以 3~4 个供水周期为宜;在 200 m 以下时,则以 2~3 个周期为宜。

(3)放水时间和停水时间。放水时间包括周期放水时间和总放水时间。周期放水时间是指一个周期向灌水沟和灌水畦供水的时间;总放水时间是指完成灌水组灌水的实际时间,为各周期放水时间的总和,其值根据灌水经验估算,一般采用连续灌水时间的 65%~90%。畦田较长、入畦流量较大时取大值。停水

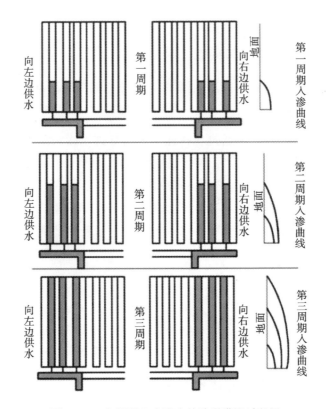

图 4.4　3 个周期完成灌水的波涌灌溉过程图

时间是两次放水时间之间的间歇时间,一般等于放水时间,也可大于放水时间。

(4)周期时间(T)。在一个周期内,放水时间与停水时间之和称周期放水时间。

(5)循环率(γ)。放水时间与周期时间 T 之比称循环率。为便于波涌灌溉设备的工作运行和田间实施操作,取循环率为 1/2,即一次供水周期内的灌水时间与停水时间相等。

(6)灌水流量(Q)。常以单宽流量表示,即 $q[\mathrm{L}/(\mathrm{s}\cdot\mathrm{m})]$。

2.波涌灌溉技术要素

波涌灌溉技术要素是在特定的灌水控制参数下影响田间灌水效果的技术参数,如田块规格、田面坡度、入沟(畦)流量等。波涌灌溉技术要素直接影响灌水质量,应根据地形、土壤情况合理选定。

(1)田块规格。它对波涌灌水质量的影响主要反映在沟畦长度的差异上。波涌畦灌条件下的节水率随畦块长度的增加而增大,但畦田长度超过 350 m 后,节水率开始出现下降的趋势,因此其最大沟(畦)长度不宜超过 400 m,100~350 m 为宜。此时,波涌灌溉不仅具有较高的节水率,而且灌水均匀度、灌水效率和储水效率都较高,总体灌水质量高。

(2)田面坡度。通常,当畦面坡降在 0.0005~0.005 时,波涌畦灌的灌水效率大致在 85%,灌水均匀度在 83%~93%,储水效率在 84% 左右,具有良好的灌溉性能。当沟底坡降在 0.0001~0.01 时,波涌沟灌的灌水效率为 81%~87%,灌水均匀度在 85% 左右,储水效率大于 85%,波涌沟灌具有较好的灌水质量。

(3)入沟(畦)流量。入沟(畦)流量即放水流量,一般由水源、灌溉季节、田面和土壤状况确定。流量越大,田面流速越大,水流推进距离越长,灌水效率越高,但流量过大会对土壤产生冲刷,因此应综合考虑。

一般入畦单宽流量控制在 2~4 L/(s·m)范围内的波涌畦灌系统性能良好,而入沟流量在 1.5~3 L/(s·m)之间,可获得较好的波涌灌水效果。

根据试验研究结果,在土壤条件下,适宜于波涌畦灌应用的田间技术要素组合条件是:畦长 100~350 m,畦面坡降 0.0005~0.005,入畦单宽流量 2~4 L/(s·m),畦块田面平整精度指标小于 3 cm。适宜于波涌沟灌应用的田间技术要素组合条件是:沟长 100~350 m,沟底坡降 0.0001~0.01,入沟单宽流量 1.5~3 L/(s·m),沟面平整精度指标小于 4 cm。

4.1.7　地面灌溉的质量评价

4.1.7.1　影响地面灌溉质量的主要因素

影响地面灌溉质量的因素很多,主要影响因素大致归纳为两类:第一类为自然因素,是不容易人为控制的;第二类为灌水技术因素,是可以人为改变的。

1.自然性能因素

(1)土壤质地与入渗性能。一般来讲,无论哪种耕地条件,土壤质地由轻变重时,土壤入渗速度减小,入渗能力降低;土壤质地越轻,土壤入渗速度越大。

(2)田面糙率。田面糙率越大,水流推进速度越慢,灌水均匀度越低。

(3)作物种类和种植方式。作物种类不同,采用的种植方式也不同,采用不同的灌水方法对灌水质量的影响也不同。一般窄行距密植作物多进行撒播或机播,常采用畦灌灌水技术;宽行距多要进行中耕培土等田间操作,常采用沟灌灌

水技术。

2.灌水技术因素

灌水技术因素包括沟(畦)长度、宽度、入沟(畦)流量、改水成数、灌前土壤含水量、田面坡降及平整程度等。

4.1.7.2 评价地面灌溉质量的指标

1.评价地面灌溉灌水方法的质量指标

为了正确设计和实施地面灌溉灌水技术,必须制定一套完整的质量指标体系,常用地面灌水质量的指标有以下3个。

(1)田间灌溉水有效利用率。田间灌溉水有效利用率,是指应用某种地面灌水方法或某项灌水技术灌溉后,存储于计划湿润层内作物根系土壤区内的水量与实际灌入田间的总水量的比值,即

$$E_A = \frac{V_S}{V} = \frac{V_1 + V_4}{V_1 + V_2 + V_3 + V_4} \times 100\% \qquad (4.4)$$

式中,E_A 为田间灌溉水有效利用率,%;V_S 为灌水后存储于计划湿润层内作物根系土壤区内的水量,m^3 或 mm;V 为实际灌入田间的总水量,m^3 或 mm;V_1 为作物有效利用的水量,即蒸腾量,m^3 或 mm;V_2 为深层渗漏损失水量,m^3 或 mm;V_3 为田间灌水径流损失量,m^3 或 mm;V_4 为作物植株之间的土壤蒸发量,m^3 或 mm;V_5 为输入田间实施灌水量的总量,m^3 或 mm。

田间灌溉水有效利用率表征灌溉水有效利用的程度,是评价灌水质量优劣的一个重要指标。对于旱作物地面灌溉,根据《节水灌溉工程技术标准》(GB/T 50363—2018)的要求,田间灌溉水有效利用率大于等于90%。

(2)田间灌溉水存储率。田间灌溉水存储率,是指应用某种地面灌水方法或某项灌水技术灌溉后,存储于计划湿润层作物根系土壤区内的水量与灌溉前计划湿润层作物根系土壤区所需要的总水量的比值,即

$$E_S = \frac{V_S}{V_p} = \frac{V_1 + V_4}{V_1 + V_4 + V_0} \times 100\% \qquad (4.5)$$

式中,E_S 为田间灌溉水存储率,%;V_s 为灌水后存储于计划湿润层作物根系土壤区内的水量,m^3 或 mm;V_n 为灌溉前计划湿润层作物根系土壤区所需要的总水量,m^3 或 mm;V_0 为计划湿润层灌水不足的水量,m^3 或 mm;其余符号意义同式(4.4)。

田间灌溉水存储率表征采用某种地面灌水方法、某项灌水技术实施灌水后,能满足计划湿润层作物根系土壤区所需水量的程度。

（3）田间灌水均匀度。田间灌水均匀度，是指应用某种地面灌水方法或某项灌水技术灌溉后，田间灌溉水湿润作物根系土壤区的均匀程度，或田间灌溉水下渗湿润作物计划湿润土层深度的均匀程度，或表征为田间灌溉水在田面上各点分布的均匀程度，通常采用下式表示：

$$E_{\mathrm{d}} = \left[1 - \frac{\sum\limits_{i=0}^{n} |Z_i - \overline{Z}|}{N\overline{Z}} \right] \times 100\%$$ （4.6）

或

$$V_{\mathrm{d}} = \frac{1 - \left(\sum\limits_{i=1}^{N} |X_i - M| \right)}{NM}$$ （4.7）

式中，E_{d}、V_{d} 为田间灌水均匀度，%；Z_i 为灌水后沿沟（畦）各测点土壤的入渗水量，m^3 或 mm；$\overline{Z}$ 为灌水后沿沟（畦）各测点土壤的平均入渗水量，m^3 或 mm；N 为测点数目；X_i 为灌水后等面积测点的入渗水量，m^3 或 mm；M 为灌水后 N 个测点的平均入渗水量，m^3 或 mm。

一般对地面灌水方法，根据《节水灌溉工程技术标准》（GB/T 50363—2018）的要求，灌水均匀度大于等于 85%。

上述 3 项评价灌水质量的指标，共同反映了作物产量和水资源利用程度的影响，因此，它们必须同时使用才能较全面地分析和评价某种灌水技术的灌水效果。目前，农田灌水技术都选用田间灌溉水有效利用率 E_{A} 和田间灌水均匀度 E_{d} 两个指标作为设计标准，而实施田间灌水则必须采用 E_{A}、E_{S}、E_{d} 三个指标共同评价其灌水质量，单独使用其中的任何一项都不能全面和正确地反映田间灌水质量的好坏。

2.评价地面灌溉节水技术的主要经济指标

（1）节水增产率。节水增产率，是指在同样自然条件和农业技术条件下，旱作物采用地面灌水方法中的某种节水灌水技术与传统地面灌水方法灌水技术比较，其平均单位面积产量所增加的产量百分数，即：

$$F_{\mathrm{y}} = \frac{Y_1 - Y_2}{Y_1} \times 100\%$$ （4.8）

式中，F_{y} 为节水增产率，%；Y_1、Y_2 为两种灌水方法或两项灌水技术的平均单位面积产量，$\mathrm{kg}/$亩。

节水增产率是评价地面灌水方法或灌水技术的一项综合性经济指标，它标

志着某种地面灌水方法或某项灌水技术的增产效果及其产量水平。

（2）田间灌溉率。田间灌溉率，是指某次由最末一级固定渠道或管道（一般指毛渠、毛管）引入田间灌水，平均一个流量（即 1.0 m³/s）一昼夜（自流灌区为 24 h，提水灌区一般以 12 h 计）实际灌溉的面积，即

$$F_f = 86400 \times \frac{A}{W} \tag{4.9}$$

式中，F_f 为田间灌溉率，亩/[m³/(s·d)]；A 为昼夜实际灌溉的面积，亩/d；W 为最末一级固定渠道或管道实际引入田间的流量，m³/s。

田间灌溉率综合反映田间灌水管理工作的质量，是田间灌水管理的一项重要指标。

（3）田间灌水劳动生产率。田间灌水劳动生产率，是指实施地面灌溉每个灌水员 1 班（通常 1 班为 8 h 或 12 h）可能灌溉的面积，或者每个灌水员灌溉 1 亩农田所需要的工日数，即

$$F_w = \frac{A}{nN} \tag{4.10}$$

或

$$D_w = \frac{nN}{A} \tag{4.11}$$

式中，F_w、D_w 为灌水劳动生产率，亩/工日或工日/亩；A 为昼夜实际灌溉的面积，亩/d；n 为灌水员每班人数，人；N 为昼夜的灌水分班数，班。

田间灌水劳动生产率与田间工程的合理布局和完善程度、灌水劳动组织、灌水工具及设备、田面平整状况及灌水员的技术熟练程度等有密切关系。

（4）田间灌水成本。田间灌水成本，是指旱作物采用地面节水灌溉技术灌溉农田单位面积所需要的费用，即

$$C = \frac{C_p + C_w + C_j + C_i}{A} \tag{4.12}$$

式中，C 为田间灌水成本，元/亩；C_p 为灌水员的工资，元；C_w 为水费或水资源费，元；C_j 为灌水工具、灌水设备、机具、机电装置，以及田间工程设施和土地平整等的折旧费用，元；C_i 为燃料，包括机电用油或用电及照明灯的费用，元；A 为实际灌溉的面积，亩。

（5）节水率。节水率是标志灌水方法节水效益高低的重要指标，它是指不同地面灌水方法单位面积灌溉用水量的比值，即

$$\eta_a = \frac{W_1 - W_2}{W_1} \times 100\% \tag{4.13}$$

式中，η_a 为节水率，％；W_1、W_2 为两种灌溉方法单位面积上的灌溉用水量，通常可用实际的灌水定额计算，$\mathrm{m}^3/$亩。

4.2　喷微灌工程技术

喷微灌工程技术包括喷灌和微灌两种灌水技术，其中微灌工程包括滴灌工程、微喷灌工程和渗灌工程等。

4.2.1　喷灌技术与规划设计

4.2.1.1　喷灌定义与特点

喷灌是利用专门的设备（喷头）将有压水送到灌溉地段，并喷射到空中散成细小水滴，均匀地散布在田间进行灌溉的灌水方法。喷灌需要借助压力管网输水，压力可以利用水泵加压，也可利用地形高差，有条件的地方尽量利用地形高差提供压力。

喷灌是当今先进的节水灌溉技术之一，适宜大面积农业灌溉和各种经济作物灌溉，具有以下优点。（1）省水。灌水效率高，喷灌可根据不同的土壤和灌水需要，适时适量灌水，不产生深层渗漏和田面径流，保土保肥，灌水均匀，田间灌水有效利用率高，与地面灌相比，一般可节水 30％～50％，对透水性大的土壤，节水量更大。（2）省地。喷灌可减少土地平整工程量；田间渠道少，不打畦，不筑埂，田间工程量小；少占耕地，土地利用率高。据统计，喷灌可节省土地 7％～13％。（3）省工。节约劳动力，有利于实现灌水机械化和自动化。据统计，喷灌用工只为地面灌的 1/6。（4）对地形的适应性强。喷灌适用于蔬菜、果园、苗圃和多种作物灌溉。当地面坡度大于 2％时，采用地面灌溉困难，需要进行大量的土地平整工作，在土壤透水性强的地区，如采用地面灌溉，将有大量的灌溉水渗漏造成浪费，而喷灌则不受地形和土壤的影响，特别是地形复杂，坡陡，土层薄，渗漏严重，不适于地面灌溉的地区，最适于发展喷灌。（5）增产。喷灌增产作用十分明显，粮食作物灌溉比地面沟畦灌增产 10％～30％。（6）其他。喷灌可以调节农田小气候，防干热风、防霜冻等。

喷灌的缺点是一般投资较高，能耗大，运行费用较高；受风的影响大，有空中漂移和植物截流水量损失，当风速大于 3 级时，不宜进行喷灌。

4.2.1.2 喷灌系统的组成与分类

1.喷灌系统的组成

喷灌系统一般由水源工程、水泵和动力机、输配水管网（包括控制件与连接件）、灌水器（喷头）四部分组成。

喷灌系统的水源一般是江河、湖泊、水库、井、渠等，只要能满足灌溉用水要求，都可作为喷灌水源。水泵和动力机是喷灌系统的加压设备，为喷头提供工作压力。管道的作用是将压力水流输送到喷头，而喷头的作用则是将有压集中水流喷出并粉碎成细小水滴，均匀洒在田间。

2.喷灌系统分类

喷灌系统按其获得压力的方式不同，分为机压喷灌系统和自压喷灌系统：靠水泵和动力机械将水加压的喷灌系统，称机压喷灌系统；利用自然地形落差为喷头提供工作压力的喷灌系统，称自压喷灌系统。喷灌系统按其设备组成又可分为管道式喷灌系统和机组式喷灌系统两大类。

（1）管道喷灌系统。管道按可移动程度分为固定式、移动式和半固定式三种。

①固定式管道喷灌系统。除喷头外，喷灌系统的所有组成部分均固定不动，各级管道埋入地下，支管上设有竖管，根据轮灌计划，喷头轮流安设在竖管上进行喷洒。固定式喷灌系统操作方便，易于维修管理，多用于灌水频繁、经济价值高的蔬菜、果园和经济作物。缺点是管材用量多，投资大，对田间耕作有一定的影响。

②移动式管道喷灌系统。除水源工程外，水泵和动力机、各级管道、喷头都可拆卸移动。喷灌时，在一个田块上作业完毕，依次转到下一个田块作业，轮流喷洒。其优点是设备利用率高，管材用量少，投资小。缺点是设备拆装和搬运工作量大，搬移时还会损坏作物。

③半固定式管道喷灌系统。喷头和支管是可移动的，其他各组成部分都是固定的，干管一般埋入地下。喷灌时，将带有喷头的支管与安装在干管上的给水栓相连接进行灌溉，并按设计顺序移动支管位置，轮流喷洒。其优点是设备利用率高，管材用量少，是国内外广泛使用的一种较好的喷灌系统，特别适用于大面积喷灌。

（2）机组式喷灌系统。机组式喷灌系统类型很多，按大小可分为轻型、小型、中型和大型喷灌机系统。小型机组有 4 马力、6 马力、12 马力喷灌机。造价低、使用方便,喷灌质量较差。大型喷灌机有滚移式、时针式、平移式、绞盘式等。南方地区河网较密,宜选用轻型(手抬式)、小型喷灌机(手推车式),少数情况下也可选中型喷灌机(如绞盘式喷灌机)。北方田块较宽阔,根据水源情况各种类型机组都有适用的可能性。但对大型农场,则宜选大、中型喷灌机,大、中型喷灌机工作效率较高。

4.2.1.3　喷灌灌水技术要素

衡量喷灌灌水质量的指标一般包括喷灌强度、喷灌均匀度和水滴打击强度(水滴直径)。

1. 喷灌强度

喷灌强度是单位时间内喷洒在单位面积上的水量,即单位时间内喷洒在灌溉土地上的水深。一般用 mm/min 或 mm/h 表示。喷洒时,水量分布常常是不均匀的,因此喷灌强度有点喷灌强度和平均喷灌强度(面积和时间都平均)两种概念。

点喷灌强度 ρ_i 是指一定时间 Δt 内喷洒到某一点土壤表面的水深 Δh 与 Δt 的比值,即

$$\rho_i = \frac{\Delta h}{\Delta t} \tag{4.14}$$

平均喷灌强度 $\bar{\rho}$ 是指一定喷灌面积上各点在单位时间内喷灌水深的平均值,以平均喷灌水深 h 与相应时间 t 的比值表示:

$$\bar{\rho} = \frac{h}{t} \tag{4.15}$$

单喷头全圆喷洒时的平均喷灌强度 $\bar{\rho}_全$(单位:mm/h)可用下式计算:

$$\bar{\rho}_全 = \frac{1000q\eta}{A} \tag{4.16}$$

式中,q 为喷头的喷水量,m^3/h;η 为喷洒水的有效利用系数,即扣去喷灌水滴在空中的蒸发和漂移损失,一般为 $0.8 \sim 0.950$;A 为在全圆转动时一个喷头的湿润面积,m^2。

在喷灌系统中,各喷头的湿润面积有一定的重叠,实际的喷灌强度要比式(4.16)计算的结果高一些,为准确起见,可以用有效面积 $A_{有效}$ 代替上式中的 A 值:

$$A_{有效} = S_t S_m \tag{4.17}$$

式中，S_t 为在支管上喷头的间距；S_m 为支管的间距。

在一般情况下，平均喷灌强度应与土壤透水性相适应，应使喷灌强度不超过土壤的入渗率（即渗吸速度），这样喷洒到土壤表面的水才能及时渗入土中，而不会在地表中形成积水和径流。

各类土壤的允许喷灌强度值可在喷灌系统设计时参考《喷灌工程技术规范》（GB/T 50085—2007）。在坡地上，随着地面坡度的增大，土壤的吸水能力将降低，产生地面冲蚀的危险性增加，因此在坡地上喷灌需合理降低喷灌强度。

测定喷灌强度一般与喷灌均匀度试验结合进行。具体方法是在喷头的湿润面积内均匀布置一定数量的量雨筒，喷洒一定时间后，测量雨筒中的水深。量雨筒所在点喷灌强度用下式计算：

$$\rho_i = \frac{10W}{t\omega} \tag{4.18}$$

式中，ρ_i 为点喷灌强度，mm/h；W 为量雨筒承接的水量，cm^3；t 为试验持续时间，h；ω 为量雨筒上部开敞口面积，cm^2。

而喷灌面积上的平均强度为：

$$\bar{\rho} = \frac{\sum \rho_i}{n} \tag{4.19}$$

式中，n 为量雨筒的数目。

2.喷灌均匀度

喷灌均匀度是指在喷灌面积上水量分布的均匀强度，它是衡量喷灌质量好坏的重要指标之一。影响喷灌均匀度的因素有喷头结构、工作压力、喷头布置形式、喷头间距、喷头转速的均匀性、竖管的倾斜度、地面坡度、风速和风向等。

表征喷灌均匀度的方法很多，这里只介绍两种常用的表示方法。

（1）喷洒均匀系数。

$$C_u = 1.0 - \frac{\Delta h}{h} \tag{4.20}$$

式中，C_u 为喷灌均匀系数；Δh 为喷洒水深的平均离差，mm；h 为喷洒水深的平均值，mm。

喷灌面积上的水量分布得越均匀，Δh 值越小，即 C_u 值越大。C_u 值一般不应低于 70%。

喷洒均匀系数一般均指一个喷灌系统的喷洒均匀系数，单个喷头的喷洒均匀系数是没有意义的，这是因为单个喷头的控制面积是有限的，要进行大面积灌

156

溉必然要由若干个喷头组合起来形成一个喷灌系统。单个喷头在正常压力下工作时,一般都是靠近喷头部分湿润较多,边缘部分湿润不足,这样当几个喷头组合在一起时,湿润面积有一定重叠,就可以使土壤湿润得比较均匀。为了便于测定,常用几个喷头布置成矩形或三角形,测定它们之间所包围面积的喷洒均匀系数,这一数值基本上可以代表在平坦地区无风情况下喷灌系统的喷洒均匀系数。在工程设计中一般要求 $C_u=70\%\sim90\%$。

(2)水量分布图。

水量分布图即喷洒范围内喷灌强度等值线图。用这种图来衡量喷灌均匀度比较准确、直观,它和地形图一样表示喷洒水量在整个喷洒面积内的分布情况,但是没有指标,不便于比较。一般常用此法表示单个喷头的水量分布情况。如图 4.5 所示为喷头水量分布图与径向水量分布曲线。

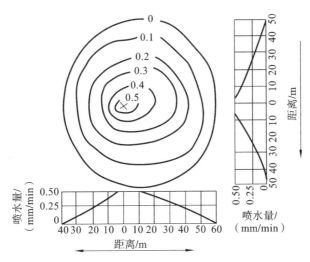

图 4.5　喷头水量分布图与径向水量分布曲线

×—喷头位置

3.水滴打击强度

喷头喷洒出来的水滴对作物的影响,可用水滴打击强度来衡量。水滴打击强度就是单位喷洒面积内水滴对作物和土壤的打击动能,它与水滴大小、降落速度及密集程度有关。但目前尚无合适的方法来测量水滴打击强度,因此一般采用水滴直径或雾化指标来衡量。

水滴直径指落在地面或作物叶面上的水滴球体的直径。水滴太大,容易破坏土壤表层的团粒结构并造成板结,甚至会打伤作物的幼苗,或把土溅到作物叶

面上；水滴太小，在空中蒸发损失大，受风力的影响大。因此要根据灌溉作物、土壤性质选择适当的水滴直径。

测定水滴直径的方法很多，过去较多采用滤纸法，现在多采用面粉法。面粉法，就是用一个直径为 20 cm、深 2 cm 的装满新鲜干面粉的盘子代替滤纸来接收水滴，然后在 40 ℃温度下烘 24 h，再进行筛分。由于形成的面粉团与水滴的直径有一定的关系，面粉团直径的分布可以反映水滴直径的分布情况。该方法克服了滤纸法量取色斑直径工作量大的缺点。

从一个喷头喷出来的水滴大小不一，一般近处小水滴多些，远处大水滴多些，因此应在离喷头 3～5 m 处测量水滴直径，并求出平均值。一般要求平均直径为 1～3 mm。

雾化指标，表征喷洒雾化程度的指标，可按式(4.21)计算：

$$W_{\mathrm{h}} = \frac{h_{\mathrm{p}}}{d} \tag{4.21}$$

式中，h_{p} 为喷头工作压力水头，m；d 为喷头主喷嘴直径，m。

不同作物的适宜雾化指标见表 4.2。

表 4.2　不同作物的适宜雾化指标

作物种类	$W_{\mathrm{h}} = h_{\mathrm{p}}/d$
蔬菜及花卉	4000～5000
粮食作物、经济作物及果树	3000～4000
饲草料作物、草坪	2000～3000

4.2.1.4　喷灌系统规划设计

喷灌系统规划设计的内容一般包括调查、喷灌系统选型、田间规划、水力计算和结构设计等。

1.喷灌灌区的调查

(1)地形资料。最好能获得全灌区 1/2000～1/500 的地形图，地形图上应标明行政区划、灌区范围以及现有水利设施等。

(2)气象资料，包括气温、降雨和风速风向等。气温和降雨主要作为确定作物需水量和制定灌溉制度的依据，而风速风向则是确定支管布置方向和确定喷灌系统有效工作时间所必需的。

(3)土壤资料，如土壤的质地、土层厚度、土壤田间持水量和土壤渗吸速度等。土壤的持水能力和透水性是确定喷灌水量和喷灌强度的重要依据。

(4)水文资料,主要包括河流、渠塘、井泉的历年水量、水位以及水温和水质(含盐量、含沙量和污染情况)等。

(5)作物种植情况及群众高产灌水经验。必须了解灌区内各种作物的种植比例、轮作情况、种植密度、种植方向以及机耕水平等。重点了解各种作物现行的灌溉制度以及当地群众高产灌水经验,作为拟定喷灌制度的依据。

(6)动力和机械设备资料。要了解当地现有动力及机械设备的数量、规格及使用情况,以便在设计时考虑尽量利用现有设备,并要了解电力供应情况和可取得电源的最近地点。为了制定预算与进行经济比较,也应了解设备、材料的供应情况与价格、电费与柴油机价格等。

2.喷灌系统规划

(1)喷灌系统形式。

根据当地地形情况、作物种类、经济及设备条件,考虑各种形式的喷灌系统的特点,选定灌溉系统形式。在喷灌次数多、经济价值高的作物种植区(如蔬菜区),可多采用固定式喷灌系统;大田作物喷灌次数少,宜多采用移动式和半固定式喷灌系统,以提高设备利用率;在有自然水头的地方,尽量选用自压喷灌系统,以降低动力设备的投资和运行费用;在地形坡度太陡的丘陵山区,移动喷灌设备应用困难,可优先考虑采用固定式。

(2)喷头布置形式。

喷头的布置形式亦称组合形式,一般用 4 个相邻喷头在平面位置上的组合图形表示。其基本布置形式有 6 种,如图 4.6 所示。采用矩形布置,应尽可能使支管间距 b 大于喷头间距 a,并使支管垂直风向布置。当风向多变时,应采用正方形布置,此时 $a=b$。正三角形布置时,$a>b$,这对节省支管不利。不论采用哪种布置形式,其组合间距都必须满足规定的喷灌强度及喷灌均匀度的要求,并做到经济合理。

喷头的喷洒方式有圆形喷洒和扇形喷洒两种(图 4.6)。圆形喷洒喷点控制面积大,喷头间距大,移动次数少,喷灌效率和劳动生产率都较高,一般固定式喷灌系统采用这种形式。但圆形喷洒要在泥泞的田间行走、装卸、搬移喷头及喷水管,工作条件差,故半固定式与移动式喷灌系统一般采用单喷头或多喷头扇形喷洒方式。另外,在固定式喷灌系统的地边田角,要采用180°、90°或其他角度的扇形喷洒,以避免喷到界外和道路上,造成浪费。在坡度较陡的山丘喷灌时,不应向上而要向下作扇形喷洒,以免冲刷坡面土壤;当风力较大时,应作顺风向的扇

形喷洒,以降低风的影响。

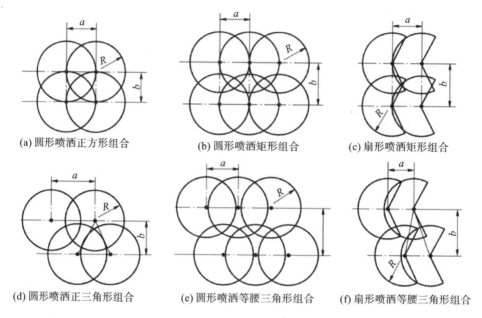

图 4.6　喷头组合形式示意图

(3)管道系统的布置。

固定式、半固定式喷灌系统,视灌溉面积大小对管道进行分级。灌溉面积大时,管道可布置成总干管、干管、分干管和支管 4 级,或布置成干管、分干管、支管 3 级;灌溉面积较小时,管道一般布置成干管和支管两级。支管是田间末级管道,支管上安装喷头。管道的布置应考虑以下原则。

①干管应沿主坡方向布置,一般支管应垂直于干管。在平坦地区,支管布置应尽量与耕作方向一致,以减少竖管对机耕的影响。在山丘区,支管应沿等高线布置,干管垂直等高线布置。

②支管上各喷头的工作压力要一致,或在允许误差范围内。一般要求喷头间的出流量差值不大于 10%,即要求支管上各喷头间工作的压力差不大于 20%。因此,支管不宜太长,以保证喷灌质量。如果支管能取得适当的坡度,使地形落差抵消支管的摩阻损失,则可增加支管长度,但需经水力计算确定。

③管道布置应考虑各用水单位的要求,方便管理,有利于组织轮灌和迅速分散水量。抽水站应尽量布置在喷灌系统的中心,以减少各级输水管道的水头损失。

④在经常有风的地区,支管布置应与主风向垂直,喷灌时可加密喷头间距,

以补偿因风而造成的喷头横向射程缩短。

⑤管道布置应充分考虑地块形状,力求使支管长度一致,规格统一。管线纵剖面应平顺,减少折点,避免产生负压。管道总长度应尽量减少,以使造价最低。各级管道应有利于水锤的防护。

(4)管材的选择。

可用于喷灌的管道种类很多,应该根据喷灌区的具体情况,如地质、地形、气候、运输、供应以及使用环境和工作压力等条件,结合各种管材的特性及适用条件进行选择。对于地埋固定管道,可选用钢筋混凝土管、钢丝网水泥管、铸铁管和硬塑料管。用于喷灌地埋管道的塑料管,最好选用硬聚氯乙烯管。对于口径150 mm 以上的地埋管道,硬聚氯乙烯管在性价比上的优势下降,应通过技术经济分析选择合适的管材。对于地面移动管道,则应优先采用带有快速接头的薄壁铝合金管。塑料管经常暴露在阳光下使用,易老化,缩短使用寿命,因此,地面移动管最好不采用塑料管。

3.喷灌工作制度确定

(1)拟定喷灌制度。

①最大灌水定额。最大灌水定额 $m_{\max}$(mm)按下式计算:
$$m_{\max} = 0.1H(\beta_1 - \beta_2) \tag{4.22}$$

或:
$$m_{\max} = 0.1H\gamma(\beta'_1 - \beta'_2) \tag{4.23}$$

式中,H 为作物主要根系活动层的深度,对于大田作物,一般采用 $40\sim60$ cm;β_1 为适宜土壤含水率上限(体积百分数);β_2 为适宜土壤含水率下限(体积百分数);γ 为土壤容重,g/cm³;β'_1 为适宜土壤含水率上限(重量百分比);β'_2 为适宜土壤含水率下限(重量百分比)。

②设计灌水定额。设计灌水定额 $m_{设}$(mm)应根据作物的实际需水要求和试验资料按下式选择:
$$m_{设} \leqslant m_{\max} \tag{4.24}$$

③设计灌溉定额。设计灌溉定额喷灌应依据设计代表年的灌溉试验资料确定,或按水量平衡原理确定。灌溉定额应按下式计算:
$$M = \sum_{i=1}^{n} m_i \tag{4.25}$$

式中,M 为作物全生育期的灌溉定额,mm;n 为全生育期灌水次数;m_i 为第 i 次灌水定额,mm。

④灌水周期。灌水周期应根据当地试验资料确定，也可按下式计算：

$$T_设 = \frac{m_设}{ET_d} \quad (4.26)$$

式中，$T_设$ 为设计灌水周期，计算值取整数，d；ET_d 为作物日蒸发蒸腾量，取设计代表年灌水高峰期平均值，mm/d。

（2）工作参数。

①一个工作位置的灌水时间 t。一个工作位置的灌水时间 t（h）按下式计算：

$$t = \frac{m_设\,ab}{1000q\eta_p} \quad (4.27)$$

式中，$m_设$ 为设计灌水定额，mm；a 为喷头布置间距，m；b 为支管布置间距，m；q 为喷头设计流量，m³/h；η_p 为田间喷洒水利用系数。

②一天工作位置数 n_d。

$$n_d = \frac{t_d}{t} \quad (4.28)$$

式中，t_d 为设计日灌水时间，h，参照表 4.3 取值。

表 4.3　设计日灌水时间

喷灌系统类型		设计日灌水时间/h
固定管道式	农作物	12～20
	园林	6～12
	运动场	1～4
半固定管道式		12～18
机组式		12～16
定喷移动管道式		12～18
行喷机组式		14～21

③同时工作的喷头数 N_p。

$$N_p = \frac{A}{ba}\frac{t}{T_设\,t_d} \quad (4.29)$$

式中，A 为喷灌系统的灌溉面积，m²。

④同时工作的支管数 $N_支$。

$$N_支 = \frac{N_p}{n_p} \quad (4.30)$$

式中，n_p 为一根支管上的喷头数，可以用一根支管的长度除以沿支管的喷头间距求得。

如果计算出的 $N_支$ 不是整数,则应考虑减少同时工作的喷头数或适当调整支管的长度。

⑤确定支管轮灌方式。支管轮灌方式不同,干管中通过的流量也不同,适当选择轮灌方式,可以减小一部分干管的管径,降低投资。例如,两根支管同时工作的支管移动方案有三种。

a.两根支管从地块的一头齐头并进,如图 4.7(a)、(b)所示,干管从头到尾的,最大流量都等于整个系统的全部流量(两根支管流量之和)。

b.两根支管由地块两端向中间交叉前进,如图 4.7(c)所示。

c.两根支管由地块中间向两端交叉前进,如图 4.7(d)所示。

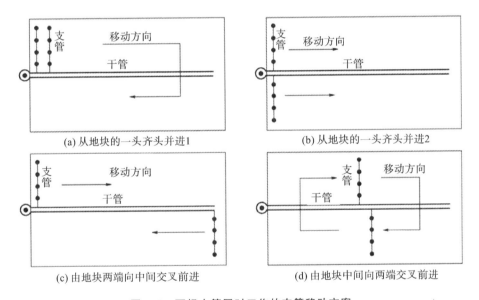

图 4.7　两根支管同时工作的支管移动方案

后两种方案,只有前半根干管通过的最大流量等于整个系统的全部流量,而后半根干管通过的最大流量只等于整个系统的一半(等于一根支管的流量),显然应当采用后两种方案。当三根支管同时工作时,每根支管分别负责 1/3 面积的方案较为有利,如图 4.8 所示,这样只有 1/3 的干管的最大流量等于全部流量,1/3 的干管(1~2 段)的最大流量等于两根支管的流量,最末的 1/3 干管(2~3 段)的最大流量只等于一根支管的流量。

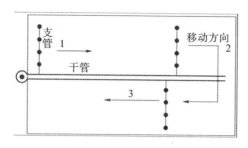

图 4.8　三根支管同时工作的支管移动方式

4.管道系统的水力计算

喷灌管道系统的水力计算主要是计算管道的沿程水头损失以及弯头、三通、闸阀等的局部水头损失,其目的是合理选定各级管道的管径和确定系统设计扬程。由于喷灌系统年工作小时数少,而所占投资比例又大,一般在喷灌所需压力能得到满足的情况下,选用尽可能小的管径是经济的,但管中流速应控制在2.5~3 m/s。

(1)沿程水头损失计算。

①不考虑多孔出流情况下的沿程水头损失。不考虑多孔出流情况下的喷灌管道的沿程水头损失可采用下式计算:

$$h_{\mathrm{f}} = f \frac{LQ^{m}}{d^{b}} \tag{4.31}$$

式中,h_{f} 为沿程水头损失,m;f 为摩阻系数,与管材有关;L 为管长,m;Q 为管中流量(指计算管道的最大流量),m^{3}/h;m 为与管材有关的流量指数;d 为管内径,mm;b 为与管材有关的管径指数。

各种管材的沿程水头损失计算参数见表4.4。

表 4.4　沿程水头损失公式(4.31)中的 f、m、b 值

管材		f	m	b
混凝土管、钢筋混凝土管	$n = 0.013$	1.312×10^{6}	2	5.33
	$n = 0.014$	1.516×10^{6}	2	5.33
	$n = 0.015$	1.749×10^{6}	2	5.33
钢管、铸铁管		6.25×10^{5}	1.9	5.1

续表

管材	f	m	b
硬塑料管	0.948×10^5	1.77	4.77
铝管、铝合金管	0.861×10^5	1.74	4.74

②等距等流量多喷头(孔)支管的沿程水头损失的计算。等距等流量多喷头(孔)支管的沿程水头损失可按下式计算：

$$h'_{f_x} = F h_{f_x} \tag{4.32}$$

$$F = \frac{N\left(\dfrac{1}{m+1} + \dfrac{1}{2N} + \dfrac{\sqrt{m-1}}{6N^2}\right) - 1 + X}{N - 1 + X} \tag{4.33}$$

式中，h'_{f_x} 为多喷头(孔)支管沿程水头损失，m；F 为多口系数；h_{f_x} 为管道最大流量沿程不变时的沿程水头损失，m；N 为喷头或孔口数；m 为与管材有关的流量指数；X 为多孔支管首孔位置系数，即支管入口第一个喷头(或孔口)的距离与喷头(或孔口)间距之比。

（2）管道的局部水头损失计算。

管道的局部水头损失发生在水流边界突然变化，即均匀流被破坏的流段，由于水流边界突然变形促使水流运动状态紊乱，从而引起水流内部摩擦而消耗机械能。管道的局部水头损失可以采用下式计算，也可按沿程水头损失的 $10\% \sim 15\%$ 估算。

$$h_j = \xi \frac{v^2}{2g} \tag{4.34}$$

式中，h_j 为局部水头损失，m；ξ 为局部水头损失系数（或局部阻力系数），一般由试验测定；v 为流速，m/s，一般指局部阻力以后的管中流速，但在突然扩大、逐渐扩大、分流、出口等处取局部阻力以前的管中流速；g 为重力加速度。

5.喷灌系统的流量和扬程

为了选择水泵和动力，首先要确定喷灌系统的水泵设计流量和扬程。水泵的设计流量应为同时工作的喷头流量之和，即

$$Q = \sum_{i=1}^{N_p} q_p / \eta_G \tag{4.35}$$

式中，Q 为喷灌系统设计流量，$\mathrm{m^3/h}$；N_p 为同时工作的喷头数目；q_p 为设计工作压力下喷头的流量，$\mathrm{m^3/h}$；η_G 为管道系统水利用系数，取 $0.95 \sim 0.98$。

而水泵的扬程为：

$$H = Z_d - Z_s + h_s + h_p + \sum h_f + \sum h_j \qquad (4.36)$$

式中,H 为喷灌系统设计水头,m;Z_d 为典型喷点的地面高程,m;Z_s 为水源水面高程,m;h_s 为典型喷点的竖管高度,m;h_p 为典型喷点喷头的工作压力水头,m;$\sum h_f$ 为由水泵进水管至典型喷点喷头进口处之间管路沿程水头损失之和,m;$\sum h_j$ 为由水泵进水管至典型喷点喷头进口处之间管路局部水头损失之和,m。

6.管道系统结构设计

喷灌系统的结构设计是确定连接管件的规格、型号、连接方式,必要时绘制结构图、局部大样图。各级管道的平面位置和立面位置确定后,即可进行管道系统的结构设计。设计时应注意以下几点。

(1)竖管的高度应以作物植株不阻碍喷头的正常喷洒为最低限。常用的竖管高度为 0.5~2.0 m。当竖管高度超过 1.5 m 或使用的喷头较大时,为使竖管稳定,应增设竖管支架。竖管的安装应铅直、稳定。

(2)管道的适当位置应留有安装压力表的测压孔,以监测管网压力是否达到设计要求。

(3)地埋管道的阀门处建阀门井,阀门井的尺寸以便于操作检修为宜。

(4)对温度和不均匀沉陷比较敏感的固定管道应设柔性接头。柔性接头间隔距离应视管材、管径、地形、地基等情况确定。

(5)对于管径较大或管坡较陡的固定管道,为了稳定管道位置,不使管道发生任何位移,在管道的变坡、转弯的分界处应设置镇墩。在明设固定管道上,当管线较长时应设支墩。

支墩用来支持管道并传递所受垂直压力,其间距可取管径的 3~5 倍。支墩的尺寸视管径大小及土质好坏而定。当采用混凝土预制块时,一般墩厚 0.15~0.30 m,高 0.3~1.0 m。支墩的墩基应设置在坚实的土质上,在支墩与管道的接触面上,应加滑动垫片或涂油,以允许管段沿轴向滑动。

镇墩的作用是承受由管道传来的各种力。为了防止管道热胀冷缩对镇墩的损坏,应在两个镇墩之间架设柔性伸缩接头。镇墩多用块石混凝土或混凝土建造,较大的镇墩还应布置必要的配筋。镇墩的基础应坐落在冻土层以下的坚实土质上。

(6)地埋管道的连接应采用承插或黏接的形式,转向处用弯头,分水处用三通或四通,管径改变处采用异径接头,管道末端用堵头。

(7)为了按计划进行输水、配水,管道系统上应装置必要的控制阀。各级管道的首端应设进水阀或分水阀。

4.2.2 滴灌技术与规划设计

4.2.2.1 滴灌定义与特点

利用滴头、滴灌管(带)等设备,以滴水或细小水流的方式,湿润植物根区附近部分土壤的灌水方法称为滴灌。滴灌是目前节水程度较高的一种灌水方式。其优点如下。

(1)省水。由于滴灌系统全部由管道输水,可以严格控制灌水量,灌水流量很小,而且仅湿润作物根区附近土壤,所以能大量减少土壤蒸发和杂草对土壤水分的消耗,完全避免深层渗漏,也不致产生地表流失和被风吹失。因此,滴灌具有显著的节水效果,一般比地面灌可省水 50% 以上;与喷灌相比,不受风的影响,减少了飘移损失,可省水 15%~25%。

(2)节能。滴灌的工作压力低,一般工作压力仅 50~150 kPa,比喷灌低得多,又比地面灌溉灌水量小,水的利用率高,故对井灌区和提水灌区可显著降低能耗。

(3)灌水均匀。滴管系统通过管道将水输送到作物附近,保证作物及时获得所需水分,因而灌水均匀性更好,均匀系数一般可达 0.9。

(4)增产。滴灌仅局部湿润土壤,不破坏土壤结构,不致使土壤表层板结,并可结合灌水施肥,使土壤内的水、肥、气、热状况得到有效调节,为作物生长提供了良好的环境,因此,一般比其他灌水方法增产 30% 左右。

(5)对土壤和地形的适应性强。滴灌系统为压力管道输水,能适应各种复杂地形;可根据不同的土壤入渗速度来调整控制灌水流量,所以能适应各种土质。

(6)可以结合灌水进行施肥、打药。滴灌系统通过各级管道将灌溉水灌到作物根区土壤,同时可以将稀释后的化肥一同施入田间。

滴灌的缺点是滴头出水孔很小,很容易被水中杂质、土壤颗粒堵塞,因此,对水质的要求高,必须经过过滤才能使用。

4.2.2.2 滴灌系统的组成

滴灌系统由水源、首部枢纽、输配水管网和滴头(滴灌带)四部分组成。

滴灌系统的水源可以是河流、渠道、湖泊、水库、井、泉等,但其水质需符合灌溉水质的要求。滴灌系统的水源工程一般是指为从水源取水进行滴灌而修建的

拦水、引水、蓄水、提水和沉淀工程以及相应的输配电工程。

首部枢纽包括水泵、动力机、肥料和化学药品注入设备、过滤设备、控制阀、进排气阀、压力流测量仪表等。其作用是从水源取水增压并将其处理成符合滴灌要求的水流送到系统中,担负着整个系统的驱动、测量和调控任务,是全系统的控制调配中心。

输配水管网的作用是将首部枢纽处理过的水按照要求输送到每个灌水单元和滴头,包括各级管道及所需的连接管件和控制、调节设备。滴灌系统的大小及管网布置不同,管网的等级划分也有所不同,一般划分为干管、支管、毛管三级管道。毛管是微灌系统的最末一级管道,其上安装或连接灌水器。

滴头(滴灌带)是滴灌系统中最关键的部件,是直接向作物施水肥的设备。其作用时利用滴头的微小流道或孔眼效能减压,使水流变为水滴均匀地施入作物根区土壤中。

4.2.2.3　滴灌设备

滴灌设备包括水泵和动力机、过滤设备、施肥装置、滴头(滴灌带)、管道系统及其附件等。滴灌常用的水泵有潜水泵、离心泵、深井泵、管道泵等。

水泵的作用是将水流加压至系统所需压力并将其输送到输水管网。动力机可以是电动机、柴油机等。如果水源的自然水头(水塔、高位水池、压力给水管道)满足滴灌系统压力要求,则可省去水泵和动力机。

过滤设备将水流过滤,防止各种污物进入滴灌系统堵塞滴头或在系统中形成沉淀。过滤设备有拦污栅、离心过滤器、砂石过滤器、筛网过滤器、叠片过滤器等。当水源为河流和水库等水质较差的水源时,需建沉淀池。各种过滤设备可以在首部枢纽中单独使用,也可以根据水源水质情况组合使用。

施肥装置的作用是使易溶于水并适于根施的肥料、农药、除草剂等在施肥罐内充分溶解,然后再通过滴灌系统输送到作物根部。

流量、压力测量仪表用于管道中的流量及压力测量,一般有水表、压力表等。安全保护装置用来保证系统在规定压力范围内工作,消除管路中的气阻和真空灯,一般有控制器、传感器、电磁阀、水动阀、空气阀等。调节控制装置一般包括各种阀门,如闸阀、球阀、蝶阀等,其作用是控制和调节滴灌系统的流量和压力。

4.2.2.4　滴头的水力学特性

1. 滴头的流量-压力关系

通常滴头流量与压力的关系可以用以下经验公式确定,该公式称为滴头流量函数。

$$q = K_c H^x \tag{4.37}$$

式中,q 为滴头流量,L/h;K_c 为表征滴头尺度的比例系数;H 为滴头的工作压力水头,m;x 为表征滴头流态的流量指数。

根据此式绘出图 4.9,流态指数 x 是直线的斜率,从图上可以清楚地看出不同流态时滴头压力与流量的关系。

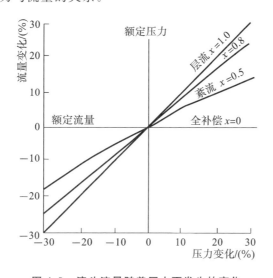

图 4.9　滴头流量随着压力而发生的变化

流态指数反映了灌水器的流态特征及其流量对压力变化的敏感程度,是非常重要的水力学参数。当水流在灌水器内的流态为层流时,如微管、内螺纹管式滴头,流态指数等于 1.0,即流量与工作水头成正比,出水流量受水温影响;当水流在灌水器内的流态为紊流时,如孔口式滴头、迷宫式滴头等,流态指数等于 0.5,出水流量不受水温变化影响;全压力补偿式灌水器流态指数等于 0,即出水流量不受压力变化的影响,流量基本保持恒定。其他各种形式的灌水器的流态指数在 0~1.0 变化。

2. 灌水均匀系数

滴灌是一种局部灌溉,所以不要求在整个灌水的面积上水量分布均匀,而要求每一棵作物灌到的水量是均匀的。影响灌水均匀性的因素有滴头的水力学特性,滴头的制造偏差,管网上水压分布的不均匀性,各滴头气温、水温的差异,受堵塞的滴头数量。

微灌均匀系数按下式计算:

$$C_u = 1 - \frac{\Delta \bar{q}}{\bar{q}} \tag{4.38}$$

$$\Delta \bar{q} = \frac{1}{n} \sum_{i=1}^n |q_i - \bar{q}| \tag{4.39}$$

式中,C_u 为灌水均匀系数;$\Delta \bar{q}$ 为灌水器流量的平均离差,L/h;$\bar{q}$ 为灌水器平均流量,L/h;q_i 为田间实测的各灌水器流量,L/h;n 为所测的灌水器个数。

(1)只考虑水力影响因素时的灌水均匀系数。微灌的均匀系数 C_u 与灌水器的流量偏差率 q_v 存在以下关系:当 $C_u = 98\%$ 时,$q_v = 10\%$;当 $C_u = 95\%$ 时,$q_v = 20\%$;当 $C_u = 92\%$ 时,$q_v = 30\%$。

另外微灌灌水器水头偏差率 H_v 与流量偏差率 q_v 的关系为:

$$H_v = \frac{q_v}{x}\left(1 + 0.15\frac{1-x}{x}q_v\right) \tag{4.40}$$

$$q_v = \frac{q_{max} - q_{min}}{q_d} \times 100\% \tag{4.41}$$

$$H_v = \frac{h_{max} - h_{min}}{h_d} \times 100\% \tag{4.42}$$

式中,H_v 为灌水器水头偏差率,%;x 为灌水器的流态指数;q_v 为灌水器流量偏差率,%;q_{max} 为灌水器最大流量,L/h;q_{min} 为灌水器最小流量,L/h;q_d 为灌水器设计流量,L/h;h_{max} 为灌水器最大工作水头,m;h_{min} 为灌水器最小工作水头,m;h_d 为灌水器设计工作水头,m。

如果选定了灌水器,已知流态指数,并确定了均匀系数 C_u,可由式(4.40)求出允许的压力偏差率,从而可以确定毛管的设计工作压力变化范围。

(2)考虑水力和制造两个影响因素后的均匀度计算。

$$E_u = \left(1 - 1.27\frac{C_v}{\sqrt{n}}\right)\left(\frac{q_{min}}{q_d}\right) \tag{4.43}$$

或

$$E_u = \left(1 - 1.27\frac{C_v}{\sqrt{n}}\right)\left(\frac{h_{min}}{h_d}\right)^x \tag{4.44}$$

$$h_{min} = 1 - H_v' \tag{4.45}$$

$$H'_v = 1 - \left(\frac{E_u}{1.27\frac{C_v}{\sqrt{n}}} \right)^{\frac{1}{x}} \tag{4.46}$$

式中，E_u 为考虑水力和制造偏差后的灌水均匀度；C_v 为灌水器的制造偏差系数；n 为一棵作物下安装的灌水器数目；H'_v 为灌水器的最小工作水头与平均工作水头之间的偏差率；其余符号意义同前。

其中灌水器的制造偏差系数 C_v 可通过下式计算：

$$C_v = \frac{S}{\bar{q}} \tag{4.47}$$

$$S = \sqrt{\frac{1}{m-1}\sum_{i=1}^{m}(q_i - \bar{q})^2} \tag{4.48}$$

$$\bar{q} = \frac{1}{m}\sum_{i=1}^{m}q_i \tag{4.49}$$

式中，S 为流量标准偏差；$\bar{q}$ 为滴头平均流量，L/h；m 为所测灌水器个数；q_i 为所测每个滴头的流量，L/h。

一般认为，当 $C_v \leqslant 0.05$ 时，灌水器的制造质量为优等；当 $0.05 < C_v \leqslant 0.07$ 时，灌水器的制造质量为良好；当 $0.07 < C_v \leqslant 0.11$ 时，灌水器的制造质量还可以；当 $C_v > 0.11$ 时，灌水器的制造质量不合格。

4.2.2.5　滴灌毛管的布置形式与最大毛管长度计算

1. 布置形式

毛管是将水送到每一棵作物根部的最后一级管道，滴头一般是直接装在毛管上或通过微管（直径大约 5 mm）接到毛管上。滴头布置在作物根系范围内，为了提高灌水均匀度，减少个别滴头堵塞所造成的危害，每棵作物至少布置 2 个滴头，其布置方式有以下几种。

（1）单行毛管直线布置。毛管顺作物行方向布置，一行作物布置一条毛管，滴头安装在毛管上，主要适用于窄行密植作物，如蔬菜和幼树等，见图 4.10(a)。

（2）单行毛管带环状管布置。成龄果树滴灌可沿一行树布置一条输水毛管，然后围绕每棵果树布置一根环状灌水管，并在其上安装 4~6 个滴头。这种布置灌水均匀度高，但增加了环状管，使毛管总长度大大加长，见图 4.10(b)。

（3）双行毛管平行布置。当滴灌高大作物时，可采用这种布置形式。如滴灌果树可沿果树两侧布置两条毛管，每棵树的两边各安装 2~4 个滴头，见图 4.10(c)。

（4）单行毛管带微管布置。当使用微管滴灌果树时，每一行树布置一条毛管，再用一段分水管与毛管连接，在分水管上安装 4～6 条微管，这种布置减少了毛管用量，微管价低，故可相应降低投资，见图 4.10(d)。

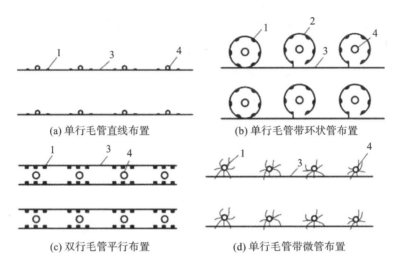

(a) 单行毛管直线布置　　　　　　(b) 单行毛管带环状管布置

(c) 双行毛管平行布置　　　　　　(d) 单行毛管带微管布置

图 4.10　滴灌毛管和灌水器布置形式

1—灌水器；2—绕树环状管；3—毛管；4—果树或作物

以上各种布置中，毛管均沿作物行方向布置。在山区一般均采用等高线种植，故毛管应沿等高线布置。对于果树，滴头与树干的距离通常应为树冠半径的 2/3。

2.毛管极限长度的确定

毛管的铺设长度直接关系到灌水的均匀度和工程投资，毛管允许的最大长度应满足设计灌水均匀度的要求，根据《微灌工程技术标准》(GB/T 50485—2020)规定：微灌系统灌水小区灌水器设计允许流量偏差率应满足下式的要求：

$$[q_v] \leqslant 20\% \tag{4.50}$$

式中，$[q_v]$ 为灌水器设计允许流量偏差率，%。

灌水小区即具有独立稳流（或稳压）装置控制的灌溉单元。在系统无稳流（或稳压）装置时，将同时灌水的灌溉单元作为一个灌水小区。由流量偏差率 q_v 可以求出水头偏差率 H_v［式(4.40)］。根据水头偏差率 H_v 由下式求水头偏差 $[\Delta h]$。

$$[\Delta h] = [H_v] h_d \tag{4.51}$$

水头偏差 $[\Delta h]$ 是整个灌水小区允许出现的水头偏差，需要在毛管和支管分配,应通过技术经济比较确定。一般情况下毛管与支管的分配比取 0.55∶0.45。

根据允许毛管水头偏差,利用多孔公式求极限毛管孔数 N_{m}。

$$N_{\mathrm{m}} = \mathrm{INT} \left(\frac{5.44 [\Delta h_2] d^{4.75}}{KS q_{\mathrm{d}}^{1.75}} \right)^{0.364} \tag{4.52}$$

式中,N_{m} 为毛管的极限分流孔数;$[\Delta h_2]$ 为毛管的允许水头偏差,$[\Delta h_2] = \beta_2 [\Delta h]$,$\beta_2$ 经过经济技术比较确定,对于平地,β_2 可取 0.55,m;d 为毛管内径,mm;K 为水头损失扩大系数,一般取 1.1~1.2;S 为滴头间距,m;q_{d} 为滴头设计流量,L/h。

毛管极限长度 $L_{\mathrm{m}} = N_{\mathrm{m}} S$,根据毛管极限长度和条田的实际情况可以确定毛管的实际铺设长度。

4.2.2.6　滴灌系统规划设计

滴灌系统规划设计是在收集基本资料的基础上,根据当地自然条件和经济条件,因地制宜地从技术可行性和经济合理性方面选择系统形式、灌水器类型,即滴灌系统选型;在综合分析水源加压形式、地块性状、土壤质地、作物种植密度、种植方向、地面坡度等因素的基础上,确定滴灌系统的总体布置方案;确定滴灌系统的灌溉制度和工作制度;通过滴灌管网水力计算,确定干管、支管管径及滴灌系统的工作水头等。

1. 资料的收集

(1)地理位置与地形资料。该部分资料应包括系统所在地区经纬度、海拔高度、自然地理特征、总体灌区图、地形图,图(比例尺一般用 1/2000~1/1000)上应标明灌区内水源、电源、动力、道路等主要工程的地理位置。

(2)土地与工程地质资料。其内容包括土壤类别及容重、土层厚度、土壤pH 值、田间持水量、饱和含水量、永久凋萎系数、渗透系数、土壤结构、含盐量(总盐与成分)及肥力(有机质含量、肥分)等情况,以及氮、磷、钾含量,地下水埋深和矿化度。

(3)水文气象资料。其内容包括年降水量及分配情况,多年平均蒸发量、月蒸发量、平均气温、最高气温、最低气温、湿度、风速、风向、无霜期、日照时间、平均积温、冻土层深度等。

(4)农作物资料。收集灌区种植作物的种类、种植比、株行距、种植方向、日最低耗水量、生长期、种植面积、原有的高产农业技术措施、产量及灌溉制度等。

（5）水源与动力情况。河流、水库、机井等均可作为滴灌水源,调查水源可供水量及年内分配、水资源的可开发程度,水源平水期、枯水期、丰水期不同水文年的水量及机井的动静水位。收集水质情况,了解水源的泥沙、污物、水生物、含盐量、悬浮物情况和 pH 值。收集现有动力、电力及水利机械设备等情况。

（6）社会经济状况及农业发展规划方面的基本资料。

2. 滴灌系统的布置

滴灌系统的管道一般分干管、支管和毛管三级,布置时要求干、支、毛三级管道尽量相互垂直,以使管道长度最短,水头损失最小。在平原地区,毛管要与垄沟方向一致;在山区丘陵地区,干管多沿山脊或在较高位置平行于等高线布置,支管垂直于等高线布置,毛管平行于等高线并沿支管两侧对称布置,以防滴头出水不均匀。

滴灌系统的布置形式,特别是毛管布置是否合理,直接关系到工程造价的高低,材料用量的多少和管理运行是否方便等。在果园滴灌中,由于果树的株行距均较大,而且水果产值较高,有条件的地方可以采用固定式滴灌系统,也可以采用移动式滴灌系统。我国目前在发展大田作物滴灌时,为了降低工程造价和减少塑料管材用量,均采用了移动式滴灌系统。一条毛管总长 40~50 m,其中有 2～5 m 一段不装滴头,称为辅助毛管。这样,一条毛管就可以在支管两侧 60～80 m宽、4~8 m 上下范围内移动,控制灌溉面积有 0.5~1.0 亩,可降低每亩滴灌建设投资。

3. 滴灌灌溉制度与工作制度的确定

（1）灌水定额。滴灌灌水定额可由下式计算:

$$m = 1000Hp(\theta_{\max} - \theta_{\min}) \tag{4.53}$$

式中,m 为灌水定额,mm;H 为土壤计划湿润层深度,m,蔬菜取 0.2~0.3 m,大田作物取 0.3~0.6 m,果树取 0.8~1.2 m;$\theta_{\max}$ 为适宜土壤含水率上限,体积百分比;$\theta_{\min}$ 为适宜土壤含水率下限,体积百分比;p 为土壤湿润比,指滴灌计划湿润的土壤体积占灌溉计划湿润层总土壤体积的百分比,常以地面以下 20～30 cm处的湿润面积占总灌溉水面积的百分比表示,影响它的因素较多,如毛管的布置形式、灌水器的类型和布置及其流量、土壤和作物的种类等,计算时可参考以下数值:果树、乔木取 25%～40%,葡萄、瓜类取 30%～50%,蔬菜取 60%～90%,粮、棉、油等植物取 60%～90%。

（2）灌水周期。

$$T = \frac{m}{E_a} \tag{4.54}$$

式中，T 为灌水周期，d；m 为设计灌水定额，mm；E_a 为设计耗水强度，mm/d，设计耗水强度应由当地的试验资料确定。无实测资料时，可通过计算或按以下数值选取：葡萄、树、瓜类取 $3\sim7$ mm/d，粮、棉、油等植物取 $4\sim7$ mm/d，蔬菜（保护地）取 $2\sim4$ mm/d，蔬菜（露地）取 $4\sim7$ mm/d。

（3）一次灌水延续时间。

$$t = \frac{mS_eS_l}{q_d\eta} \tag{4.55}$$

对于 n_s 个滴头绕植物布置时：

$$t = \frac{mS_rS_t}{n_sq_d\eta} \tag{4.56}$$

式中，t 为一次灌水延续时间，h；m 为设计灌水定额，mm；S_e、S_l 为滴头间距和毛管间距，m；S_r、S_t 为植物的行距和株距，m；q_d 为滴头的设计流量，L/h；n_s 为每棵植物的滴头个数；η 为灌溉水利用系数，滴灌不应低于 0.9。

（4）轮灌区数目。对于固定式滴灌系统，轮灌区数目可按下式计算：

$$N \leqslant \frac{TC}{t} \tag{4.57}$$

对于移动式滴灌系统：

$$N \leqslant \frac{TC}{n_{移}t} \tag{4.58}$$

式中，N 为轮灌区数目；C 为一天中滴灌系统设计日工作小时数，h；$n_{移}$ 为一条毛管控制面积内毛管移动的次数，大田为 $10\sim20$ 次；其余符号意义同前。

（5）一条毛管控制面积。

$$f = 0.0015S_{毛}L \tag{4.59}$$

式中，f 为一条毛管的控制面积，亩；$S_{毛}$ 为毛管间距，m；L 为毛管控制田块长度，m。

对于移动式滴灌系统，一条毛管控制的灌溉面积为：

$$f = n_{移}S_{移}L \tag{4.60}$$

式中，$n_{移}$ 为一条毛管控制面积内毛管移动的次数，大田为 $10\sim20$ 次；$S_{移}$ 为一条毛管每次移动的距离，m；L 为毛管控制田块长度，m。

4.滴灌系统控制灌溉面积

滴灌系统控制灌溉面积大小取决灌溉水源和管道的输水能力。在水源供水

流量稳定且无调蓄时,灌溉面积可按下式确定:

$$A = \frac{\eta Q_s t_d}{10 I_a} \tag{4.61}$$

无淋洗要求时:

$$I_a = E_a \tag{4.62}$$

有淋洗要求时:

$$I_a = E_a + I_L \tag{4.63}$$

式中,A 为灌溉面积,hm^2;η 为灌溉水有效利用系数;Q_s 为水源可供流量,m^3/h;t_d 为水泵日供水小时数,h/d;I_a 为设计供水强度,mm/d;E_a 为设计耗水强度,mm/d;I_L 为设计淋洗强度,mm/d。

5.滴灌管网流量计算与水力计算

滴灌水力计算的任务是,确定滴灌系统各级管道设计流量,根据设计流量初选管径,计算各级管水头损失,并在满足灌水器工作压力和设计灌水均匀度要求的前提下,合理确定各级管的直径和长度,以及各级管道进口处压力等。

(1)滴灌系统流量计算。

①一条毛管的进口流量。

$$Q_毛 = \sum_{i=1}^{n} q_i \tag{4.64}$$

式中,$Q_毛$ 为毛管进口的流量,L/h;q_i 为第 i 个灌水器或出水口的流量,L/h;n 为毛管上灌水器或出水口的数目。

②支管流量的确定。支管的流量等于该支管同时供水各毛管的流量之和。

$$Q_支 = \sum_{i=1}^{n} Q_{毛i} \tag{4.65}$$

式中,$Q_支$ 为支管首端的流量,L/h;$Q_{毛i}$ 为第 i 条毛管首端的流量,L/h;n 为支管上安装毛管的数目。

③干管各段的流量计算。干管流量需分段推算。续灌情况下,任一干管的流量应等于该干管段同时供水各支管的流量之和;轮灌情况下,同一干管段对不同轮灌组供水时,各轮灌组流量不可能相同,此时应选择各组流量的最大值作为干管段的设计流量。

(2)管径的确定。干管初选管径,可按下式计算:

$$D = \sqrt{\frac{4Q}{\pi v}} \tag{4.66}$$

式中,D 为管径,mm;Q 为流量,m³/s;v 为经济流速,m/s。

选定经济流速,利用式(4.66)计算管径,结合管道生产厂家提供的管道型号,确定管道直径。

支管、毛管等多孔出流管道的管径可通过下式计算:

$$D = \left(f \frac{Q^m}{h'_{f_x}} LF \right)^{\frac{1}{b}} \tag{4.67}$$

式中,各符号意义同前。

(3)水头损失计算。

①沿程水头损失。管道沿程水头损失按下式计算:

$$h_f = f \frac{Q_g^m}{D^b} L \tag{4.68}$$

式中,h_f 为沿程水头损失,m;f 为摩阻系数;Q_g 为管道流量,L/h;D 为管道内径,mm;L 为管道长度,m;m 为流量指数;b 为管径指数。

②局部水头损失。当管道局部水头损失参数缺乏时,局部水头损失可按沿程水头损失的一定比例估算,支管宜取 0.05~0.1,毛管宜取 0.1~0.2。

(4)滴灌系统设计水头。滴灌系统设计水头,应在最不利轮灌组条件下按下式计算:

$$H = Z_p - Z_b + h_0 + \sum h_f + \sum h_j \tag{4.69}$$

式中,H 为滴灌系统设计水头,m;Z_p 为典型灌水小区管网进口的高程,m;Z_b 为水源的设计水位,m;h_0 为典型灌水小区进口设计水头,m;$\sum h_f$ 为系统进口至典型灌水小区进口的管路沿程水头损失(含首部枢纽沿程水头损失),m;$\sum h_j$ 为系统进口至典型灌水小区进口的管路局部水头损失(含首部枢纽局部水头损失),m。

4.2.2.7　滴灌系统堵塞及其处理方法

1.滴灌系统的堵塞原因

(1)悬浮固体物质堵塞如由河、湖、水池等水中含有泥沙及有机物引起的堵塞。

(2)化学沉淀堵塞水流由于温度、流速、pH 值的变化,常引起一些不易溶于水的化学物质沉淀于管道或滴头上,主要有铁化合物沉淀、碳酸钙沉淀和磷酸盐沉淀等。

(3)有机物堵塞胶体形态的有机质、微生物等一般不容易被过滤器排除所引

起的堵塞。

2.堵塞的处理方法

(1)酸液冲洗法。对于碳酸钙沉淀,可用0.5%～2%的盐酸溶液,用1 m 水头压力输入滴灌系统,溶液滞留5～15 min。当被钙质黏土堵塞时,可用硝酸冲洗液冲洗。

(2)压力疏通法。用500～1000 kPa 的压缩空气或压力水冲洗滴灌系统,对疏通有机物堵塞效果好。此法对碳酸盐堵塞无效。

3.滴灌系统管理

(1)水源水质预先处理。

(2)过滤器设备定期维护。

(3)水质定期监测。

(4)加炭黑的聚乙烯软管,不透光,或用氯气、高锰酸钾处理灌溉水。

(5)采用活动式滴头。

4.2.3　微喷灌技术

微喷灌是利用微喷头、微喷带等设备,以喷洒的方式实施灌溉的灌水方法。与喷灌相比,微喷灌具有工作压力低、节能、省水等优点;与滴灌相比,微喷灌具有出水口直径较大、抗堵性能好的优点。另外,微喷灌的湿润面积比滴灌大,微喷灌扩大了毛管间距,减少了灌水器和毛管用量,降低了工程投资额。因此,微喷灌技术得到了迅速的发展和应用。

微喷系统由水源工程、首部枢纽、各级输配水管道和微喷头(微喷带)四部分组成。

4.2.3.1　微喷灌的主要灌水质量指标

微喷灌是介于喷灌与滴灌之间的一种灌水方法。因此,灌水质量指标与两者相似。微喷灌的灌水均匀系数和灌水效率与滴灌的指标相同。微喷灌的喷灌强度与喷灌的指标相似,不同之处在于微喷灌是局部灌溉,一般不考虑湿润面积的重叠,所以要求单喷头时平均喷灌强度不超过土壤的允许喷灌强度。另外微喷头的出口一般比普通喷头的出口小,水滴对作物土壤的打击力不大,不会对作物和土壤团粒结构造成威胁,所以水滴直径不作为微喷灌的灌水指标。综上分析,微喷灌主要灌水质量指标包括灌水均匀系数、灌水效率和单喷头平均喷灌强度。

4.2.3.2 微喷灌的种类及其工作原理

微喷头是喷头的一种,它具有体积小、压力低、射程短、雾化好等特点。小的微喷头外形尺寸只有 0.5～1.0 cm,大的也只有 10 cm 左右;其工作压力一般在 50～300 kPa,因此微喷头的结构一般要比喷头简单得多,多数是用塑料一次压注成形的,复杂一些的也只有五六个零件,也有金属部件。喷嘴直径一般小于 2.5 mm;单个微喷头的喷水量一般不大于 300 L/h。微喷头主要是一种局部灌水方法,所以不要求有很远的射程。

微喷头的作用有两个方面:①将水舌粉碎成细小的水滴并喷洒到较大的面积上,以减少发生地面径流和局部积水的可能性;②用喷洒的方式,消散到达微喷头前的水头。只要能起到这两方面作用,而且工作参数在上述范围之内的构件都可以称为微喷头。微喷头结构形式和工作原理非常多样,各种形式、不同规格的微喷头现在已有数百种。微喷头按其喷洒的图形(或湿润面积的形状)可以分为圆形喷洒和扇形喷洒两种。

1. 圆形喷洒的微喷头

单个微喷头的湿润面积是圆形的,如图 4.11 第 5 种(360°)所示。这种喷头也可以用于全面灌溉。

图 4.11 几种不同形状喷洒图形的微喷头

2.扇形喷洒的微喷头

单个微喷头的湿润形状是一个或多个扇形,而且各扇形的中心角也不相同。这种微喷头一般只能用于局部灌溉,因为其组合后不容易得到均匀的水量分布,所以不适用于全面灌溉。由于一些果树树干不能经常处于湿润状态,常将扇形的缺口对着树干,这样可以避免打湿树干。一般每个喷头只有一个扇形,而一个微喷头可以有几个扇形湿润面积。

按其工作原理,常用的微喷头可以分为射流式、离心式、折射式和缝隙式四种。其工作原理均与喷头相似。后三种都没有运动部件,在喷洒时整个微喷头各部件都是固定不动的,因此统称为固定式微喷头。

4.2.3.3　微喷灌的选择与布置

1.微喷头的选择

在选用微喷头时要考虑到农作物对灌溉的需求,还要注意对土壤环境造成的影响:①单喷头平均喷灌强度不超过土壤允许的喷灌强度,这与喷灌相似;②喷水量要适合于作物灌水量的要求,特别注意考虑灌水量随生长阶段的变化;③制造误差小,不得超过11%;④喷水量对应力和温度变化的敏感性要差;⑤工作可靠,主要是不易堵塞,为此孔口适当大些好,流量大一些好,对于有旋转部件的微喷头,还要求旋转可靠;⑥经济耐用。

选用微喷头要根据作物的种类、植株的间距、土壤的质地与入渗能力以及作物的需水量而定。除应满足主要灌水质量指标的要求外,喷洒湿润图形还应满足作物根系发育的要求,在不同生长阶段都能使根系全面得到湿润。

2.微喷头的布置

微喷头的布置包括在高度上的布置和在平面上的布置。

在高度上,微喷头一般放在作物的冠盖下面,但是不能太靠近地面,以免暴雨将泥沙溅到微喷头上而堵塞喷嘴或影响折射臂旋转,也不能太高,以免打湿枝叶。安装高度一般为 $20\sim50$ cm,对于专门要湿润作物叶面的系统则可安装在作物的冠盖之上。

在平面上布置,一般说来每棵作物布置一个微喷头,要求 $30\%\sim75\%$ 的根系得到灌溉,以保持产量和足够的根系锚固力。根系湿润范围,主要取决于土壤类型与土层深度、喷水量、喷洒覆盖范围与形状、灌水历时等。如果微喷灌是作物水分的唯一来源或主要来源(在非常干旱的地区),则作物根系发育形状与湿润土壤的形状一致,干的地方根系不发达。这时微喷头的布置是至关重要的,最好灌溉的湿润图形与作物枝干对称。对于微喷灌来说,土壤的湿润范围比地面湿润面积略大。可以根据以上原则合理布置,灵活地安排。

微喷头一经安置后,不要轻易移动,以免过去建立的根系吸不到水,而新湿润的土壤内没有根系吸水,作物会因缺水而减产。另外,原来被水分冲向湿润球四周的盐分也会因改变湿润范围而进入根区造成盐害。如果微喷头只是作为降雨的补充手段,作物根系平时得到良好的、全面的发育,这时微喷灌灌水图形的变化是不会严重影响作物根系的发育的。

4.2.4　渗灌技术

4.2.4.1　渗灌定义及特点

渗灌即地下灌溉,它是利用地下管道将灌溉水输入埋设地田间地下一定深度的渗水管或鼠洞内,借助土壤毛管作用湿润土壤的灌溉方法。

渗灌的主要优点是:①灌水后田面土壤仍保持疏松状态,不破坏土壤结构,不产生土壤板结,为作物生长提供良好的水肥气热条件;②地表土壤含水量低,可减少田面土壤蒸发;③管道埋入地下,可少占耕地,便于交通和田间作业,可同时进行灌水和农事活动;④灌水定额小,灌水效率高;⑤能减少田间杂草生长和虫害发生;⑥渗灌系统流量小,压力低,故可减少能耗,节约能源。

渗灌存在的主要缺点是:①表层土壤湿度较差,不利于作物种子发芽和幼苗生长,也不利于浅根作物生长;②投资大、施工复杂,且管理维修困难,一旦管道堵塞或破坏,难以检查和修理;③易产生深层渗漏,特别对透水性较强的轻质土壤,更易产生渗漏损失;④渗水孔易堵塞。

4.2.4.2　渗灌机理

均质土渗灌条件下,土壤水分运移扩散和土壤湿润锋随灌水时间变化呈扁圆形。灌水初期由于土壤基质势对土壤水流起着主导作用,而重力势相对较小,所以,土壤水流在透水管四周各个方向的入渗速度接近,形成大致呈扁圆形的湿润面。但是,随着时间延长,重力作用将逐渐增加,从透水管向上的水流因克服重力致使速率相对较小,向下的水流因重力推动而有较大的速率,于是便形成了上短下长的扁圆形湿润锋,时间越长、形状越扁。在湿润锋包围内的土壤,越靠近透水管处含水率越大,甚至会形成围绕透水管的饱和水带。这说明土壤湿润

区内存在有含水率梯度。以上为均质土壤渗灌时的湿润情况。显然,由于均质土壤渗灌时不可避免出现上短下长的扁圆形湿润区,往往使表土层和透水管两侧较远处土壤得不到足够水分,而下层土壤的水分又超出要求,乃至产生深层渗漏损失。为此,可在透水管下侧设置人工隔水层(夯实土、黏土、塑料膜等),提高渗灌湿润土壤的效果。

4.2.4.3 渗灌技术要素

渗灌技术要素主要包括管道埋设深度、灌水定额、管道间距、管道长度与坡度等。在缺乏资料的情况下设计渗灌灌溉系统时,对上述各要素应进行必要的试验,或借用类似地区的资料。

1. 管道埋设深度

管道埋设深度取决于土壤性质、耕作情况及作物种类等条件。埋设深度首先应使灌溉水借毛细管作用能充分湿润土壤计划湿润层,特别是表层土壤能达到足够湿润,而深层渗漏最小。一般在黏质土壤中埋设深度大,砂质土壤中则较小,其次管道埋设深度应该大于一般深耕所要求的深度,同时还应考虑管道本身的抗压强度,不致因拖拉机或其他农业机械的行走而被损坏。另外,还要考虑各种作物的根系深度从而决定管道埋深。目前我国各地采用的管道埋深一般为 $40\sim60$ cm。

2. 灌水定额

灌水定额的确定应根据渗灌管的埋设深度、土壤保水能力以及作物耗水能力和下层土壤的透水性能等因素综合考虑。现有的灌溉制度大多是针对特定土壤条件下特定地区的特定作物而制定的,没有计算灌水量的统一标准。从作物生长需要来看渗灌条件下的适宜灌溉定额在 $(0.5\sim1.0)ET_c$,但从节水的角度看,其灌溉定额应在 $(0.5\sim0.75)ET_c$。

适宜的灌水频率有助于保证整个生长期作物根区的水分和养分供应。Bucks 等(1981)研究发现,对洋葱进行日灌水要好于周灌水;对于甜瓜,则是周灌水要好于日灌水。E. I. Gindy 等通过研究发现,高频次小流量的灌溉制度不仅能较大幅度地提高西红柿和黄瓜的产量,还可以很好地改善作物根区的土壤水分分布,提高土壤水分利用效率。Shuqin Wan 研究得出萝卜的适宜灌水频率应为 3 d/次。Caldwell. D. S 等(1995)对玉米渗灌的研究表明,只要土壤含水量保持在允许范围内,渗灌灌水周期从 $1\sim7$ d 变化时,对玉米产量无明显影响。

综上所述,对于蔬菜等浅根作物通常采用高频灌溉,果树和大田作物的灌水周期则应稍长一些。

3.管道间距

渗灌管道的间距主要取决于土壤性质和供水水头的大小。土壤颗粒越细,则土壤的吸水能力越强,在进行渗灌时湿润范围也越大,管道的间距就可增大。在决定管道间距时,应该使相邻两条管道的浸润曲线重合一部分,以保证土壤湿润均匀。一般砂质土壤中的管距较小,而黏重土壤中的管距较大;管道中的压力大,管距可达 5 m,而无压渗灌的管距一般为 2~3 m。

4.管道长度与坡度

管道长度与管道坡度、供水情况(有压或无压)、流量大小及管道渗水情况等有关。适宜的管道长度应使管道首尾两端土壤能湿润均匀,而渗漏损失较小。我国所采用的管道长度不大,一般为 20~50 m。国外的经验是无压的管道长度不大于 100 m,有压的管道长度则为 200~400 m。管道坡度应根据管道长度的地面坡度等而定,一般取 0.001~0.005。

对于用塑料管输水、用专用渗头灌水的渗灌与滴灌非常相似,只是用渗头代替滴头,且埋在土壤中。其埋设深度依土壤质地而定,以湿润球切到地面为度,其他参数和设计方法均与滴灌相同。

4.3　低压管道输水灌溉技术

管道输水灌溉是以管道代替明渠输水灌溉的一种工程形式,借助一定的压力,将灌溉水由管道或分水设施输送到田间沟、畦。管道输水灌溉的特点有出水口流量大,不会发生堵塞,输水损失小等。管道输水有多种使用范围,大中型灌区可以采用明渠输水与管道有压输水相结合,井灌区大多采用管道输配水的形式,还有用于田间沟畦灌的低压管道输水。本节主要介绍工作压力低于 0.2 MPa,自成独立灌溉系统的低压管道输水。

4.3.1　低压管道输水灌溉工程的特点与组成

低压管道输水灌溉技术是利用低能耗机泵或由地形落差所提供的自然压力水头将灌溉水加压,然后通过输配水管网,将灌溉水由出水口配送到田间进行灌溉,以满足作物的需水要求。因此,在输配水上,它是以管网代替沟渠输配水的

一种农田水利工程；与喷灌、微灌系统比较，其末级管道的出水口处的工作压力常常较低，一般仅为 0.002～0.003 MPa（相当于 20～30 cm 水头）。管道系统的工作压力一般不超过 0.2 MPa，故称为低压管道输水灌溉技术。

4.3.1.1　低压管道输水灌溉工程的特点

（1）节水节能。管道输水减少渗漏损失和蒸发损失，与土垄沟相比，管道输水损失可减少到 5%，水的利用率比土渠提高了 30%～40%，比混凝土衬砌等方式节水 5%～15%。而对于机井灌区，节水就意味着降低能耗。

（2）省地省工。用土渠输水，田间渠道用地一般占灌溉面积的 1%～2%，有的为 3%～5%，而管道输水，田间渠道用地只占灌溉面积的 0.5%，提高了土地利用率。同时管道输水速度快，避免了跑水、漏水现象，缩短了灌水周期，节省了巡渠和清淤维修用工。

（3）安全、经济、适应性强。低压管道输水灌溉系统是将管道系统中的各种设施与其他水利设施连接起来，使其成为一个有机的整体，能满足管理安全、设施经济可行等条件。另外，压力管道输水，可以越沟、爬坡和跨路，不受地形限制，施工安装方便，便于群众掌握，便于推广。配上田间地面移动软管，可解决零散地块浇水问题，适合当前农业生产责任制形式。

（4）增产。利用管道输配水灌溉，不仅减少了输水损失，而且增加了灌溉面积和灌溉次数，还因输水速度较快而有利于向作物适时适量地供水和灌水，从而有效地满足作物的需水要求，提高了作物的单位水量的产量。

低压管道输水灌溉系统与渠道灌溉系统相比，主要劣势在于建筑物类型比较多，需要的材料和设备多，因此其单位面积投资相对较高。

4.3.1.2　低压管道输水灌溉工程的组成

低压管道输水灌溉工程由水源及首部枢纽、输水配水管网系统和田间灌水系统三部分组成。

1. 水源及首部枢纽

低压管道输水灌溉工程的水源有井、泉、沟、渠道、塘坝、河湖和水库等。与渠道灌溉水系统比较，低压管道输水灌溉系统更应注意水质，水质应符合《农田灌溉水质标准》（GB 5084—2021），且不含有大量杂草、泥沙等杂物。

首部枢纽形式取决于水源类型，作用是从水源取水并进行处理，以符合管网和灌溉在水量、水质和水压三方面的要求。低压管道输水灌溉系统中的灌溉水需要有一定的压力,一般通过机泵加压,也可利用自然落差进行加压。对于大中型提水灌区,首部枢纽需要设置拦污栅、进水闸、分水闸、沉沙池及泵房等配套建筑物,作用是保证有足够的水量供应,同时保证水质清洁,避免管网堵塞。对于井灌区,首部枢纽应根据用水量和扬程大小,选择适宜的水泵和配套动力机、压力表及水表,并建有管理房。在有自然地形落差可利用的地区,应尽可能发展自压式管道输水灌溉系统,以节省投资。

2. 输配水管网系统

输配水管网系统是指低压管道输水灌溉系统中的各级管道、管件、分水设施,保护装置及其他附属设施和附属建筑物,通常由干管、支管两级管道组成,干管起输水作用,支管起配水作用。若输配水管网控制面积较大,管网可由干管、分干管、支管和分支管等多级管道组成。附属设备与建筑物包括给水栓、出水口、退水闸阀、倒虹吸管、有压涵管、放水井等。

3. 田间灌水系统

田间灌水系统指出水口以下的田间部分,仍属地面灌水,因而应采取地面节水灌溉技术,达到灌水均匀、减少灌水定额的目的。常用的方法有:①采用田间移动软管输水,采用退水管法(或脱袖法)灌水;②采用田间输水垄沟输水,在田间进行畦灌、沟灌等地面灌水。

4.3.1.3　低压管道输水灌溉系统的分类

低压管道输水灌溉系统按其压力获取方式、管网形式、管网系统可移动程度等可分为以下类型。

1. 按压力获取方式分类

低压管道输水灌溉系统按压力获取方式可分为机压(水泵提水)输水系统和自压输水系统。

(1)机压输水系统。当水源的水位低于灌区的地面高程,或虽然略高一些但不足以提供灌区管网输水和灌水时所需要的压力时,则需要利用水泵机组进行加压。它又分为水泵直送式和蓄水池式。当水源水位不能满足自压输水要求时,要利用水泵加压将水输送到所需要的高度或蓄水池中,通过分水口或管道输水至田间。目前,井灌区大部分采用水泵直送式。

(2)自压输水系统。在水源位置较高,水源水位高程高于灌区地面高程,可利用地形自然高差所提供的水头作为管道输水和灌水时所需要的工作压力。丘陵地区的自流灌区多采用这种形式。

2.按管网形式分类

低压管道输水灌溉系统按管网形式可分为树状管网和环状管网两种类型。

(1)树状管网。管网成树枝状,水流通过"树干"流向"树枝",即从干管流向支管、分支管,只有分流而无汇流,见图4.12(a)。

(2)环状管网。管网通过节点将各管道连接成闭合的环状,形成环状网,见图4.12(b)。环状管网供水的保证率较高,但管材用量大、投资高,只在一些试点采用,国内目前主要为树状管网。

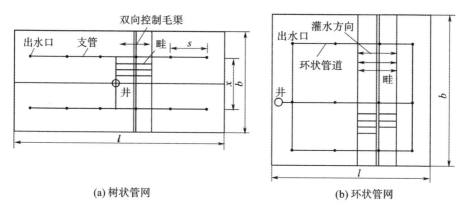

(a) 树状管网　　　　　　　　　　　(b) 环状管网

图 4.12　管网系统示意图

3.按管网系统可移动程度分类

按管网系统可移动程度分为移动式、固定式和半固定式。

(1)移动式。除水源外,机泵和输配水管道都是可移动的,特别适合小水源、小机组和小管径的塑料软管配套使用,工作压力为 0.02～0.04 MPa,长度约为200 m。其优点是一次性投资低、适应性强,常作抗旱临时应用;缺点是软管使用寿命短,易被杂草、秸秆划破,在作物生长后期,尤其是高秆作物灌溉比较困难。

(2)固定式。机泵、输配水管道,给配水装置都是固定的,工作压力为 0.04～0.10 MPa。灌溉水从管道系统的出水口直接分水进入田间畦、沟,因而管道密度大、投资大,有条件的地区可应用这种形式。

(3)半固定式。机泵固定,干(支)管和给水栓等埋于地下,移动软管输水进入田间畦、沟,固定管道的工作压力为 0.005～0.01 MPa,能把上述两种形式的优点结合在一起,较为常用。

4.3.2　低压管道输水灌溉系统的规划设计

4.3.2.1　规划设计原则

1.统筹全面规划

低压管道输水灌溉系统规划属于农田基本建设规划范畴。规划时必须与当地农业区划、农业发展计划、水利规划及农田基本建设规划相结合。在原有农业区划和水利规划的基础上,综合考虑与规划内沟、渠、路、林、输电线路、引水水源等布置的关系,统筹安排,全面规划,充分发挥已有水利工程的作用。

2.近期需要与远景发展规划相结合

根据当前的经济状况和今后农业现代化发展的需要,特别是节水灌溉技术的发展要求,如果管道系统有可能改建为喷灌或微灌系统,规划时,干支管应采用符合改建后系统压力要求的管材。这样,既能满足当前的需要,又可避免今后发展喷灌或微灌系统重新更换管材而造成巨大浪费。

3.系统运行可靠

低压管道输水灌溉系统能否长期发挥效益,关键在于能否保证系统运行的可靠性。因此,从规划就要对水源、管网布置、管材、管件和施工组织等进行反复比较,不可匆匆施工,不能采用劣质产品,做到对每一个环节严格把关,确保整个管道输水灌溉系统的质量。

4.运行管理方便

低压管道输水灌溉系统规划时,应充分考虑工程投入运行后进行科学的运行管理。

5.综合比选

对管道系统规划方案要进行反复比较和技术论证,综合考虑引水水源与管网线路、调蓄建筑物及分水设施之间的关系,力求取得最优规划方案,最终达到节省工程量、减少投资和最大限度地发挥管道系统效益的目的。

4.3.2.2　规划内容

规划内容如下。(1)确定适宜的引水水源和取水工程的位置、规模及形式。在井灌区应确定适宜的井位,在渠灌区则应选择适宜的引水渠段。(2)确定田间

灌溉标准,沟畦的适宜长、宽,给水栓入畦方式及给水栓连接软管时软管的适宜长度。(3)论证管网类型、确定管网中管道线路的走向与布置方案。确定线路中各控制阀门、保护装置、给水栓及附属建筑物的位置。(4)拟定可供选择的管材、管件、给水栓、保护装置、控制阀门等设施的系列范围。

1.规划的主要技术参数

(1)灌溉设计保证率,根据当地自然条件和经济条件确定,但应不低于75%。(2)管道灌溉系统水利用系数,管道系统水利用系数在井灌区不应低于0.95,在渠灌区应不低于0.90。(3)田间水利用系数,应不低于0.85。(4)灌溉水利用系数,井灌区不低于0.80,渠灌区不低于0.70。(5)规划区灌水定额,根据当地试验资料确定,无资料地区可参考邻近地区试验资料确定。

2.规划步骤

(1)调查收集规划前所需要的基本资料。应了解掌握当地农业区划、水利规划和农田基本建设规划等基本情况,并应进行核实和分析。(2)进行水量平衡分析,确定管道输水灌溉区规模。(3)实地勘测并绘制规划区平面图,在图中标明沟、渠、路、林及水源的位置和高程。(4)确定取水工程位置,确定管网类型和畦田规格、范围和形式。(5)进行田间工程布置,确定给水位置和形式。(6)根据管网类型、给水装置位置,选择适宜的管网线路,确定保护设施及其他附属建筑物位置。(7)汇总管网类型、给水装置、保护设施、连接管件及其他附属建筑物的数量。(8)选择适宜管材、给水分水装置及保护设施,对没有性能指标说明的材料和设备应通过试验确定基本性能。

3.规划成果

规划阶段的成果包括以下内容的工程规划报告。(1)序言。(2)基本情况与资料。(3)主要技术参数。(4)水量供需平衡分析。(5)规划方案比较。(6)田间工程布置。(7)机井装置。(8)投资估算。(9)经济效益分析。(10)附图,至少应包括:①1∶10000～1∶5000水利设施现状图;②1∶10000～1∶5000管道灌溉工程规划图;③1∶2000～1∶1000典型管道系统布置图。

4.3.2.3 低压管道输水灌溉系统的布置

1.水源及首部枢纽布置

首部枢纽是指从水源取水并进行处理,以符合管网和灌溉在水量、水质和水压三方面的要求而布置的设施的总称。它担负着整个系统的驱动、检测和调控任务,保证有足够的水压、水量供应和水质清洁,避免管网堵塞,是全系统的控制调度中心。

低压管道输水灌溉系统的水源及首部枢纽的布置与渠道灌溉系统基本上相似。

渠灌区的低压管道输水灌溉系统大都是从支渠、斗渠或农渠上引水,其渠、管的连接方式和各种设备的布置取决于地形条件和水流特性及水质情况。通常渠道与管道连接时应设置进水闸,其后布置沉沙池,闸门进口前需安装拦污栅,并在适当位置处设置量水设备。

井灌区的低压管道输水灌溉系统的水源与首部枢纽组合在一起进行布置,通常由水泵及动力设备、控制阀门、测量和保护装置等组成。井灌区的首部枢纽应根据用水量和扬程大小,选择适宜的水泵和配套动力机、压力表及水表,并建有管理房。自流灌区或大中型提水灌区的首部枢纽还应有进水闸、拦污栅及泵房等配套建筑物。

首部枢纽布置时要考虑水源的位置和管网布置方便,水源远离灌区时,先用输水管道(渠道)将水引至灌区内或边缘,再设首部枢纽。一般首部枢纽不宜放在远离灌区的水源附近,否则会使管理不方便,而且经过处理的水质,经远距离输送后可能再次被污染。当采用井水灌溉时,井和首部枢纽尽量布置在灌区的中心位置,以减少水头损失,降低运行费用,也便于管理。

2. 低压管道输水灌溉系统的布置

管网规划与布置是管道系统规划中的关键部分。要求将水源与各给水栓(出水口)之间用管道连接起来形成管网,保证输送所需水量在输送过程中保持水质不发生变化,损耗的水量最少,使整个管网正常、经济地运行。

(1)管网规划布置原则。

①井灌的管网常以单井控制灌溉面积作为一个完整系统。渠灌区应根据作物布局、地形条件、地块形状等分区布置,尽量将压力接近的地块划分在同一分区。②规划时首先确定给水栓的位置。给水栓的位置应当考虑到灌水均匀。若不采用连接软管灌溉,向一侧灌溉时,给水栓纵向间距可在 40~50 m,横向间距一般按 80~100 m 布置。在山丘区梯田中,应考虑在每个台地中设置给水栓以便于灌溉管理。③在已确定给水栓位置的前提下,力求管道总长度最短。④管线尽量平顺,减少起伏和折点。⑤最末一级固定管道的走向应与作物种植方向一致,移动软管或田间垄沟垂直于作物种植行。在山丘区,干管应尽量平行于等高线、支管尽量垂直于等高线布置。⑥管网布置尽量平行于沟、渠、路、林带,顺

田间生活路和地边布置,以利于耕作和管理。⑦充分利用已有的水利工程,如穿路倒虹吸和涵管等;充分考虑管路中量水、控制和保护等装置的适宜位置。⑧各级管道尽可能采用双向供水,尽量利用地形落差实施重力输水;避免干扰输油、输气管道及电信线路等。

(2)管网布置类型。

管网布置之前,首先根据适宜的畦田长度和给水栓供水方式确定给水栓间距,然后根据经济分析结果将给水栓连接而形成管网。

①井灌区典型管网布置形式。

当给水栓位置确定时,不同的管道连接形式将形成管道总长度不同的管网,因此,工程投资也不同。在我国井灌区管道输水灌溉的发展过程中,许多研究和施工人员根据水源位置、控制范围、地面坡降、地块形状和作物种植方向等条件,总结出几种常见布置形式。如机井位于地块一侧,控制面积较大且地块近似呈方形。这些布置形式适合于井出水量为 $60\sim100$ m³/h、控制面积为 $150\sim300$ 亩($10\sim20$ hm²)、地块长宽比约等于 1 的情况。

如机井位于地块一侧,地块呈长条形,可布置成"一"字形、L 形、T 形。这些布置形式适合于井出水量为 $20\sim40$ m³/h、控制面积为 $50\sim100$ 亩、地块长宽比不大于 3 的情况。

当机井位于地块中心时,常采用 H 形布置。这种布置形式适合于井出水量为 $40\sim60$ m³/h、控制面积为 $100\sim150$ 亩、地块长宽比不大于 2 的情况。当地块长宽比大于 2 时,宜采用长"一"字形布置形式。

②渠灌区管网典型布置形式。渠灌区管网布置主要采用树状网,其影响因素有水源位置、灌区位置、控制范围和面积大小及其形状、作物种植方式、耕作方向和作物布局、地形坡度、起伏和地貌等。

根据地形特点,下面介绍三种典型渠灌区管灌系统树状管网的布置形式。

图 4.13 为梯田管灌系统管网布置形式。由于管灌区地形坡度陡,布置干管时沿地形坡度走向,即干管垂直等高线布置,干管可双向布置支管,支管均沿梯田地块,平行于等高线布置。每块梯田布置一条支管,各自独立由干管引水。支管上的给水栓或出水口只能单向向输水垄沟输水,对沟、畦可双向灌溉。

图 4.14 为山丘区提水灌区管灌系统树状管网布置形式。该灌区地形起伏、坡度陡,水源位置低,故需水泵加压,经干、支管输水。干管实际上是水泵扬水压力管道,因此必须垂直于等高线布置,以使管线最短。支管平行于等高线布置。斗管以辐射状由支管给水栓分水,并沿山脊线垂直于等高线走向。斗管上布置

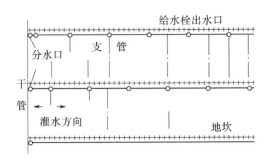

图 4.13　梯田管灌系统管网布置形式

出水口或给水栓,其平行于等高线双向配水或灌水浇地。

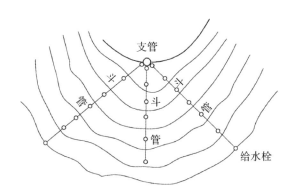

图 4.14　山丘区提水灌区管灌系统树状管网布置形式

　　图 4.15 为平坦地形、管灌区控制面积大,并有均一坡度情况下的典型树状管网布置形式,其管网由三级地埋暗管组成,即斗管、分管和引管。田间灌水可采用输水垄沟或地面移动软管相关,由引管引水。由于该类灌区既有纵向坡度,又有横向坡度,而且地形总趋势纵横均为单一比较均匀的向下的坡向。因此,管网只能单向输水和配水。

4.3.2.4　管道水力计算

1. 灌溉制度

(1)设计灌水定额。

$$m = 10\gamma_d H(\beta_1 - \beta_2) \tag{4.70}$$

式中,m 为设计灌溉定额,mm;γ_d 为土壤干容重,g/cm³;H 为土壤湿润层深,cm;β_1、β_2 为以干土重百分率表示的适宜土壤含水量的上限和下限,%。

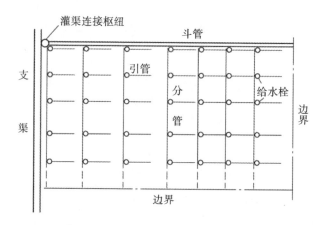

图 4.15 山区灌溉辐射典型树状网布置形式

（2）设计灌水周期：

$$T = \frac{m}{E_\mathrm{p}} \tag{4.71}$$

式中，T 为设计灌水周期，d；m 为设计灌溉定额，mm；E_p 为作物耗水强度，mm。

2.灌溉工作制度

灌溉工作制度是指管网输配水及田间灌水的运行方式和时间，是根据系统的引水流量、灌溉制度、畦田的形状及地块平整程度等因素制定的，有续灌和轮灌两种方式。

（1）续灌方式。灌水期间，整个管网系统的出水口同时出流的灌水方式称为续灌。在地形平坦且引水流量和系统容量足够大时，可采用续灌方式。

（2）轮灌方式。在灌水期间，灌溉系统内的管道同时通水，将输配水管分组，以轮灌组为单元轮流灌溉。系统轮灌组数目根据管网系统灌溉设计引水流量、每个出水口的设计出水量以及整个系统的出水口个数按下式计算：

$$N = \mathrm{INT}\left(\sum_{i=1}^{n} q_i / Q\right) \tag{4.72}$$

式中，N 为系统轮灌组数目；q_i 为第 i 个出水口设计流量，m³/h；n 为系统出水口总数；Q 为灌溉设计流量，m³/h。

3.管道设计流量

管道设计流量是确定管道过水断面和各种管件规格尺寸的依据。在比较小的灌区，通常根据主要作物需水高峰期的最大一次灌水量，按下式进行计算灌溉设计流量：

$$Q = \frac{mA}{Tt\eta} \tag{4.73}$$

式中，Q 为灌溉设计流量，$\mathrm{m^3/h}$；m 为设计的一次灌水定额，$\mathrm{m^3/}$亩；A 为灌溉设计面积，亩；T 为一次灌水的连续时间，d；t 为每天灌水时间，h；η 为灌溉水利用系数。

对于树状管网来说，当水泵流量 Q_0 大于灌溉设计流量 Q 时，应取 Q 为管道设计流量；当水泵流量 Q_0 小于灌溉设计流量 Q 时，应取 Q_0 为管道设计流量。

对于环状管网来说，管道设计流量取入管网总流量的一半，可最大限度地满足供水可靠性和流量均匀分配的要求。

4. 管径计算

合理确定管径可降低工程造价和施工难度，是管网设计中的一项重要内容。管灌系统的各级管径一般可根据田间灌水入沟、畦流量和管道适宜流速等因素来确定，计算公式为：

$$d = \sqrt{\frac{4Q}{\pi v}} = 1.13\sqrt{\frac{Q}{v}} \tag{4.74}$$

式中，d 为管道直径，m；Q 为管道内通过的设计入沟、畦流量，$\mathrm{m^3/s}$；v 为管道内水的适宜流速，$\mathrm{m/s}$，可参考以下数值：硬塑料管取 $0.6\sim1.5\ \mathrm{m/s}$，石棉水泥管取 $0.5\sim1.0\ \mathrm{m/s}$，混凝土管取 $0.5\sim1.0\ \mathrm{m/s}$，水泥砂浆管取 $0.4\sim0.8\ \mathrm{m/s}$，地面移动软管取 $0.4\sim0.8\ \mathrm{m/s}$，钢筋混凝土管取 $0.8\sim1.5\ \mathrm{m/s}$。

为了防止管道中产生水锤破坏管网，在技术上限制管道内最大流速在 $2.5\sim3.0\ \mathrm{m/s}$；为了避免在管道内沉积杂物，最小流速不得低于 $0.5\ \mathrm{m/s}$。

5. 管道水头损失计算

确定管道水头损失是设计管网的主要任务。管道的设计流量和经济管径确定，便可以计算水头损失。管道水头损失包括沿程水头损失和局部水头损失两部分。常用的计算公式如下。

（1）刚性管道沿程水头损失计算。这类管材主要指混凝土管、水泥砂浆管、水泥石屑管、水泥炉渣管、水泥砂土管和水泥土管等。刚性管道内表面比较粗糙，水流多呈紊流状态，沿程水头损失可用下式计算：

$$h_\mathrm{f} = fL\frac{Q^m}{d^b} \tag{4.75}$$

式中，h_f 为沿程水头损失，m；Q 为管道设计流量，$\mathrm{m^3/h}$；L 为管道长度，m；d 为管

道直径，m；f、m、b 为系数和指数（参见表 4.5）。

表 4.5　不同管材 f、m、b 值

管道种类		m	b	f	
				$Q/(\mathrm{m^3 \cdot s^{-1}} \mathrm{d/mm})$	$Q/(\mathrm{m^3 \cdot h^{-1}} \mathrm{d/mm})$
PVC 管		1.77	4.77	0.000915	0.948×10^5
铝管		1.74	4.74	0.0008	0.861×10^5
钢（铸铁）管		1.9	5.10	0.00179	6.25×10^5
钢筋混凝土管	糙率				
	$n=0.013$	2	5.33	0.00174	1.312×10^6
	$n=0.014$	2	5.33	0.00201	1.516×10^6
	$n=0.016$	2	5.33	0.00232	1.749×10^6
	$n=0.017$	2	5.33	0.00297	2.240×10^6

注：地埋塑料管的 f 值，宜取表列中塑料管 f 值的 1.05 倍。

（2）硬质塑料管水头损失计算。这种管道内壁光滑，粗糙度小，管内流速不宜大于 2 m/s，多呈紊流状态。沿程水头损失系数与管内壁粗糙度无关，可用舍维列夫公式［式（4.76）］计算：

$$h_{\mathrm{f}} = 0.000915 \frac{Q^{1.774} L}{d^{4.774}} \tag{4.76}$$

（3）移动软管沿程水头损失计算。地面移动软管多用高（密）密度聚乙烯、维纶塑料、尼龙和胶布等材料，在输水过程中由于内水压力不断变化，过水断面也在变化，再加上软管出现起伏、曲折，这些都增大了管道内壁的粗糙度。软管沿程水头损失计算介绍如下 3 个公式。

地面软管沿程水头损失计算可参考下式：

$$h_{\mathrm{f}} = 0.442 \times 10^{-3} \frac{Q^{1.093} L}{d^{5.246}} \tag{4.77}$$

地埋软管外包混凝土或灰土等材料时，可参考使用下式：

$$h_{\mathrm{f}} = 2.28 \times 10^{-3} \frac{Q^{1.805} L}{d^{4.453}} \tag{4.78}$$

对塑料软管，也可以考虑使用哈森-威廉姆斯公式（美国在管道输水灌溉工程中使用较多）：

$$h_{\mathrm{f}} = 1.13 \times 10^9 \frac{L}{d^{4.4874}} \left(\frac{Q}{C}\right)^{1.852} \tag{4.79}$$

式中，C 为沿程摩擦阻力系数，对于聚氯乙烯、聚丙烯、聚乙烯塑料管，C

取 150。

根据实测值分析,哈森-威廉姆斯公式计算值偏小 3%～10%,对地面软管,则偏小 20%。所以应用式(4.79)时,应将计算值适当加大 3%～20%。

(4)局部水头损失计算。在工程实践中,经常根据水流沿程水头损失和局部水头损失在总水头损失中的分配情形,将有压管道分为长管与短管两种。长管沿程水头损失起主要作用,局部水头损失和流速水头可以忽略不计;短管局部水头损失和流速水头与沿程水头损失相比不能忽略。习惯上,我们将局部水头损失和流速水头占沿程水头损失 5% 以下的管道称为长管;局部损失和流速水头损失占沿程水头损失 5% 以上的管道称为短管。

一般的低压管道工程常取局部水头损失为沿程水头损失的 5%～10%。预制混凝土管接头较多,可取较大值,塑料硬管可取较小值。

6.水泵扬程计算与水泵选择

(1)确定管网水力计算控制点。管网水力计算的控制点是指管网运行时所需最大扬程的出流点,即最不利灌水点。一般应选取离管网首端较远而地面高程较高的地点。在管网中这两个条件不可能同时具备时,应在符合以上条件的地点综合考虑,选出一个最不利灌水点为设计控制点。在轮灌方式中,不同轮灌组应选择各轮灌组的设计控制点。

(2)确定管网水力计算的线路。管网水力计算线路是自设计控制点到管网首端的一条管线。对于不同轮灌组,水力计算的线路长度和走向不同,应确定各轮灌组的水力计算线路,对于续灌方式则只需选择一条计算线路。

(3)各管段水头损失计算。

①给水栓工作水头。在采用移动软管的系统中,一般采用管径为 50～110 mm 的软管,长度一般不超过 100 m。

给水栓工作水头计算公式如下:

$$H_g = h_{yf} + h_g + \Delta h_{gy} + (0.2 \sim 0.3) \tag{4.80}$$

式中,H_g 为给水栓工作水头,m;h_{yf} 为移动软管沿程水头损失,m;h_g 为给水栓局部水头损失,m;Δh_{gy} 为移动软管出口与给水栓出口高差,m。

当出水口直接配水入渠时,式中 $h_{yf} = 0$,$\Delta h_{gy} = 0$。

②不同管段水头损失计算。根据不同管材、管长和管径,计算各管段沿程水头损失和局部水头损失。不同轮灌组各管段水头损失应分别计算。控制线路各管段水头损失可采用表 4.6 计算。

表 4.6　控制线路管段水头损失计算表

管段	长度/m	流量/(m³/h)	管径/mm	h_f/m	h_j/m	h_w/m
1-2						
2-3						
...						
$(n-1)$-n						
合计						

注：表中 h_f 为沿程水头损失；h_j 为局部水头损失；h_w 为总水头损失。

③控制线路各节点水头推算。输水干管线路中，各节点水压是根据各管段水头损失和节点地面高程按下式自下而上推算的。

$$H_0 = H_2 + \sum h_w - H_1 \qquad (4.81)$$

式中，H_0 为上游节点自由水头，m；H_2 为下游节点高程，m；$\sum h_w$ 为上、下游节点间总水头损失，m；H_1 为上游节点高程，m。

管网各节点及沿线不得出现负压，节点自由水头应满足支管配水要求，且不得大于管材的允许工作压力。管网入口节点的水压确定后，可根据净扬程计算水泵所需总扬程，以便选择适宜的机泵。

（4）管网入口设计压力计算。管网入口是指管网系统干管进口，管网入口设计可按下式计算。采用潜水泵或深井泵的井灌区，管网入口在机井出口处；使用离心泵时，管网入口在水泵出口处。

$$H_{in} = \sum h_f + \sum h_j + \Delta z + H_g \qquad (4.82)$$

式中，H_{in} 为管网入口设计压力，m；$\sum h_f$ 为计算管线沿程水头损失之和，m；$\sum h_j$ 为计算管线局部水头损失之和，m；Δz 为设计控制点与管网入口地面高程之差，m；逆坡取正值，顺坡取负值；H_g 为给水栓工作水头。

（5）水泵扬程计算。对于使用潜水泵和深井泵的井灌区，水泵扬程按下式计算：

$$H_p = H_{in} + H_m + h_p \qquad (4.83)$$

式中，H_p 为水泵扬程，m；H_{in} 为管网入口设计压力，m；H_m 为机井动水位与井台高差，m；h_p 为机井井台至动水位以下 3～5 m 的总水头损失，m。

若使用离心泵，则采用下式计算：

$$H_p = H_{in} + H_s + h_p \qquad (4.84)$$

式中，H_p 为吸水管路水头损失之和，m；H_s 为水泵吸程，m；其余符号意义同前。

(6)水泵选型。根据以上确定的水泵扬程和系统设计流量选取水泵,并校核水泵工况点,使水泵在高效区运行。若控制面积大且各轮灌组流量与扬程差别很大,可采用变频调节,几台水泵并联或串联,以节省运行费用。

低压管道输水灌溉系统中的水泵动力机的选择,应满足以下要求:①根据管道输水工程的流量和扬程正确选择和安装水泵,使其在高效性能区运行;②尽量选购机泵一体化或机泵已经组装配套的产品,并必须选购国家规定的节能产品;③在电力供应有保障的地区,尽量采用电动机;④用于管道输水的水泵主要是离心泵、潜水电泵、长轴井泵等;⑤井灌区管道输水一般使用配套的离心泵或潜水泵。

4.3.3　低压管道输水灌溉系统的施工

管道输水灌溉工程主要包括低压管灌、喷灌、滴灌等灌溉工程。它们均具有隐蔽工程较多、设备安装复杂等特点,因此,工程施工和设备安装应有严格的要求,以确保工程建成后能正常发挥效益。本节主要介绍低压管灌的管道工程与安装。

4.3.3.1　低压管道输水灌溉系统施工的基本要求

①低压管道输水灌溉工程施工必须严格按设计进行。修改设计应先征得设计部门同意,经协商取得一致意见后方可实施,必要时需经主管部门审批。②施工前应检查图纸、文件等是否齐全,并核对设计是否与灌区地形、水源、作物种植及首部枢纽位置等相符。③施工前应检查现场,制定必要的安全措施,严防发生各种事故。④施工前应严格按照工期要求制定计划,确保工程质量,并按期完成。⑤施工中应随时检查质量,发现不符合要求的应坚决返工,不留隐患。⑥施工中应注意防洪、排水、保护农田和林草植被,做好弃土处理。⑦在施工过程中应做好施工记录。

4.3.3.2　管道施工

低压管道输水灌溉系统的管道施工流程主要包括以下内容。

1.测量放样

放线从首部枢纽开始,定出建筑物主轴线、机房轮廓线及干、支管进水口位置,用经纬仪从干管出水口引出干管中心线后,再放支管中心线,打中心桩。主

干管直线段宜每隔 30 m 设一标桩;分水、转弯、变径处应加设标桩;地形起伏变化较大地段,宜根据地形条件适当增设标桩。根据开挖宽度,用白灰画出开挖线,并标明各建筑物设计标高及出水口位置。

2.管槽开挖

开挖时必须保证基坑边坡稳定,若不能进行下道工序,应预留 15～30 cm 土层不挖,待下一道工序开始前再挖至设计标高,及时排走坑内积水。

管槽断面形式依土质、管材规格、冻土层深度及施工安装方法而定。一般采用矩形断面,其宽度可由下式计算:

$$B \geqslant D + 0.5 \tag{4.85}$$

式中,B 为管槽宽度,m;D 为管材外径,m。

管道的埋深,应根据设计计算确定,一般情况下,埋深不应小于 70 cm。为了减少土方工程量,在满足要求的前提下,管槽宽度、深度应尽量取最小值。为了施工安装和回填,开挖时弃土应堆放在基槽一侧,并应距边线 0.3 m 以外。在开挖过程中,不允许超挖,要经常进行挖深控制测量。遇到软基土层时,应将其清除后换土并夯实。

当选用的管材为水泥预制管材时,为避免管道出现不均匀沉陷,需要沿槽底中轴线开挖一弧形沟槽,变线接触为面接触,以改善地基应力状况。槽的弧度要与管身吻合,其宽度依管径的不同而异。基槽和沟槽均应做到底部密实平直、无起伏。另外,还应在承插口连接处垂直沟轴线方向开挖一管口槽,其长宽和深度视管母口径大小而定。

一个合格的管槽应沟直底平,宽、深达到设计要求,严禁沟壁出现扭曲,沟底起伏产生“驼峰”,百米高差应控制在 3.0 cm 以内。

3.管道安装

低压管道输水系统所用管道主要有塑料管、钢管、铸铁管、钢筋混凝土管、铝合金管等。管道安装必须在管槽开挖和管床处理验收合格后进行。

(1)管道安装的一般要求。

①管道安装应检查管材、管件外观,检查管材的质量、规格、工作压力是否符合设计要求,是否具有材质检验合格证,管道是否有裂纹、扭折,接口是否有崩裂等损坏现象,禁止使用不合格的管道。

②管道安装宜按从首部到尾部、从低处到高处、先干管后支管的顺序安装;承插管材的插口在上游,承口在下游,依次施工。

③管道中心线应平直,管底与管基应紧密接触,不得用木、砖或其他垫块。

④安装带有法兰的阀门和管件时,法兰应保持同轴、平行,保证螺栓自由穿入,不得用强紧螺栓的方法消除歪斜。

⑤管道安装应随时进行质量检查,分期安装或因故中断应用堵头封堵,不得将杂物留在管内。

⑥管道穿越道路或其他建筑物时,应加套管或修涵洞加以保护。管道系统上的建筑物必须按设计要求施工,出地竖管的底部和顶部应采取加固措施。

(2)硬塑料管道的安装。常用的塑料管材有硬聚氯乙烯管、聚乙烯管和聚丙烯管,硬塑料管道连接形式主要有扩口承插式、胶接黏合式、热熔连接式等。

(3)软管连接。

①揣袖法。揣袖法就是顺水流方向将前一节软管插入后一节软管内,插入长度视输水压力的大小而定,以不漏水为宜。该法多用于质地较软的聚乙烯软管的连接,特点是连接方便,不需要专用接头或其他材料,但不能拖拉。连接时,接头处应避开地形起伏较大的地段和管路拐弯处。

②套管法。套管法一般用长 15～20 cm 的硬塑料管作为连接管,将两节软管套接在硬塑料管上,用活动管箍固定,也可用铁丝或绳子绑扎。该法的特点是接头连接方便,承压能力强,拖拉时不易脱开。

③快速接头法。软管的两端分别连接快速接头,用快速接头对接。该法连接速度快,接头密封压力大,使用寿命长,是目前地面移动软管灌溉系统应用最广泛的一种连接方法,但接头价格较高。

(4)水泥预制管的安装。水泥预制管道常作为固定管道,每节长 1.0～1.5 m,整个管道接头多,连接复杂,若接头漏水将影响整个系统的正常工作,所以管道接头连接便成为管道安装的关键工序。

(5)铸铁管的安装。铸铁管通常采用承插连接,其接头形式有刚性接头和柔性接头两种。安装前应首先检查管子有无裂纹、砂眼、结疤等缺陷,清除承口内部及插口外部的沥青及色边毛刺,检查承口和插口尺寸是否符合要求。安装时,应在插口上做插入深度的标记,以控制对口间隙在允许范围内。承插口的嵌缝材料为水泥类的接头称为刚性接头。

刚性接头的嵌缝材料主要为油麻、石棉水泥或膨胀水泥等。

使用橡胶圈作为止水的接头称为柔性接头,它能适应一定的位移和振动。胶圈一般由管材生产厂家配套供应。

4.附属设备的施工与安装

材质和管径均相同的管道,管件连接方法与管道连接方法相同;相同管径之间的连接一般不需要连接件,只是在分流、转弯、变径等情况下才使用管件。管径不同时由变径管来连接。材质不同的管道、管件连接需通过一段金属管来连接,接头方法与铸铁管连接方法相同。

(1)附属设备的安装。安装方法一般有螺纹连接、承插连接、法兰连接、管箍式连接、黏合连接等。其中,法兰连接、管箍连接、螺纹连接拆卸比较方便;承插连接、黏合连接拆卸比较困难或不能拆卸。在工程设计时,应根据附属设备维修、运行等情况来选择连接方法。公称直径小于 50 mm 的阀门、水表、安全阀、进(排)气阀等多选用法兰连接;给水栓则可根据其结构形式,选用承插连接或法兰连接等方法;对于压力测量装置以及直径小于 50 mm 的阀门、水表、安全阀、进(排)气阀等多选用螺纹连接。附属设备与不同材料管道连接时,通过一段钢法兰管或一段带丝头的钢管与之连接,并应根据管材采用不同的方法。与塑料管道连接时,可直接将法兰管或钢管与管道承插连接后,再与附属设备连接。与混凝土管及其他材料管道连接时,可先将法兰管或带丝头的钢管与管道连接后,再将附属设备连接上。

(2)出水口的安装。井灌区管灌工程所用的出水口直径一般均小于 110 mm,可直接将铸铁出水口与竖管承插,用 14 号铁丝把连接处捆扎牢固。在竖管周围用红砖砌成 40 cm×40 cm 的方墩,以保护出水口不松动。方墩的基础要夯实,防止产生不均匀沉陷。

河灌区管灌工程采用水泥预制管时,有可能使用较大的出水口。施工安装时,首先在出水竖管管口抹一层灰膏,并压紧上下栓体,周围用混凝土浇筑使其连成一整体,然后再套一截 0.2 m 高的混凝土预制管作为防护,最后填土至地表即可。

(3)分水闸的施工。用于砌筑分水闸的砂浆强度等级不低于 M10,砖砌缝砂浆要饱满,抹面厚度不小于 2 cm,闸门要启闭灵活,止水抗渗。

5.管道试压

低压管道灌溉工程在施工安装期间应分段进行水压试验。施工安装结束后应对整个管网进行水压试验。水压试验的目的是检查管道安装的密封性是否符合规定,同时也对管材的耐压性能和抗渗性能进行全面复查。水压试验中发现的问题必须进行妥善处理,否则必将成为隐患。

水压试验是将待试管端上的排气阀和末端出水口处的闸阀打开,然后向管道内徐徐充水,当管道全部充满水后,关闭排气阀及出水阀,使其封闭,再用水泵等加压设备使管道水压逐渐增至规定数值,并保持一定时间。如管道没有渗漏和变形,即为合格。

水压试验必须按以下规定进行。①选用 0.35 级或 0.4 级的标准压力表,加压设备应能缓慢调节压力。②水压试验前应检查整个管网的设备状况,阀门启闭应灵活,开度应符合要求,进、排气装置应畅通。③检查管道填土定位是否符合要求,管道应固定,接头处应显露并能观察清楚渗水情况。④冲洗管道应由上至下逐级进行,支、毛管应按轮灌组冲洗,直至排水清澈。⑤冲洗后应使管道保持注满水的状态,金属管道和塑料管必须经 24 h、水泥制品管必须经 48 h 后方可进行耐水压试验,否则会因为空气析出影响试验结果,甚至影响管道的机械性能。⑥试验管段长度不宜大于 1000 m,试验压力不应低于系统设计压力的 1.25 倍,如管道系统按压力分区设计,则水压试验也应分区进行,试验压力不应小于各分区设计压力的 1.25 倍。压力操作必须边看压力表读数,边缓慢进行,压力接近试验压力时更应避免压力波动。水压试验时,保压时间应不小于 1 h,沿管路逐一进行检查,重点查看接头处是否有渗漏,然后对各渗漏处做好标记,根据具体情况分别进行修补处理。

试水不合格的管段应及时修复,修复后可重新试水,直至合格。

6. 管沟回填

管道系统安装完毕,经水压试验符合设计要求后,方可进行管沟回填。管沟回填应严格按设计要求和施工程序进行。回填的方法一般有水浸密实法和分层夯实法等。

水浸密实法,是采用向沟槽充水、浸密回填土的方法。当回填土料至管沟深度的一半时,可用横埂将沟槽分段(10~20 m),逐段充水。第一次充水 1~2 天后,可进行第二次回填、充水,使回填土密实度达到设计要求。

分层夯实法,是向管沟分层回填土料,分层夯实,分层厚度不宜大于 30 cm。一般分两步回填,第一步回填管身和管顶以上 15 cm,第二步分层回填其余部分,考虑到回填后的沉陷,回填土应略高于地面。回填土的密实度不能小于最大密实度的 90%。

管沟回填前应清除石块、杂物,排净积水。回填必须在管道两侧同时进行,严禁单侧回填。所填土料含水量要适中,管壁周围不得含有 $d>2.5$ cm 的砖瓦碎片、石块及 $d>5$ cm 的干硬土块。塑料管道沟槽回填前，应先使管道充水承受一定的内水压力，以防管材变形过大。

回填应在地面和地下温度接近时进行，例如夏季，宜在早晨或傍晚回填，以防填土前后管道温差过大，对连接处产生不利影响。水泥预制管的土料回填应该先从管口槽开始，采用夯实法或水浸密实法，分层回填到略高出地表为止。对管道系统的关键部位，如镇墩、竖管周围及冲沙池周围等的回填应分层夯实，严格控制施工质量。

4.3.3.3 管网首部枢纽施工安装

低压管道输水灌溉首部枢纽主要包括水泵、动力机、阀门、逆止阀、压力表、水表、安全保护装置等设备。泵房建成经验收合格后，即可在泵房内进行枢纽部分的组装，其组装顺序为：水泵→动力机→压力表→真空泵→逆止阀→水表→主阀门→接管网。枢纽部分连接一般为金属件，多采用法兰或螺纹连接，各管件与管道的连接，应保持同轴、平行、螺栓自由穿入。用法兰连接时，须安装止水胶垫。首部枢纽的各项设备应沿水泵出水管中心线安装，管道中心线距离地面高以 0.5 m 左右为宜。

为防止机泵工作时产生振动，井灌区水泵与干管间可采用软质胶管连接。河灌区机泵与干管间的连接及各种控制件、安全件的安装可参照图 4.16 进行。在管网首部及管道的各转弯、分叉处，均应砌筑镇墩，防止管道工作时产生位移。

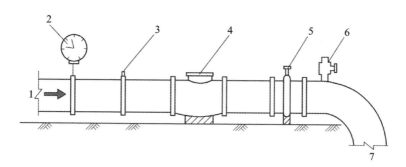

图 4.16 安装示意图

1—接水泵出水管；2—压力表；3—真空泵接口；4—逆止阀；5—闸阀；
6—排气阀；7—接低压管网

4.4　渠道衬砌防渗工程技术

4.4.1　渠道衬砌防渗类型及其选择

4.4.1.1　渠道衬砌防渗类型

渠道衬砌防渗按材料的不同,一般分为土料防渗、砌石防渗、混凝土衬砌防渗、沥青材料防渗及膜料防渗等类型。

1. 土料防渗

土料防渗包括土料夯实防渗、黏土护面防渗、三合土护面防渗等。

(1)土料夯实防渗。土料夯实防渗是用机械碾压或人工夯实的方法增加渠底和内坡土壤密度,减弱渠床表面土壤透水性。它具有造价低、适应面广、施工简便和防渗效果良好等优点,主要适用于黏性土渠道。据试验分析,经过夯实的渠道,渗漏损失一般可减少 1/3～2/3。土料压实层越厚,压得越密实,防渗效果越显著。

(2)黏土护面防渗。黏土护面防渗是在渠床表面铺设一层黏土,以减小土壤透水性的防渗措施。它适用于渗透性较大的渠道,具有就地取材、施工方便、投资小、防渗效果较好等优点。据试验研究,护面厚度为 5～10 cm,可减小渗漏水量 70%～80%;护面厚度为 10～15 cm,可减少渗漏水量 90% 以上。黏土护面防渗的主要缺点是抗冲刷能力差,渠道平均流速不能大于 0.7 m/s;护面土易生杂草;渠道断水时易干裂。

(3)三合土护面防渗。三合土护面是用石灰、砂、黏土经均匀拌和后,夯实成渠道的防渗护面。我国南方各省较多采用这种方法。实践证明,三合土护面的防渗效果较好,有一定的抗冲刷能力,并能降低糙率,减少杂草生长,增加渠道输水能力,而且能就地取材,造价较低。三合土护面的渠道可减少渗漏损失 85% 左右。但由于其抗冻能力差,在严重冰冻地区不宜采用。

2. 砌石防渗

砌石防渗具有就地取材、施工简便、抗冲刷、耐久性好等优点。石料有块石、条石、卵石、石板等。砌筑方法有干砌和浆砌两种。砌石防渗适用于石料来源丰富,有抗冻、抗冲刷要求的渠道。这种防渗措施效果好,一般可减少渗漏量

70%～80%,使用年限在 20～40 年。

3. 混凝土衬砌防渗

混凝土衬砌渠道是目前广泛采用的一种渠道防渗措施,它的优点是防渗效果好,耐久性好、强度高,可提高渠道输水能力,减小渠道断面尺寸,适应性广、管理方便。混凝土衬砌一般可减少渗漏损失量 85%～95%,使用年限在 30～50 年。混凝土衬砌方法有现场浇筑和预制装配两种。现场浇筑的优点是衬砌接缝少,与渠床结合好;预制装配的优点是受气候条件影响小,混凝土质量容易保证,衬砌速度快,能减少施工与渠道引水的矛盾。

混凝土衬砌渠道的断面形式常为梯形或矩形,其优点是便于施工。近年来,混凝土 U 形渠道以其水力条件好、经济合理、防渗效果好等优点,得到了较快发展。U 形渠道衬砌可采用专门的衬砌机械施工,施工速度快且省工、省料。

4. 沥青材料防渗

沥青防渗材料主要有沥青玻璃布油毡、沥青砂浆、沥青混凝土等。沥青材料防渗具有效果好、耐久性好、投资少、造价低、对地基变形适应性好、施工简便等优点,可减少渗漏量 90%～95%,使用年限在 10～25 年。

(1)沥青玻璃布油毡防渗。沥青玻璃布油毡衬砌前应先修筑好渠床,后铺砌油毡。铺砌时,由渠道一边沿水流方向展开拉直,油毡之间搭接宽度为 5 cm,并用热沥青玛琋脂黏结。为了保证黏结质量,可用木板条均匀压平粘牢,最后覆盖土料保护层。

(2)沥青砂浆防渗。沥青与砂按 1∶4 的配合比配料拌匀后加温至 160～180 ℃,在渠道现场摊铺,压平,厚度为 2 cm,上盖保护层。还可与混凝土护面结合,铺设在混凝土块下面,以提高混凝土的防渗效果。

(3)沥青混凝土防渗。它是把沥青、碎石(或砾石)、砂、矿粉等经加热、拌和,铺在渠床上,压实压平形成的防渗层。沥青混凝土具有较好的稳定性、耐久性和良好的防渗效果。中、小型渠道的护面厚度一般为 4～6 cm,大型渠道的护面厚度为 10～15 cm。一般渠道防渗用沥青混凝土常用的沥青含量为 6%～9%,骨料配比范围大致是:石料 35%～50%,砂 30%～45%,矿粉 10%～15%。

5. 膜料防渗

膜料防渗就是用不透水的土工织物(即土工膜)来减小或防止渠道渗漏损失的技术措施。膜料按防渗材料可分为塑料类、合成橡胶类和沥青及环氧树脂类等。膜料防渗具有防渗性能好、适应变形能力强、材质轻、运输方便、施工简单、耐腐蚀、造价低等优点。膜料防渗一般可减少渠道渗漏损失 90%～95%。

塑料薄膜防渗是膜料防渗中采用较为广泛的一种,目前通用的塑料薄膜为聚氯乙烯和聚乙烯,防渗有效期为 15～25 年。一般都采用埋铺式,保护层可用素土夯实或加铺防冲材料,总厚度应不小于 30 cm。薄膜接缝用焊接、搭接及化学溶剂(如树脂等)胶结,在薄膜品种不同时只能用搭接方法,搭接长度 5 cm 左右。

此外,还有其他的防渗措施:在砂土或砂壤土中掺入水泥,铺筑成水泥土衬砌层;也有在渠水中拌入细粒黏土,淤填砂质土渠床的土壤孔隙,减少渠床渗漏的人工挂淤防渗;在渠床土壤中掺入食盐、水玻璃以及大量有机质的胶体溶液,减少土壤渗透能力的化学防渗方法等。渠道防渗工程规划设计时,各种防渗材料的防渗衬砌结构的允许最大渗漏量、适用条件、使用年限、渠道防渗结构的厚度等可以参考《渠道防渗衬砌工程技术标准》(GB/T 50600—2020)的规定。

4.4.1.2　渠道衬砌防渗类型的选择

选择渠道衬砌防渗类型时,主要考虑以下要求。

(1)防渗效果好,减少渗漏量。在水费很高的地区,或渗漏水有可能引起渠基失稳、影响渠道运行时,应提高防渗标准,建议采用下部铺膜料,上部用混凝土板作为保护层的防渗措施。

(2)就地取材,造价低廉。应本着因地制宜、就地取材,尽量节省工程费用的原则选用防渗措施。砂、石料丰富的地区,可采用混凝土或砌石防渗措施。

(3)能提高渠道输水能力和防冲能力。不同材料的防渗渠道的糙率是不同的,流速差异也很大。所以,选用的防渗措施应有利于提高渠道的输水能力和保持渠床稳定。

(4)防渗时间长、耐久性能好。防渗工程的使用年限,对工程的经济效果影响很大,所以选择防渗方式时,应特别予以考虑。

(5)施工简易,便于管理,养护维修费用要低。

(6)渠道防渗应具有一定的经济效益,选择防渗措施应进行多方案比较,择优选用。渠道防渗的经济效益,主要是节省灌溉水量和扩大灌溉面积。

4.4.2　土料防渗

4.4.2.1　土料防渗的特点

土料防渗一般是指以黏性土、黏砂混合土、灰土(石灰和土料)、三合土(石

灰、黏土、砂)和四合土(三合土中加入适量的卵石或碎石)等为材料的防渗措施。土料防渗是我国沿用已久的、实践经验丰富的防渗措施。

1. 土料防渗的优点

土料防渗的优点:①具有较好的防渗效果,一般可减少渗漏量的60%～90%,渗漏量为0.07～0.17 $m^3/(m^2 \cdot d)$;②能就地取材,黏性土料源丰富,可就地取材,如灌区附近有石灰、砂、石料时,可采用灰土、三合土等材料;③技术较简单,易掌握;④造价低,投资少;⑤可充分利用现有的工具和碾压机械设备施工。

2. 土料防渗的缺点

土料防渗的缺点:①允许流速较低,除黏土、黏砂混合土、灰土、三合土和四合土的允许流速较高,为0.75～1.0 m/s外,一般土壤允许流速为0.7 m/s左右,因此,土料防渗仅用于流速较低的渠道;②抗冻性能差,土料防渗层往往因冻融的反复作用,防渗层疏松、剥蚀,仅适用于气候温暖的无冻害地区。土料防渗尽管存在上述缺点,但由于其工程投资低,便于施工,目前仍是我国中、小型渠道的一种较简便易行的防渗措施。

4.4.2.2 土料防渗的技术要求

土料防渗的技术要求:①土料防渗的效果与防渗层的密实性有关,因此,施工中土料防渗层的干密度不应小于设计干密度;②土料防渗的渗透系数不应大于$1×10^{-6}$ cm/s;③土料防渗的允许不冲流速与土料种类有关,应根据工程实际需要选用防渗土料,以满足渠道的防冲要求;④土料防渗设计,应尽量在提高防渗效果及防渗层的耐久性方面采取措施。

4.4.2.3 土料防渗工程设计

土料防渗工程设计的主要内容包括防渗原材料的选用、混合土料配合比设计和土料防渗结构层厚度的确定等。

1. 土料防渗原材料的选用

(1)土料。

选用的土料一般为高、中、低液限的黏质土和黄土。无论选用何种土料,都必须清除含有机质多的表层土和草皮、树根等杂物。

为了提高土料防渗层的防渗能力,选用土料时一般要进行颗粒分析,进行塑性指数、最大干密度、最优含水率、渗透系数的测定等,必要时还要测定有机质和硫酸盐的含量。一般土料中黏粒(粒径 $d<0.005$ mm)含量应大于 20%;素土和黏砂混合土防渗层,土料的塑性指数应大于 10,土料中有机质的含量应小于 3%,灰土、三合土防渗层有机质含量应控制在 1% 以内。渠道防渗工程采用的土料,应符合规范的规定。

(2)石灰。

石灰应采用煅烧适度、色白质纯的新鲜石灰或贝灰。其质量应符合Ⅱ级生石灰的标准,即石灰中的氧化钙和氧化镁的总含量(按干重计)不应小于 75%。贝灰中氧化钙含量不应小于 45%。试验表明,煅烧的石灰露天堆放半个月,活性氧化物可降低 30%;堆放一个月活性氧化物可减少 40%。所以,施工全过程(包括水化、拌和、闷料、铺料和夯实过程)最好不要超过半个月,而且要选用新鲜石灰,妥当堆放,最好随到随用。

(3)砂石和掺和料。

砂石宜采用天然级配的天然砂或人工砂。天然砂的细度模数(表征天然砂粒径的粗细程度的指标,细度模数越大,表示砂粒越粗)宜为 2.2～3.0,人工砂的细度模数宜为 2.4～2.8,人工砂饱和面干含水率不宜超过 6%。砂在灰土中主要起骨架作用,可以降低其孔隙率,减少灰土的干缩。另外,长期作用时,砂的表面可以与石灰中的活性氧化钙发生一定的水化反应,提高灰土的强度。在缺乏中、粗砂地区,渠道流速小于 3m/s 时,可采用细砂或特细砂。极细砂因颗粒小,比表面积大,掺和后会相对降低土的胶凝作用和胶结能力,所以一般不宜采用。

三合土、四合土或黏砂混合土中掺入适量的卵石或碎石,对防渗层可起骨架作用,并减少土的干缩,增强其抗拉及防冻能力。但所掺卵石和碎石的粒径不宜过大,一般为 10～20 mm。

为提高灰土的早期强度和防渗层在水中的稳定性,可在灰土中加入硅酸盐水泥、粉煤灰等工业废渣,同时满足施工期短、用水紧迫、渠道提前通水的要求。

2.混合土料配合比设计

混合土料配合比通常是根据选定的黏土、砂石料、石灰的颗粒级配,通过试验确定在不同配合比下各种土料的最大干密度和最优含水率,并对其进行强度、渗透、注水等实验,选用密实、稳定、强度最高、渗透系数最小的配合比作为最优设计配合比。小型工程或无条件试验时,土料配合比可按经验选值。

(1)最优含水率的确定。

土料防渗中的水分含量是控制防渗层密实度的主要指标。若含水量太小，土粒间的黏聚力和摩阻力大，很难压实；若含水量太大，夯实时易形成橡皮土，也很难达到理想的密实度。因此，只有含水量合适（即最优含水率）时，土料才能在较小的压实功能下获得较大的密实度。

一般地说，细颗粒占总颗粒比例越大，最优含水率越大；在灰土和三合土中，石灰含量大的比含量小的最优含水率大。黏性土和黏砂混合土的最优含水率可参照表 4.7 选用。灰土的最优含水率可采用 20%～30%，三合土、四合土的最优含水率可采用 15%～20%。

表 4.7　黏性土、黏砂混合土的最优含水率

土质	最优含水率/(%)
低液限黏质土	12～15
中液限黏质土	15～25
高液限黏质土	23～28
黄土	15～19

注：土质轻的宜选用小值，土质重的宜选用大值。

(2)配合比的确定。

①黏砂混合土的配合比。当采用高液限黏质土作黏砂混合土防渗时，黏质土与砂的重量比宜为 1∶1。

②灰土的配合比。灰土的强度、透水性主要与灰土中的石灰量有关。同一条件下，灰土比大，强度高，渗透系数小，抗冲刷能力强，抗冻性较高。设计灰土配合比时，应选用渗透系数较小、强度较高、抗冲刷能力较强的配合比。灰土的配合比还应视石灰的质量、土的性质及工程要求的不同而定。一般可采用石灰、土的质量比为 1∶9～1∶3。使用时，石灰用量还应根据石灰储存期的长短适量增减，其变动范围宜控制在 10%以内。

③三合土的配合比。三合土的配合比宜采用石灰、土砂的质量比为 1∶9～1∶4。其中，土重宜为土砂总重的 30%～60%；高液限黏质土，土重不宜超过土砂总重的 50%。因为纯黏土的含量过高，会加大灰土的干缩变形值。根据湖南韶山灌区的经验，一般纯黏土与纯砂的比例以 4.5∶5.5 为宜。

④四合土的配合比。四合土的配合比设计一般是在三合土配合比的基础上，再掺加 25%～35%的卵石或碎石而成。

3. 土料防渗结构层厚度的确定

土料防渗结构层的厚度对防渗效果影响很大,应根据防渗要求,通过试验确定。确定防渗层厚度时,还应考虑施工条件、气候条件和耐久性的要求,从投资、效益、施工、管理等方面比较,并参考本地区经验,选取合理的防渗层厚度。

中、小型渠道或无条件试验的渠道,土料防渗结构层的厚度可参照表 4.8 选用。

表 4.8　土料防渗结构层的厚度(单位:cm)

土料种类	渠底	渠坡	侧墙
高液限黏质土	20～40	20～40	—
中液限黏质土	30～40	30～60	—
灰土	10～20	10～20	—
三合土	10～20	10～20	20～30
四合土	15～20	15～25	20～40

4.4.2.4　土料防渗结构工程施工

1. 施工准备

土料防渗结构工程施工前应做好以下准备工作。①施工前应根据设计所选定的材料和工艺,合理安排运输路线,做好取土场、堆料场、拌和场的规划和劳动力的组织安排,并准备好模具、模板和施工工具。②根据工程量和进度计划做好材料的进场和储备工作,并及时抽样检测。土料的原材料应进行粉碎加工。加工后,黏性土的粒径不应大于 2.0 cm,石灰的粒径不应大于 0.5 cm。③做好渠道基础的填、挖及断面修整工作,达到设计要求的标准。

2. 配料

施工时,应按设计要求严格控制配合比,同时测定土料含水率与填筑干密度,其称量误差:土、砂、石为 3%～5%,石灰不得超过 3%,拌和水须扣除原材料的含水量,其称量误差不得超过 2%。

3. 拌和

混合土料可采用机械拌和或人工拌和,一般按下述要求进行。①黏砂混合土宜将砂石洒水润湿后,与粉碎过筛的土拌和,再加水拌和均匀。②灰土应先将石灰消解过筛,加水稀释成石灰浆,洒在粉碎过筛的土上,拌和至色泽均匀,并闷

料 1～3 d。如其中有见水崩解的土料,可先将土在水中崩解,然后加入消解的石灰拌和均匀。③三合土和四合土宜先拌石灰和土,然后加入砂、石料干拌,最后洒水拌至均匀,并闷料 1～3 d。④贝灰混合土宜干拌后过筛,孔径为 10～12 mm,然后洒水拌至均匀,闷料 24 h。

混合土料都应充分拌和,闷料熟化。人工拌和要"三干三湿",机械拌和要洒水匀细,加水量要严格控制在最优含水率的范围内,使拌和后的混合料能"手捏成团,落地即散"。

4. 铺筑

(1)铺筑前,要求处理渠道基面,清除淤泥,削坡平整。为加强渠基土与防渗结构层之间的结合,可用锄头等工具在基土表面打出点状陷窝。

(2)铺筑时,灰土、三合土、四合土宜按先渠坡后渠底的顺序施工;黏性土、黏砂混合土则宜按先渠底后渠坡的顺序施工。各种土料防渗层都应从上游向下游铺筑。

(3)当防渗结构厚度大于 15 cm 时,应分层铺筑。人工夯实时,虚土每层铺料厚度不应大于 20 cm;机械夯实时,虚土每层铺料厚度不宜大于 30 cm。为了加强层面间的结合,层面间应刨毛洒水。

(4)夯实时,应边铺料边夯实,不得漏夯。夯压后土料的干密度应达到设计值。一般黏土、灰土应达到 1.45～1.55 g/cm³,三合土和黏砂混合土应达到 1.55～1.70 g/cm³。土料防渗结构夯实后,厚度应略大于设计厚度,并修整成设计的过水渠道断面。

(5)如遇黏土料过湿,应先摊铺上渠,待土料稍干后再进行夯压。灰土、三合土夯压时要反复拍打,直到不再出现裂纹、拍打出浆、指甲刻画无印为止。为增强土料的防渗、防冲及抗冻能力,可以在土料防渗层表面用 1∶5～1∶4 的水泥砂浆、1∶3∶8 的水泥石灰砂浆或 1∶1 的贝灰砂浆抹面,抹面厚度一般为 0.5～1.0 cm。

5. 养护

土料防渗结构铺筑完成后,应加强养护工作。新施工的灰土、三合土应用草席和稻草等覆盖养护,并注意防风、防晒、防冻,以免裂缝或脱壳,影响质量。一般灰土、三合土阴干后,在表面涂上一层 1∶15～1∶10 的青矾水以提高防水性、表面强度和耐久性。经试验,灰土防渗渠道一般养护 21～28 d 即可通水。

4.4.3 砖石与混凝土衬砌防渗

4.4.3.1 砖石与混凝土防渗特点及技术要求

1. 砖砌防渗

砖砌防渗是一种因地制宜、就地取材的防渗衬砌措施,其优点是造价低廉,取材方便,施工技术简单,防渗效果较好。防渗用砖有普通的黏土砖及特制的陶砖和釉砖。普通的黏土砖抗冻性较差,护面易受冰冻剥蚀;特制的陶砖和釉砖的抗渗性好、糙率小、强度大。衬砌厚度视边坡设计要求而定,一般为单砖平砌或单砖立砌,砖的标号不低于 MU10,砌筑砂浆标号为 M5。大型渠道可采用双层砖衬砌,在双层砖之间夹一层 2～2.5 cm 厚的标号为 M7.5～M10 的水泥砂浆,底层另铺一层 1 cm 厚的 M2.5 砂浆垫层。

2. 砌石防渗

砌石的防渗效果比混凝土、塑膜、油毡、水泥土差。这主要是砌石缝隙较多,砌筑、勾缝等施工质量不易保证造成的。砌石主要依靠高质量的施工才能保证其防渗效果。一般情况下,浆砌块石防渗好于干砌块石,条石好于块石,块石好于卵石。干砌石防渗在其竣工后未被水中泥沙淤填以前,如果砌筑质量不好,不仅防渗能力很差,而且水流的作用会使局部石料松动而引起整体砌石层发生崩塌,甚至溃散。因此,砌石防渗必须保证施工质量,且渗透系数不大于 1×10^{-6} cm/s。

大、中型砌石防渗渠道,宜采用水泥砂浆、水泥石灰混合砂浆或细粒混凝土砌筑,用水泥砂浆勾缝。砌筑砂浆的抗压强度一般为 5.0～7.5 MPa,勾缝砂浆的抗压强度一般为 10～15 MPa。有抗冻要求的工程应采用较高强度的砂浆。小型浆砌石防渗渠道可采用水泥黏土、石灰黏土混合砂浆,甚至黏土砂浆砌筑,但勾缝必须采用较高强度的水泥砂浆。

3. 混凝土衬砌防渗

混凝土衬砌防渗是目前广泛采用的一种渠道防渗措施,它的优点是防渗效果好、耐久性好、强度高、输水阻力小,管理方便。一般可减少渗漏损失 85%～95%,使用年限为 30～50 年,糙率为 0.014～0.017,允许不冲流速为 3～5m/s。其缺点是混凝土衬砌板适应变形能力差,在缺乏砂、石料的地区造价较高。

混凝土防渗结构,应采用最大粒径不大于混凝土板厚度的 1/3～1/2(钢筋混凝土应采用不大于钢筋净间距的 2/3、板厚的 1/4,抗压强度为混凝土强度1.5 倍的石料。温暖地区中、小型渠道的混凝土防渗结构,当没有合格石料时,允许采用抗压强度大于 10 MPa 的石料拌制抗压强度为 7.5~10 MPa 的混凝土。

混凝土衬砌防渗常采用板形、槽形等结构形式,如图 4.17 和图 4.18 所示。防渗层一般采用等厚板,当渠基有较大膨胀、沉陷等变形时,除采取必要的地基处理措施外,大、中型渠道宜采用楔形板、中部加厚板、Π形板、肋梁板,小型渠道应采用整体式 U 形或矩形板,槽长不宜小于 1.0 m。矩形板适用于无冻胀地区的渠道;楔形板和肋形板适用于有冻胀地区的渠道;槽形板用于小型渠道的预制安装。

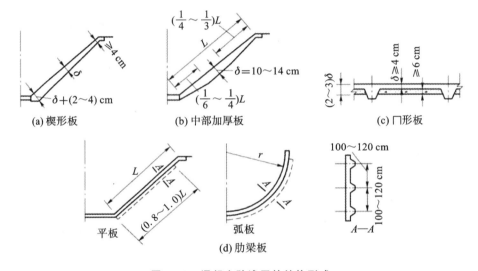

图 4.17　混凝土防渗层的结构形式

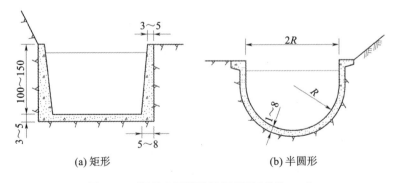

图 4.18　混凝土渠槽防渗示意图(单位:cm)

混凝土衬砌方法有现场浇筑和预制装配两种。现场浇筑的优点是衬砌接缝少,与渠床结合好,造价较低;预制装配的优点是受气候条件影响小,混凝土质量容易保证,并能减少施工与行水的矛盾。一般预制板构件装配的造价比现场浇筑约高 10%。

混凝土衬砌层的厚度与施工方法、气候、混凝土标号等因素有关。混凝土标号一般采用 C7.5～C15。现场浇筑的衬砌层比预制安装的厚度稍大,有冻胀破坏地区的衬砌层厚度比无冻胀破坏地区的衬砌层要厚一些。预制混凝土板的厚度一般为 5～10 cm,无冻胀破坏地区可采用 4～8 cm。预制混凝土板的大小以容易搬动、施工方便为宜,最小为 50 cm×50 cm,最大为 100 cm×100 cm。

刚性材料渠道防渗结构应设置伸缩缝。伸缩缝的间距应依据渠基情况、防渗材料和施工方式按表 4.9 选用;伸缩缝的宽度应根据缝的间距、气温变化幅度、填料性能和施工要求等因素,采用 2～3 cm。伸缩缝宜采用黏结力强,变形性能强,耐老化,在当地最高气温下不流淌、最低气温下仍具柔性的弹塑性止水材料,如焦油塑料胶泥填筑,或缝下部填焦油塑料胶泥、缝上部用沥青砂浆封盖,还可用制品型焦油塑料胶泥填筑。有特殊要求的伸缩缝宜采用高分子止水带或止水管等。

表 4.9 防渗渠道的伸缩缝间距(单位:m)

防渗结构	防渗材料和施工方式	纵缝间距	横缝间距
土料	灰土,现场填筑	4～5	3～5
	三合土或四合土,现场填筑	6～8	4～6
水泥土	塑性水泥土,现场填筑	3～4	2～4
	干硬性水泥土,现场填筑	3～5	3～5
砌石	浆砌石	只设置沉降缝	
沥青混凝土	沥青混凝土,现场浇筑	6～8	4～6
混凝土	钢筋混凝土,现场浇筑	4～8	4～8
	混凝土,现场浇筑	3～5	3～5
	混凝土,预制铺砌	4～8	6～8

注:(1)膜料防渗不同材料保护层的伸缩缝间距同本表;(2)当渠道为软基或地基承载力明显变化时,浆砌石防渗结构宜设置沉降缝。

水泥土、混凝土预制板(槽)和浆砌石,应用水泥砂浆或水泥混合砂浆砌筑,水泥砂浆勾缝。混凝土 U 形板也可用高分子止水管及其专用胶安砌,无须勾缝。浆砌石还可用细粒混凝土砌筑。细粒混凝土强度等级不低于 C15,最大粒径不大于 10 mm。沥青混凝土预制板宜采用沥青砂浆或沥青胶(也称沥青玛琋脂)砌筑。砌筑缝宜采用梯形或矩形缝,缝宽 1.5～2.5 cm。

U形渠槽由于具有水力条件好、省工省料、占地少、整体性好、便于管理、防渗效果好等优点，目前在我国广泛应用。U形渠槽可埋设于土基中，也可置于地面上。除了U形渠槽，还可采用架空式渠槽。衬砌施工可采用预制法或现浇法，若采用专门的衬砌机械施工，会加快施工速度。

4.4.3.2 砌石与混凝土材料性能要求

1.砌石防渗对石料的质量要求

砌石要求质地坚硬、没有裂纹、表面洁净。料石应外形方正，六面平整，表面凸凹不大于10 mm，厚度不小于20 mm。块石应上、下面大致平整，无尖角薄边，块重不小于20 kg，厚度不小于20 cm。选用卵石时，矩形外形最好，其后依次为椭圆形、锥形、扁平形。球形的卵石，因运输不便、不易砌紧，且易受水流冲动，故不宜选用。卵石的长径大小与防渗层厚度及料源情况有关，一般长径应大于20 cm。石板应选用矩形的，表面平整且厚度不小于3 cm。

砌石胶结材料常用水泥砂浆或石灰砂浆，所用的水泥、石灰、砂料等均应符合各自的质量要求。

2.混凝土材料性能要求

在渠床土质较密实、地下水位较低的情况下，渠道大都采用素混凝土衬砌。只有在地质条件较差时，才采用钢筋混凝土衬砌。

大、中型渠道防渗工程，混凝土的配合比应按《水工混凝土试验规程》(DL/T 5150—2017)进行试验确定。小型渠道混凝土的配合比，可参照当地类似工程的经验选用。选择混凝土的配合比时，应根据工程环境条件，分别满足强度、抗渗、抗冻、抗裂(抗拉)、抗冲耐磨、抗风化、抗侵蚀等设计要求以及施工和易性的要求，并采取措施合理降低水泥用量。

混凝土的性能指标不应低于表4.10中的数值。严寒和寒冷地区的冬季过水渠道，抗冻等级应比表内数值提高一级。渠道流速大于3 m/s，或水流中携带较多推移质泥沙时，混凝土的抗压强度不应低于15 MPa。

表4.10 混凝土性能指标的允许最小值

工程规模	渠道设计流量/(m³/s)	混凝土性能	严寒地区	寒冷地区	温和地区
小型	<2	强度(C)	10	10	10
		抗冻(F)	50	50	—
		抗渗(W)	4	4	4

工程规模	渠道设计流量/(m³/s)	混凝土性能	严寒地区	寒冷地区	温和地区
中型	2～20	强度(C)	15	15	10
		抗冻(F)	100	50	50
		抗渗(W)	6	6	6
大型	＞20	强度(C)	20	15	10
		抗冻(F)	200	150	50
		抗渗(W)	6	6	6

注:(1)强度等级(C)的单位为 MPa;(2)抗冻等级(F)的单位为冻融循环次数;(3)抗渗等级(W)的单位为 0.1 MPa;(4)严寒地区为最冷月平均气温低于－10 ℃;寒冷地区为最冷月平均气温高于或等于－10 ℃但低于或等于－3 ℃;温和地区为最冷月平均气温高于－3 ℃。

4.4.3.3　砌石与混凝土防渗设计

1.砌石防渗层的厚度及结构设计

浆砌块石(片石)护面有护坡式渠道断面和挡土墙式渠道断面两种,如图 4.19所示。前者工程量小,投资少,应用较普遍;后者多用于容易滑塌的傍山渠段和石料比较丰富的地区,具有耐久、稳定和不易受冰冻影响等优点。

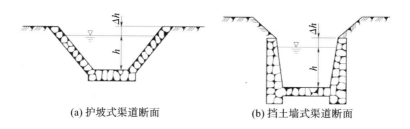

(a)护坡式渠道断面　　　(b)挡土墙式渠道断面

图 4.19　浆砌块石(片石)渠道护面

护面防渗结构的厚度:浆砌料石采用 15～25 cm;浆砌块石宜采用 20～30 cm;浆砌石板的厚度不宜小于 3 cm(寒区浆砌石板厚度不宜小于 4 cm)。浆砌卵石、干砌卵石挂淤护面式防渗结构的厚度,应根据使用要求和当地料源情况确定,可采用 15～30 cm。挡土墙式防渗结构一般为浆砌料石、浆砌块石,其厚度应根据使用要求确定。例如,山西省汾河一坝灌区东、西干渠浆砌石挡土墙式防渗渠道,边坡系数为 0.3～0.5,顶宽 20～30 cm,边墙高 1.5～1.7 m,底宽0.6～0.7 m。

砌石防渗渠道往往由于水流穿过砌筑缝而冲刷渠基,造成防渗结构破坏。因此,宜采用下列措施防止渠基淘刷,提高防渗效果。①干砌卵石挂淤渠道,可在砌体下面设置砂砾石垫层,或铺设复合土工膜料层。②浆砌石板防渗层下,可铺设厚度为 2～3 cm 的砂料,或低标号砂浆作垫层。③对防渗要求高的大、中型渠道,可在砌石层下加铺黏土、三合土、塑性水泥土或塑膜层。④对已砌成的渠道,可采用人工或机械灌浆的办法处理。浆料有水泥浆、黏土浆或水泥黏土混合浆。

护面式浆砌石防渗因砌筑缝很多,可以承受或者消除气温变化引起的胀缩变形,一般不设置伸缩缝。但软基上挡土墙式浆砌石防渗体宜设沉降缝,缝距可采用 10～15 m。砌石防渗结构与建筑物的连接处,应按伸缩缝结构要求处理。

2.混凝土防渗层结构尺寸设计

(1)等厚板。

等厚板因施工简便,质量控制容易,在我国南、北方均普遍采用。

等厚板的厚度,与工程环境及施工条件、渠道大小及重要性等有关,目前尚无适当的计算方法,一般根据经验选用。综合国内外工程实践经验,《渠道防渗衬砌工程技术标准》(GB/T 50600—2020)要求:渠道流速小于 3 m/s 时,梯形渠道混凝土等厚板的最小厚度应符合表 4.11 的规定;流速为 3～4 m/s 时,最小厚度宜为 10 cm;流速为 4～5 m/s 时,最小厚度宜为 12 cm;水流中含有砾石类推移质时,渠底板的最小厚度为 12 cm;渠道超高部分的厚度可适当减小,但不应小于 4 cm。

表 4.11　混凝土防渗层的最小厚度 δ(单位:cm)

工程规模	温和地区			寒冷地区		
	钢筋混凝土	混凝土	喷射混凝土	钢筋混凝土	混凝土	喷射混凝土
小型		4	4		6	5
中型	7	6	5	8	8	7
大型	7	8	7	9	10	8

混凝土衬砌板的大小应适宜。如板块太大,则适应地基变形能力差,容易损坏,且预制安装、搬运不便;板块太小,接缝势必增多,降低防渗效果,增加填缝工作量。因此,板块尺寸应根据地基稳定性和施工条件选定。现浇混凝土板尺寸以 3～5 m 为宜;预制混凝土板的尺寸,根据安装、搬运条件确定,人工施工时,一般不宜超过 1 m。

（2）楔形板。

楔形板是在等厚板的基础上，为了使其承载能力更加合理而改进的一种结构形式，主要用于渠坡现浇法施工。为了减少工作量，渠道的阴、阳坡可以不同，一般阴坡冻胀量大，板的厚度可以大些。楔形板坡脚处的厚度比中部宜增加2~4 cm。陕西省宝鸡峡灌区砂砾石基础的挖方渠段采用了楔形板，如图4.20所示。楔形板的尺寸可根据工程具体条件选用。

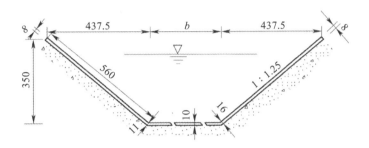

图 4.20　陕西省宝鸡峡灌区楔形板衬砌渠坡（单位：cm）

（3）中部加厚板。

采用中部加厚板，可以增强混凝土板经常发生裂缝部位的承载能力，防止冻胀破坏。中部加厚板主要用于现浇法施工的渠道阴坡，阳坡仍可采用楔形板。加厚的部位，因工程环境条件不同而异，加厚部位的厚度宜为10~14 cm。中部加厚板曾在陕西省冯家山灌区采用，效果较好。

（4）肋梁板。

在楔形板下，每隔1 m左右增加肋梁，即成为肋梁板。肋梁板的厚度可比等厚板小，但不应小于4 cm。肋高宜为板厚的2~3倍。肋梁板较楔形板承载能力强，是目前较好的一种衬砌形式，主要用于现浇法施工，在我国北方地区广泛应用。它的主要优点是抗冻胀破坏性能好，裂缝少。缺点是施工中增加了挖渠槽的工序，肋梁浇筑时质量不易保证。肋梁板的结构尺寸，可根据工程条件选定。

（5）U 形渠道。

U 形渠道一般适用于流量为 10 m³/s 以下的各级渠道及微冻胀和非冻胀地区，但在冻胀和严重冻胀地区，采用防冻措施后仍然适用。U 形渠道的结构包括半圆形、U 形、平底 U 形等形式。黏性土基中的 U 形渠道，当渠深较小时，土质边坡能自行维持稳定，防渗结构只起表面护砌作用，承受的外部土压力很小。U 形渠道防渗层的最小厚度，应按表 4.12 选用；如果渠基土不稳定或存在较大外

压力,一般宜采用钢筋混凝土结构,并根据外荷载进行结构强度、稳定性及裂缝宽度验算。

4.4.3.4　砌石与混凝土防渗工程施工

1.砌石防渗工程施工

砌石防渗工程施工时,应先洒水润湿渠基,然后在渠基或垫层上铺一层厚度 2～5 cm 的低标号混合砂浆,再铺砌石料。砌石砂浆应按设计配合比拌制均匀,随拌随用,自出料到用完,其允许间歇时间不应超过 1.5 h。

(1)干砌石。

干砌石分干砌卵石和干砌块石两种,具体要求如下。

①干砌卵石。一般用于梯形渠道衬砌。砌筑时,应在衬砌层下铺设垫层,在砂砾石渠床上,当流速小于 3.5 m/s 时,可不设垫层;当流速大于等于 3.5 m/s 时,需设厚 15 cm 的砂砾石垫层。干砌卵石的砌筑要点是卵石的长径垂直于边坡或渠底,大面朝下,并砌紧、砌平、错缝,使干砌卵石渠道的断面整齐、稳固。卵石中间的空隙要填满砾石、砂子和黏土。施工顺序应先砌渠底后砌渠坡。干砌卵石砌筑完毕,经验收合格后,即可进行灌缝和卡缝,使砌体更密实和牢固。灌缝可采用 10 mm 左右的钢钎,把根据孔隙大小选用的粒径 1～5 cm 的小砾石灌入砌体的缝内,灌至半满,但要灌实,防止小石卡在卵石之间。卡缝宜选用长条形和薄片形的卵石,在灌缝后,用木榔头轻轻打入砌缝,要求卡缝石下部与灌缝石接触,三面紧靠卵石,同时较砌体卵石面低 1～2 cm。

②干砌块石。干砌块石与干砌卵石施工方法相似,但干砌块石施工技术要求较高。在土质渠床上必须铺设砂砾石垫层,厚度不小于 5 cm。砌筑时,要根据石块形状,相互咬紧、套铆、靠实,不得有通缝。块石之间的缝隙要用合适的小石块填塞。干砌块石衬砌厚度小于 20 cm 时(小型渠道),只能用一层块石砌筑,不能用两层薄块石堆垒。如衬砌厚度很大,砌体的石面应选用平整、较大的石块砌筑,腹石填筑要做到相互交错,衔接紧密,把缝隙堵塞密实。砌渠底时,宜采用横砌法,将块石的长边垂直于水流方向安砌,坡脚处应用大块石砌筑。渠底块石也可以平行水流方向铺砌,但为了增强抗冲能力,必须在平砌 3～5 m 后,扁直竖砌 1～2 排,同时错缝填塞密实。在渠坡砌石的顶部,可平砌一层较大的压顶石。干砌块石同样也要进行灌缝和卡缝。

(2)浆砌石。

浆砌石施工方法有灌浆法和坐浆法两种。灌浆法是先将石料干砌好,再向

缝中灌注细石混凝土或砂浆,用钢钎逐缝捣实,最后原浆勾缝。坐浆法是先铺
2～5 cm 厚砂浆,再安砌石块,然后灌缝(缝隙宽 1～2 cm),最后原浆勾缝。如果
用混合砂浆砌筑,则随手剔缝,另外用高标号水泥砂浆勾缝。无论采用何种施工
方法,为了控制好衬砌断面及渠道坡降,砌石前都要隔一段距离(直段 10～
20 m,弯段可以更短一些)先砌筑一个标准断面,然后拉线开始砌筑。施工时,
梯形明渠,先砌渠底后砌渠坡。U 形和弧形明渠、拱形暗渠,从渠底中线开始,向
两边对称砌筑;矩形明渠,先砌两边侧墙,后砌渠底;拱形和箱形暗渠,先砌侧墙
和渠底,后砌顶拱或加盖板。砌渠坡时,应从坡脚开始,由下而上分层砌筑。

①浆砌块石。用坐浆法进行浆砌块石施工时,首先在渠道基础上铺好砂浆,
其厚度为石料高度的 1/3～1/2,然后砌石。一般采用花砌法分层砌筑,即先砌
面石,再砌填腹石。砌缝要密实紧凑,上下错开,不能出现通缝,缝宽一般为 1～
3 cm,缝宽超过 5 cm 时,应填塞小片石。砌筑完毕,砂浆初凝前应及时勾缝。缝
形有平缝、凸缝、凹缝三种。为减小糙率,多用平缝。勾缝应在剔好缝(剔缝深度
不小于 3 cm)并清刷干净、保持湿润的情况下进行。勾缝结束后,应立即做好养
护工作,防止干裂。一般应覆盖草帘或草席,经常洒水保湿,时间不少于 14 d,冬
季还应注意保温防冻。

灌浆法的基本要求与坐浆法相同,但需注意,每砌一层,应及时灌浆,不能双
层井灌。灌浆所用的砂浆应保持一定的强度、配合比及稠度,不能任意加水。灌
浆时,要边灌边填塞小碎石,并仔细插捣,直至碎石填实、砂浆填饱为止。

②浆砌料石。浆砌料石渠道多为矩形断面,一般渠坡应纵砌(料石长边平行
于水流方向),渠底应横砌(料石长边垂直于水流方向)。料石应干摆试放分层砌
筑,坐浆饱满,每层铺浆厚度宜为 2～3 cm。砌体表面平整,错缝砌筑,错缝距离
宜为料石长的 1/2。砌缝要均匀、紧凑,一般缝宽 1～3 cm。

③浆砌卵石。浆砌卵石与浆砌块石的施工方法及质量要求基本相同,但为
了提高浆砌卵石的强度和防渗抗冲能力,施工时可采用坐浆干靠挤浆法、干砌灌
浆法及干砌灌细粒混凝土法,而不采用宽缝坐浆砌卵石法。浆砌卵石,相邻两排
应错开茬口,并选择较大的卵石砌于渠底和渠坡下部,大头朝下,挤紧靠实。浆
砌卵石宜勾凹缝,缝面宜低于砌石面 1～2 cm。

为适应温度的变化,浆砌石每隔 20～50 m 应留一条伸缩缝,缝宽 2～3 cm,
以沥青:水泥:砂按重量比 1:1:4 的掺和料作为止水材料填缝。为了降低砌体
背后的水压和水量,砌体中应设排水孔,排水孔的位置要适当,位置高了作用不
大,位置低了会增加渗漏通道。

2.混凝土防渗工程施工

混凝土防渗层的施工应依据设计及《水工混凝土施工规范》(SL 677—2014)进行。主要施工工序如下。

(1)施工准备。

①混凝土用的碎石,要冲洗干净,不能含有风化石,砂的含泥量在3%以内。

②定线放样。严格测定渠道中线和纵横断面各点的位置和高程。

③清基整坡。无论是铺筑预制块或现浇混凝土,都要进行清基整坡,并开挖好上、下齿墙。

④混凝土预制场要整平或用低标号砂浆打平,保证预制板均匀等厚。

(2)混凝土的浇筑。

①分块立模。应根据设计图和选定的施工方法制作稳定坚固、经济合理的模板。其允许偏差应符合《渠道防渗衬砌工程技术标准》(GB/T 50600—2020)的规定。

②配料拌和。按设计配合比控制下料,严格控制水灰比。混凝土应采用机械拌和,拌和时间不应少于2 min。掺用掺和料、减水剂、引气剂的混凝土及细砂、特细砂混凝土用机械拌和的时间,应较中、粗砂混凝土延长1～2 min。如人工拌,其拌和顺序及翻拌次数应遵守"三三"制。即首先把砂料和水泥干拌3次,直至颜色一致;再加适量的水,湿拌3次,使砂浆干湿均匀;最后加入石子及剩余水量,拌和3次,直至均匀。混凝土应随拌、随运、随用。因故出现分离、漏浆、严重泌水和坍落度降低等问题时,应在浇筑地点重新拌和。若混凝土初凝,应按废料处理。

③浇筑振捣。通常先浇边坡,后浇渠底。渠坡、渠底一般都采用跳仓法浇筑(即先浇单数块,后浇双数块),渠底有时也按顺序分块连续浇筑。浇筑混凝土前,土渠基应先洒水湿润;岩石渠基需要与早期混凝土接合时,应将基岩与早期混凝土凿毛刷洗干净,铺一层厚度为1～2 cm的水泥砂浆,水泥砂浆的水胶比应较混凝土小0.03～0.05。混凝土宜采用机械振捣,使用表面式振动器时,振板行距宜重叠5～10 cm。振捣边坡时,应上行振动,下行不振动。使用小型插入式振捣器或人工捣固边坡混凝土,入仓厚度每层不应大于25 cm,并插入下层混凝土5 cm左右。振捣器不要直接碰撞模板、钢筋及预埋件。使用插入式振捣器捣固时,边角部位及钢筋预埋件周围应辅以人工捣固。机械和人工捣固的时间,应以混凝土开始泛浆时为准。衬砌机的振动时间和行进速度,宜经过试验确定。

④收面养护。现场浇筑混凝土完毕,应及时收面。细砂和特细砂混凝土应进行二次收面。收面后,混凝土表面应密实、平整、光滑,且无石子外露。混凝土

预制板初凝后即可拆模,拆模后应指定专人立即洒水养护至少 14 d。强度达到设计强度的 70% 以上时方可运输。

⑤混凝土预制板铺砌。应用水泥砂浆或水泥混合砂浆砌筑,水泥砂浆勾缝,安砌平整、稳固。砌缝宜用梯形或矩形缝,水平缝要一条线,垂直缝上下错开,缝宽 1.5～2.5 cm。缝内砂浆应填满、捣实、压平、抹光,初凝后定期洒水保养。

混凝土伸缩缝应按设计要求施工。采用衬砌机浇筑混凝土时,可用切缝机或人工切制半缝形的伸缩缝,并按规范的规定填充。伸缩缝填充前,应将缝内杂物、粉尘清除干净,并保持缝壁干燥。伸缩缝宜用弹塑性止水材料,如焦油塑料胶泥填筑,或缝下部填焦油塑料胶泥,上部用沥青砂浆填筑。

(3)U 形渠槽浇筑。

U 形渠槽浇筑方法与等厚板基本相同。其施工顺序是先立边挡板架,浇筑底部中间部分;再立内模架,安装弧面部分的模板,两边同时浇筑;最后立直立段模板,直至顶部。其他如浇捣要求、拆模、收面、养护等同等厚板浇筑。U 形渠道砌体薄,曲面多,人工浇筑较困难。近年来,用衬砌机浇筑较为广泛。它具有混凝土密实、质量好、效率高、模板用材少、施工费用低等优点。目前常用的衬砌机主要有 D40、D60、D80、D100 和 D120 等几种,可根据工程实际情况选用。

4.4.4　膜料防渗

4.4.4.1　膜料防渗的特点

膜料防渗就是用不透水的土工织物(即土工膜)来减小或防止渠道渗漏损失的技术措施。

土工膜是一种薄型、连续、柔软的防渗材料。具有以下主要特点。①防渗性能好。膜料防渗渠道一般可减少渗漏损失 90%～95%。②适应变形能力强。土工膜具有良好的柔性、延伸性和较强的抗拉能力,不仅适用于各种不同形状的渠道断面,而且适用于可能发生沉陷和位移的渠道。③质轻、用量少、运输量小。土工膜薄质轻,故单位重量的膜料衬砌面积大,用量少,同时运输量也小。④施工简便,工期短。土工膜质轻、用量少,施工主要是挖填土方、铺膜和膜料接缝处理等,不需要复杂的技术,方法简便易行,能大大缩短工期。⑤耐腐蚀性强。土工膜具有较好的抵抗细菌侵害和化学作用的性能,它不受酸、碱和土壤微生物的侵蚀。因此,特别适用于有侵蚀性水文地质条件及盐碱化地区的渠道或排污渠道的防渗工程。⑥造价低。据经济分析,每平方米塑膜防渗的造价为混凝土防

渗的 $1/10\sim1/5$,为浆砌卵石防渗的 $1/10\sim1/4$。一层塑膜的造价仅相当于1 cm 厚混凝土板的造价。

以上为膜料防渗的优点,其缺点是抗穿刺能力差,易老化,与土的摩擦系数小,不利于渠道边坡稳定。

4.4.4.2　膜料材料的种类及性能要求

膜料的基本材料是聚合物和沥青,但种类很多,可按下述两种方法分类。

1. 按防渗材料分

(1)塑料类,如聚乙烯、聚氯乙烯、聚丙烯和聚烯烃等。

(2)合成橡胶类,如异丁烯橡胶、氯丁橡胶等。

(3)沥青和环氧树脂类。

2. 按加强材料组合分

(1)不加强土工膜。①直喷式土工膜。在施工现场直接用沥青、氯丁橡胶混合液或其他聚合物液喷射在渠床上,一般厚度为3 mm。②塑料薄膜。在工厂制成聚乙烯、聚氯乙烯、聚丙烯等薄膜,一般厚度为 $0.12\sim0.24$ mm。

(2)加强土工膜。用土工织物(如玻璃纤维布、聚酯纤维布、尼龙纤维布等)作加强材料。如在玻璃纤维布上涂沥青玛琋脂压制而成的沥青玻璃纤维布油毡,厚度 $0.60\sim0.65$ mm;用聚酯平布加强,上涂氯化聚乙烯,膜料厚度 0.75 mm;用裂膜聚酯编织布加强,上涂氯磺化聚乙烯,膜料厚度 0.9 mm 等。

(3)复合型土工膜。用土工织物作基料,将不加强的土工膜或聚合物用人工或机械方法,把两者合成的膜料称为复合土工膜。可分单面复合土工膜(在土工织物上复合一层不加强的土工膜)和双面复合土工膜(在不加强土工膜的两面复合土工织物的土工膜)。

目前我国渠道防渗工程普遍采用聚乙烯和聚氯乙烯塑料薄膜,其次是沥青玻璃纤维布油毡。此外,复合土工膜和线性低密度聚乙烯等其他塑膜,近几年也在陆续采用。聚乙烯和聚氯乙烯塑膜的性能应符合表 4.12 的要求。沥青玻璃纤维布油毡的性能除应符合表 4.13 的要求外,还应厚度均匀,无漏涂、划痕、折裂、气泡及针孔,在 $0\sim40$ ℃气温下易于展开。

表 4.12　塑膜的性能要求

技术项目	聚乙烯	聚氯乙烯
密度/(kg/m³)	≥900	$1250\sim1350$

续表

技术项目	聚乙烯	聚氯乙烯
断裂拉伸强度/MPa	≥12	纵≥15，横≥13
断裂伸长率/(%)	≥300	纵≥220，横≥200
撕裂强度/(kN/m)	≥40	≥40
渗透系数/(cm/s)	<10～11	<10～11
低温弯折性	−35 ℃无裂纹	−20 ℃无裂纹
−70 ℃低温冲击脆化性能	通过	—

表 4.13　油毡的性能要求

技术项目	技术指标
单位面积涂盖材料重量/(g/m²)	≥500
不透水性(动水压法，保持 15 min)/MPa	≥0.3
吸水性[24 h，(18±2)℃]/(g/100 cm²)	≤0.1
耐热度(80 ℃，加热 5 h)	涂盖无滑动，不起泡
抗剥离性(剥离面积)	≤2/3
柔度(0 ℃下，绕直径 20 mm 圆棒)	无裂纹
拉力[(18±2)℃下的纵向拉力]/(kg/2.5 cm)	≥54.0

4.4.4.3　膜料防渗工程设计

1.材料选择

塑膜的变形性能好、质轻、运输量小，宜优先选用。因深色塑膜的透明度差，较浅色膜的吸热量大，有利于抑制杂草生长和防止冻害，所以中、小型渠道宜用厚度为 0.18～0.22 mm 的深色塑膜，大型渠道宜用厚度为 0.3～0.6 mm 的深色塑膜，小型渠道也可选厚度不小于 0.12 mm 的塑膜。特种土基，应结合基土处理情况采用厚度 0.2～0.6 mm 的深色塑膜。在寒冷和严寒地区，可优先采用聚乙烯膜；在芦苇等穿透性植物丛生地区，可优先采用聚氯乙烯膜。

沥青玻璃纤维布油毡(简称油毡)，抗拉强度较塑膜大，不易受外力破坏，施工方便，工程中也可选用，中、小型渠道宜用厚度为 0.6～0.65 mm 的。为了提高油毡抗老化能力，保证工程寿命，应选用无碱或中碱玻璃纤维布机制的油毡。

有特殊要求的渠基，宜采用复合土工膜。复合土工膜具有防渗和平面导水的综合功能,抗拉强度较大,抗穿透和老化等性能好,可不设过渡层,但价格较高,适用于地质及水文地质条件差、基土冻胀性较大或标准较高的渠道防渗工程。根据工程具体条件可选用单面复合或双面复合土工膜。如用塑膜复合无纺布而成的复合土工膜,其厚度一般为 1～3 mm。

2. 防渗结构类型

膜料防渗结构分为明铺式和埋铺式两种。明铺式的优点是渠床糙率小、工程量小、铺设简便;缺点是膜料易老化和受外力破坏,使用寿命很短。因此,一般都采用埋铺式膜料防渗。

埋铺式膜料防渗结构如图 4.21 所示,一般包括膜料防渗层、过渡层、保护层等。无过渡层的防渗结构[图 4.21(a)]适用于土渠基和用黏性土、水泥土作保护层的防渗工程;有过渡层的防渗结构[图 4.21(b)]适用于岩石、砂砾石、土渠基和用石料、砂砾石、现浇碎石混凝土或预制混凝土作保护层的防渗工程;当采用复合土工膜作防渗层时,可不再设过渡层。过渡层材料,在温和地区宜选用灰土或水泥土;在寒冷和严寒地区宜选用水泥砂浆。采用素土及砂料作过渡层时,应采取防止淘刷的措施。

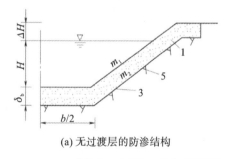
(a) 无过渡层的防渗结构

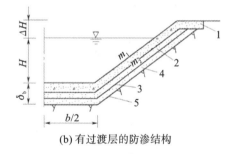
(b) 有过渡层的防渗结构

1—黏性土、水泥土、灰土或混凝土、石料、砂砾石保护层;2—膜上过渡层;
3—膜料防渗层;4—膜下过渡层;5—土渠基或岩石、砂砾石渠基

图 4.21 埋铺式膜料防渗结构

膜料防渗层按铺膜范围分为全铺式、半铺式和底铺式三种。全铺式为渠坡、渠底全铺,渠坡铺膜高度与渠道正常水位齐平;半铺式为渠底全铺,渠坡铺膜高度为渠道正常水位的 1/2～2/3;底铺式仅铺渠底。一般多采用全铺式膜料防渗渠道,半铺式和底铺式主要适用于宽浅式渠道,或渠坡有树木的改建渠道。

素土渠基铺膜基槽断面形式,有梯形、台阶形、锯齿形和五边形等,如图4.22所示。在设计中应根据渠道的流量、流速、渠基土质、边坡系数、保护层材料、芦苇生长等因素,综合分析选择。全铺式塑膜防渗宜选用梯形、台阶形、五边形和锯齿形铺膜断面;半铺式和底铺式膜料防渗,可选用梯形铺膜基槽断面。油毡防渗宜选用梯形和五边形铺膜基槽断面。

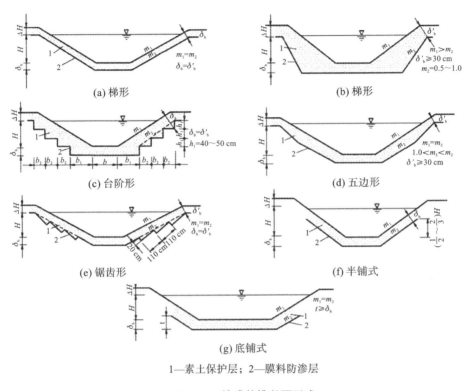

图 4.22　铺膜基槽断面形式

3. 保护层厚度及干密度

根据国内外工程实践资料,并考虑我国南、北方气候不同等因素,土保护层厚度应按下列要求选定。

(1) 当 $m_1=m_2$ 时,全铺式的梯形、台阶形、锯齿形断面,半铺式的梯形和底铺式断面,保护层厚度、边坡与渠底相同。根据渠道流量大小和保护层土质情况,按表 4.14 选用。

表 4.14　土保护层的厚度(单位:cm)

保护层土质	渠道设计流量/(m³/s)			
	<2	2～5	5～20	>20
砂壤土、轻壤土	45～50	50～60	60～70	70～75
中壤土	40～45	45～55	55～60	60～65

保护层土质	渠道设计流量/(m³/s)			
	<2	2～5	5～20	>20
重壤土、黏土	35～40	40～50	50～55	55～60

（2）当 $m_1 \neq m_2$ 时，梯形和五边形渠底土保护层的厚度按表 4.15 选用，渠坡膜层顶部土保护层的最小厚度，温和地区为 30 cm，寒冷和严寒地区为 35 cm。

土保护层的厚度还可根据渠道水深用下式计算。

温暖地区：

$$\delta_b = \frac{h}{12} + 25.4 \tag{4.86}$$

寒冷或严寒地区：

$$\delta_b = \frac{h}{10} + 35.0 \tag{4.87}$$

式中，δ_b 为土保护层厚度，cm；h 为渠道水深，cm。

土保护层的设计干密度应通过试验确定。无试验条件时，采用压实法施工时，砂壤土和壤土的干密度不小于 1.50 g/cm³；砂壤土、轻壤土、中壤土，采用浸水泡实法施工时，其干密度宜为 1.40～1.45 g/cm³。

4.防渗体与渠系建筑物的连接

防渗体与渠系建筑物的连接是否正确，将直接影响渠道防渗效果和工程使用寿命。因此，应用黏结剂将膜料与建筑物粘牢，建筑物不过水部分与膜料应有足够的搭接宽度。土保护层与跌水、闸、桥连接时，应在建筑物上下游改用石料、水泥土、混凝土保护层，以防流速、流态变化及波浪淘刷等影响，引起边坡滑塌等事故。水泥土、石料和混凝土保护层与建筑物连接，应按规范要求设置伸缩缝。

4.4.4.3　膜料防渗工程施工

膜料防渗工程施工过程大致可分为基槽开挖、膜料加工和铺设、保护层施工三个阶段。岩石、砂砾石基槽或用砂砾料、刚性材料作保护层的膜料防渗工程，在铺膜前后还要进行过渡层施工。

1.基槽开挖

基槽开挖应按渠道设计断面和防渗结构设计，沿渠道纵向分段进行，必须清除渠床杂草、树根、瓦砾、碎砖、料姜石、硬土块等杂物和淤积物。各种基槽断面形式的开挖,均应保证渠坡的稳定,且有利于施工。渠道填方部分,先填到铺膜高度,其上部可与保护层一起填筑。渠槽开挖应严格控制基槽的高程和断面尺寸,防止超挖,并保证保护层的厚度。渠槽土基要夯实、整平、顺直。岩石或砂砾石基槽,要用适宜材料(砂浆、水泥土和砂等)整平,并铺设过渡层。

2. 膜料加工和铺设

膜料加工主要是指剪裁和接缝等工作。成卷膜料应根据铺膜基槽断面尺寸大小及每段长度剪裁。剪裁时,应考虑膜料的伸缩性、搭接、搬运、铺设等因素,一般应比基槽实际轮廓长度长 5%。

膜料连接的处理方法有搭接法、焊接法和黏结法等。搭接法主要用于小型膜料防渗渠道,或大块膜料施工中的现场连接,搭接宽度一般为 20 cm。膜层应平整,层间要洁净,且上游一幅压下游一幅,并使缝口吻合紧密,接缝垂直于水流方向铺设膜层。焊接法是用专用焊接机或电熨斗焊接。焊接温度可在现场试验决定,一般为 160～180 ℃,焊接宽度一般为 5～6 cm。黏结法是用专门的或配制的粘胶剂进行黏结,黏结宽度一般为 15～20 cm,黏结面必须干净。油毡多采用热沥青或沥青玛琋脂黏结。

铺膜基槽检验合格后,可在基槽表面洒水湿润,先将膜料下游端与已铺膜料或原建筑物焊接(或黏结)牢固,再向上游拉展铺开,自渠道下游向上游,由渠道一岸向另一岸铺设膜料,不要拉得太紧,特别是塑膜要留有均匀的小褶皱。铺膜速度应和过渡层、保护层的填筑速度相配合,当天铺膜,当天应填筑好过渡层和保护层,以免膜层裸露时间过长。无论什么基槽形式和铺膜方式,都必须使膜料与基槽紧密吻合和平整,并将膜下空气完全排出来。注意检查并粘补已铺膜层的破孔,粘补膜应超出破孔周边 10～20 cm。施工人员应穿胶底鞋或软底鞋,谨慎施工。

3. 保护层施工

土保护层施工,一般采用压实法。如果保护层土料为砂土、湿陷性黄土等不易压实的土类,可采用浸水泡实法。

(1)压实法。填土时,应先将土中的草根、苇根、树根、乱砾等杂物拣出。第一层最好使用湿润松软的土料,从上游向下游填土,并注意排气。根据保护层的厚度,可一次回填或分层回填。人工夯实,每次铺土厚为 20 cm;履带式拖拉机碾压,每次铺土厚度 30 cm。禁止使用羊角碾压实。各回填段接茬处应按斜面衔接。

（2）浸水泡实法。这种方法是一次性填筑好保护层，然后往渠中放水浸泡。填筑过程中，应将填土稍加拍实。填筑尺寸预留 10%～15% 的沉陷量。放水时注意逐渐抬高水位，待保护层反复浸水沉陷稳定后，再缓慢泄水，填筑裂缝，并拍实，整修成设计断面。

砂砾料保护层施工时，首先将膜料铺好，再铺膜面过渡层，最后铺筑符合级配要求的砂砾料保护层，并逐层插捣或振压密实。压实度不应小于 0.93，渠道断面应符合设计要求。

4.5　雨水径流集蓄灌溉

4.5.1　雨水径流集蓄灌溉意义

旱区通常是指广大的干旱地区、半干旱地区、半干旱半湿润地区以及半湿润偏旱地区。雨水径流集蓄灌溉工程是导引、收集雨水径流，并蓄存起来，作为一种有效水资源而予以灌溉利用的工程技术措施。

我国尤其在西北、华北的许多地区，雨水一直以多种形式被广泛地利用。我国干旱半干旱及半湿润偏旱山丘区的耕地面积约占全国总耕地面积的 1/3，区内人口约占全国人口的 32%。这类地区，蒸发量大，降水量小，且多以暴雨形式集中发生在年内几个月份（6—9 月）。水资源缺乏是其农业生产发展受阻的主要原因，有些地方甚至人畜饮水都成问题。许多地区，如陕西北部、山西西北部及甘肃省和宁夏回族自治区的许多山丘地区，在中等干旱年情况下，其农作物产量仅能达到平原灌溉条件地区的 1/4 左右。面对大面积这类地区的农业生产，尤其是近几年果树等经济作物的迅速发展，只要有水源，即在需水关键期进行一两次限额灌水，也能大幅提高产量，增加收入。

这类地区还会经常遭受汛期暴雨径流的冲刷，致使水土流失严重，土层剧烈剥蚀，生态环境恶化。若能充分有效地利用当地的水资源，不仅可在很大程度上解决缺水问题，而且还可有效减少暴雨径流灾害，防止水土流失。因此，当地雨水径流的集蓄利用有利于振兴该地区的社会经济，改善其生态环境，经济效益、社会效益和生态环境效益显著，对旱区建设具有重要意义。

4.5.2　雨水径流集蓄灌溉工程系统组成

从工程技术的角度分析，雨水径流集蓄灌溉工程基本上由四大部分组成，即集水工程、输水工程、蓄水工程和灌溉工程。集水工程和输水工程是雨水集蓄灌溉工程的基础,蓄水工程是雨水集蓄灌溉工程的"心脏"(其调节作用,类似于调节水库),灌溉工程则是其目的。

4.5.2.1　集雨区

集雨区是集雨灌溉工程的水源地,可分为非耕地与耕地两大类。

1. 非耕地集雨区

这是目前普遍的做法,即收集区院(含屋顶)、道路、荒山荒坡以及经过拍实、硬化的弃耕地的雨水,为了提高集流效率,在条件允许时,需对集雨区的表面进行防渗处理,如硬化、铺膜、喷防渗材料等。非耕地集雨区的优点是技术比较简单,集雨季节长,其缺点是集雨区未硬化时会带来较多的泥沙。

2. 耕地集雨区

利用耕地作为集雨区的方法有两种:一种是耕地既作为灌区又作为水源地,降雨高峰期通过作物垄间塑膜,收集部分雨水并妥善蓄存,在作物最干旱时进行灌溉;另一种是在人均耕地较多的地方,可采用土地轮休的方法,用塑膜覆盖耕地作为集流面,第二年该集流面转为耕地,可另选一块地作为集流面。耕地集雨区的优点是无泥沙淤积,且不受水源地条件的束缚,可以使所有旱地实施集雨灌溉。缺点是费用较高,直接用于大田尚需进一步研究试验方可推广。

集雨区面积的大小与当地降雨量的大小、集雨的容积和集雨区的表面植被等因素有关(表 4.15)。表中列出几种下垫面条件下集 1 m³ 水所需积水区的面积。

表 4.15　集 1 m³ 水所需积水区的面积(单位:m²)

水源地类型		降雨量/mm			
		400～450	451～500	501～550	551～600
非耕地集雨	土路面	≥12.0	11.0	10.0	9.0
	沥青路面	≥4.4	4.0	3.6	3.2
	塑料薄膜	≥4.1	3.8	3.4	3.0
耕地集雨	塑料薄膜	≥7.0	6.3	5.6	5.0

4.5.2.2　截流输水工程

截流输水工程的作用是把集水区汇集的雨水输入蓄水区,并尽可能地减少

输水损失，可以采用暗渠或管道输水，以减少渗漏和蒸发。其基本类型有三种。

（1）屋面集流面的输水沟布置在屋檐落水下的地面上，庭院外的集流面可以用土渠或混凝土渠将水输到蓄水工程。输水工程宜采用 20 cm×20 cm 的混凝土矩形渠、开口 20 cm×30 cm 的 U 形渠、砖砌、石砌、暗管（渠）和 UPVC 管。

（2）利用公路作为集流面且具有公路排水沟的截流输水工程，从公路排水沟出口处连接修建到蓄水工程，或者按计算所需的路面长度分段修筑与蓄水工程连接。

（3）利用荒山荒坡作集流面时，可在坡面上每 20～30 m 沿等高线修截流沟，截流沟可采用土渠，坡度宜为 1/50～1/30，截流沟应连接到输水沟。输水沟宜垂直等高线布置，应采用矩形或 U 形混凝土渠，尺寸按集雨流量确定。

4.5.2.3　蓄水工程及其配套设施

蓄水工程可以是水窖、蓄水池、涝池或塘坝等。水窖具有基本不占用耕地、材料费少、基本无蒸发和渗漏以及技术易掌握等优点，是目前最重要的集雨蓄水工程形式。在水流进入蓄水工程之前，要设置沉淀、过滤设施，以防杂物进入水池。同时应在蓄水窖的进水管（渠）上设置闸板并在适当位置布置排水道，在降雨时，先打开排水口，排掉脏水，然后再打开进水口，雨水经过过滤后再流入水窖蓄存，窖蓄满时可打开排水口把余水排走。根据各地区开展集雨灌溉工程的经验，水窖以缸式和瓶式为主，容积一般为 40～60 m³。若配以节水农业技术，每窖控制灌溉面积 0.13～0.2 hm²。

4.5.2.4　灌溉设施

由于受到蓄水工程水量的限制，传统的地面灌水必须采用节水灌溉的方法，如担水点浇、坐水种、地膜穴灌、地膜下沟灌、渗灌和滴灌等，这样才能提高单方集蓄雨水的利用率。对于雨水集蓄灌溉工程，在地形条件允许时，应尽可能实行自流浇地。

4.5.2.5　旱作农业措施

集雨灌溉的目的在于提高农业生产能力，使农民得到更大的经济效益。因此，为了提高集雨灌溉工程的效益，必须配套地膜覆盖、适水种植等旱作农业技术，这样才能真正提高旱地的农业生产能力。

4.5.3　雨水集蓄工程规划

4.5.3.1　用水量分析计算

用水量分析计算的任务是根据当地可供雨水资源量和农田灌溉及生活用水要求,进行分析和平衡计算,进而确定雨水储蓄工程的规模。

1.年集水量的计算

全年单位集水面积上的可集水量按下式计算:

$$W = \frac{E_y R_P}{1000} \qquad (4.88)$$

$$R_P = K P_P \qquad (4.89)$$

$$p_P = K_P P_0 \qquad (4.90)$$

式中,W 为保证率等于 P 的年份单位集水面积全年可集水量,m^3/m^2;E_y 为某种材料集流面的全年集流效率,以小数表示;R_P 为保证率等于 P 的全年降雨量,mm,可从水文气象部门查得,对雨水集蓄来说,P 一般取 50%(平水年)和 75%(中等干旱),也可按式(4.89)和式(4.90)计算;K 为全年降雨量与降水量之比值,用小数表示,可根据气象资料确定;p_P 为保证率 P 的年降水量,mm;K_P 为根据保证率及 C_v(离差系数)值确定的系数,用小数表示,可从水文气象部门查得;P_0 为多年平均降水量,mm,由气象资料确定。

由于集雨材料的类型不同,各地的降水量及其保证率的不同。全年的集流效率也不同,要选用当地的实测值,若缺乏资料,可参考类似地区选用,表 4.16 列出了甘肃省和宁夏回族自治区的推荐值,供参考。

表 4.16　不同材料集流场在不同降水量及保证率情况下全年集流效率表

多年平均降雨量/mm	保证率/(%)	集流效率/(%)								
		混凝土	塑膜覆砂	水泥土	水泥瓦	机瓦	青瓦	黄土夯实	沥青路面	自然土坡
400~500	50	80	46	53	75	50	40	25	68	8
	75	79	45	25	74	48	38	23	67	7
	95	76	36	41	69	31	31	19	65	6
300~400	50	80	46	52	75	49	40	26	68	8
	75	78	41	46	72	42	34	21	66	7
	95	75	34	40	67	37	29	17	64	5

续表

多年平均降雨量/mm	保证率/（%）	集流效率/（%）								
		混凝土	塑膜覆砂	水泥土	水泥瓦	机瓦	青瓦	黄土夯实	沥青路面	自然土坡
200~300	50	78	41	47	71	41	34	20	66	6
	75	75	34	40	66	34	28	17	64	5
	95	73	28	33	62	30	24	13	62	4

2. 用水量的计算

用水量包括灌溉用水量和生活用水量。在庭院种植和进村地带的蓄雨设施，往往要同时考虑灌溉和生活用水。在远离村庄地带的蓄雨设施，一般只考虑灌溉用水。

（1）灌溉用水量。

雨水集蓄的作物种植要突出"二高一优"的模式。合理确定粮食、林果、瓜类和蔬菜等作物的种植比例，以充分发挥水的效益。农业灌溉应采用适宜的节水灌溉方法，在节水灌溉的前提下，按非充分灌溉（限额灌溉）的原理进行分析计算。计算所需的作物需水量或灌溉制度资料，要用当地的实验值，降雨量资料由当地气象站或雨量站搜集。若当地资料缺乏，可搜集类似地区的资料分析选用。单位面积年灌溉用水量可按下式计算：

$$M_d = (W - R - WT)\eta \tag{4.91}$$

式中，M_d 为非充分灌溉条件下年灌溉定额，m^3/a；W 为灌溉作物的全年需水量，m^3/hm^2；R 为作物生育期的有效降雨量，mm，可采用同期的降雨量值乘以有效系数而得，不同地区、不同作物系数不同，如甘肃省和宁夏回族自治区，建议夏作物取 $0.7~0.9$；WT 为播种前土壤中的有效储水量，根据实测资料确定，缺乏实测资料时，可按 $0.15~0.25$，做粗略估计；η 为灌溉水的利用系数，若采用灌溉等节水灌溉技术，η 可取 0.9。

式（4.91）中的 W 值若是地面灌溉条件下的实验数值，应用在节水灌溉条件下，其值应乘以一个系数，根据所采用的灌溉方式不同来选用。若采用滴灌或膜下灌时，甘肃省和宁夏回族自治区建议取 $0.5~0.8$。单位面积上的年灌溉用水量也可根据灌溉水定额和灌水次数进行估算，即用水量=各次灌水定额×灌水次数。表 4.17 列出了甘肃省和宁夏回族自治区集雨灌溉作物的灌水次数和灌水定额。

表 4.17　甘肃省和宁夏回族自治区集雨灌溉作物的灌水次数和灌水定额

项目		粮食作物		果实	蔬菜瓜果	
		夏作物	秋作物			
灌水次数	降雨量 300 mm	3～4	3～4	4～5	8～9	
	降雨量 400 mm	2～3	2～3	3～4	6～8	
	降雨量 500 mm	2～3	1～2	2～3	5～6	
灌水定额/(m³/亩)	滴灌、膜孔灌	150～225	150～225	120～225	150～225	
	点浇、注水灌	75～150	75～150	75～120	75～150	

（2）生活用水量。

生活用水主要指人及牲畜、家禽的饮用水量。规划时要考虑未来 10 年内可能达到的人口数及牲畜、家禽数，并按不同保证率年份的用水定额进行计算。各地的定额标准可能不一样，根据已求得的集水量（来水）和灌溉用水量以及生活用水量，进行平衡计算，确定工程规模，包括集雨面积、灌溉面积和蓄水容积。工程各类材料集流面应满足灌溉和生活用水要求，即符合式（4.92）。计算时应对典型保证率年份分别计算相应的集流面积，选用其中最大值进行设计，即

$$W_P = S_{P_1} F_{P_1} + S_{P_2} F_{P_2} + \cdots + S_{P_n} F_{P_n} \qquad (4.92)$$

式中，W_P 为保证率等于 P 的年份需用水量（m³），及灌溉用水量与生活用水量之和；S_{P_1}、S_{P_2}、S_{P_n} 为保证率等于 P 的年份不同集雨材料的集雨面积，m²；F_{P_1}、F_{P_2}、F_{P_n} 为保证率等于 P 的年份不同集雨材料单位集雨面积上可集水量，m³/m²。

蓄水设施的总容积可按下式计算：

$$V = \alpha W_{\max} \qquad (4.93)$$

式中，V 为蓄水设施总容积，m³；α 为容积系数，一般取 0.8；$W_{\max}$ 为不同保证率年份用水量中的最大值（m³），其中生活用水量可按平水年考虑。

4.5.3.2　总体规划

在对基本资料进行分析、采用水平衡法计算的基础上，就可以进行雨水集蓄工程的集流场规划、蓄水系统规划、灌溉系统规划、投资预算、效益分析和实施措施等总体规划。

1. 集流场规划

广大农村都有公路或乡间道路通过，不少农村，特别是山区农村房前屋后一般都有场院或一些山坡地等，应充分利用这些现有的条件作为集流面，进行集雨

场规划。若现有集雨场面积小，条件不具备，应规划修建人工防渗集流面。若规划结合小流域治理，利用荒山坡地作为集流面，要按一定的间距规划截流沟和输水沟，把水引入蓄水设施或就地修建塘坝拦蓄雨水。修建用于解决庭院种植灌溉和生活用水的集雨场，首先利用现有的瓦屋面作集雨场，若屋面为草泥，考虑改建为瓦屋面（如混凝土瓦）。若屋面面积不足，则规划在院内修建集雨场作为补充。有条件的地方，尽量将集雨场规划于高处，以便自压灌溉。

2.蓄水系统规划

蓄水设施可分为蓄水窖、蓄水池和塘坝等类型，要根据当地的地形、土质、集流方式及用途进行规划布置。用于大田灌溉的蓄水设施要根据地形条件确定位置，一般应选择在比灌溉地块高 10 m 左右的地方，以便实行自压灌溉。用于解决庭院经济和生活用水相结合的蓄水设施，一般应选择在庭院内地形较低的地方以方便取水。为安全起见，所有的蓄水设施位置必须避开填方或易滑坡的地段，设施的外壁距崖坎或根系发达的树木的距离不小于 5 m，根据式(4.92)计算的总容积规划一个或多个蓄水设施，两个蓄水设施的距离应不少于 4 m。公路两旁的蓄水设施应符合公路部门的排水、绿化、养护等有关规定。蓄水设施的主要附属设施如沉沙池、输水渠（管）等应统一规划考虑。

3.灌溉系统规划

雨水集蓄系统规划的任务是确定灌溉范围，选择节水灌溉方法和类型等。

(1)确定灌溉范围。

根据水量平衡计算结果规划的集雨场和蓄水设施，确定单个或整个系统控制的范围，并在平面图上标出界线，以便进行管网布置。

(2)选择节水灌溉方法。

雨水集蓄应采用适宜的节水灌溉方法，如滴灌、渗灌、注水灌和坐水种等。具体采用哪一种方法，要根据当地的灌溉水源、作物、地形和经济条件等来确定。

(3)选择节水灌溉类型。

集水灌溉，水量非常有限，一般采用节水灌溉技术。为了节省投资，有条件的地方，首先应考虑自压灌溉方式，没有自压条件的地方，才考虑人工手压泵或微型电泵提水。

4.投资预算

较大的工程应分别列出集雨场、蓄水系统与附属设施、首部枢纽、管网系统（含灌水器）的材料费、施工费、运输费、勘测设计费和不可预见费等几项算出工程的总投资和单位面积投资。若灌溉和生活用水结合的工程,应按用水量进行投资分摊。

5. 效益分析

对工程建成投入运行后产生的经济、社会和生态效益进行分析,进而证明工程建设的必要性。经济效益主要是对工程的投资、年费用及增产效益进行分析计算。规划阶段一般用静态分析法计算,对较大的系统可同时用静态法和动态法进行计算。社会效益是指工程建成后对当地脱贫致富和精神文明建设等方面的作用。生态效益是指对当地生态环境影响,如缓解用水矛盾、减少水土流失、环境改善等方面的内容。

6. 实施措施

对较大的工程,为了保证工程的顺利实施,要根据当地具体情况提出具体的实施措施,一般包括组织施工领导班子和施工技术力量、具体施工安排材料供应、安全和质量控制等内容、雨水集流场设计。

影响集流效率的重要因素如下。

(1)降雨特性对集流效率的影响。

全年降雨量的多少及雨强的大小影响到集流效率。随着降雨量和雨强的增加,集流效率也增加。多年平均降雨量小,说明该地区干旱,小雨量、小雨强的降雨过程就多,全年的集流效率就低。越是干旱的年份,全年的集雨效率就越低。

(2)集流面材料对集流效率的影响。

雨水集流的防渗材料有很多种,各地实验效果表明以混凝土和水泥瓦的效率最高,可达 70%~80%。这是因为这类材料吸水率低,在较小的雨量和雨强下即能产生径流。而土料防渗效率差,一般在 30% 以下。各种防渗材料集流效率大小依次为混凝土、水泥瓦、机瓦、塑膜覆沙(或覆土)、青瓦、三七灰土、原状土夯实、原状土。同一种防渗材料在不同地方全年集流效率亦有差别,这主要是各地施工质量差别所造成的。

(3)集流面坡度对集流效率的影响。

一般来讲,集流面坡度较大,其集流效率也较大。因为坡度较大时可增加流速,可减少降雨过程中坡面水流的厚度,降雨停止后坡面上的滞留水也减少,因而可提高集流效率。下垫面材料相同,不同坡度对集流效率的影响差别也较大。据甘肃省的试验,榆中集流场坡度为 1/50,混凝土面集流效率仅 40%~50%,西

风集流场坡度为 1/9,集流效率达 68%～80%,甘肃省西峰试验原土夯实全年效率可达 19%～30%。而榆中试验表明,在一般雨量下不产生径流,在每次降雨达到 10 mm 以上时才能产流,效率仅为 10%～15%。因此,为了提高集流效率,集流场纵坡应不小于 1/10。

(4)集流面前期来水量对集流效率的影响。

前次降雨造成集流面含水量高时,本次降雨集流效率就高。下垫面材料不同,这种影响差别也较大,特别是土质集流面,前期含水量对集流效率的影响更明显。据甘肃省西峰试验,原状土夯实地块在前期土壤饱和度达 95%时,集流效率达 80%,混凝土面集流面则影响较小。

利用当地条件集蓄雨水进行作物灌溉时,首先应考虑现有的集流面,如沥青公路路面、乡村道路、场院和天然坡地等。现有的集流面面积小,不能满足积水量要求时,则需修建人工防渗集流面。防渗材料有很多种,如混凝土、瓦(水泥瓦、机瓦、青瓦)、天然坡面夯实,塑料薄膜、片(块)石衬等。要本着因地制宜、就地取材、集流效率高和工程造价低的原则选用。若当地砂石料丰富,运输距离较近,可优先采用混凝土和水泥瓦集流面。因这类材料吸水率低,渗水速度慢,渗透系数小,在较小的雨量和雨强下即能产生径流,在全年不同降水量水平下,效率比较稳定,为 70%～80%,而且寿命长,积水成本低、施工简单、干净卫生。混合土(三七灰土)因渗透速度和渗透系数较大,前期土壤含水率也较大,故集流面形成的径流相对较小。原状土夯实比混凝土集流面形成的径流又少,这是因为土壤表面的抗蚀能力较弱,固结程度差,促使土壤下渗速度加快。下渗量增大,因而地表径流就相应减少,效率一般在 30%以下,所需集流面较大,且随着年降雨水平的不同,年效率不稳定,差别较大。若当地人均耕地较多,可采用土地轮休的办法,用塑膜覆盖部分耕地作为集流面,第二年该集流面转为耕地,再选另一块耕地作为集流面,这种材料集流效率较高,但塑膜寿命短。在有条件的地方,可结合小流域治理,利用荒山坡地作为集流面,并按设计要求修建截留沟和输水沟,把水引入蓄水设施。

4.5.3.3 截流输水工程的设计

地形条件和集雨场位置不同,防渗材料的不同,其规划布置也不相同。对于因地形条件限制离蓄水设施较远的集雨场,考虑长期使用,应规划建成定型的土集。若经济条件允许,可建成 U 形或矩形的素混凝土渠。利用公路、道路作为集流场且具有路边排水沟的节流输水沟,可从路边排水沟的出口处连接到蓄水设施。路边排水沟及输水沟渠应进行防渗处理,蓄水季节应注意经常清除杂物和浮土。利用山坡地作为集流场时,可依地势每隔 20～30 m 沿等高线布置截留沟,避免雨水在坡面上浸流距离过长而造成水量损失。截流沟可采用土渠,坡度宜为 1/50～1/30,截流沟应与输水沟连接,输水沟宜垂直等高线布置,并采用矩形或 U 形素混凝土渠或用砖(石)砌成,利用已经进行混凝土硬化防渗处理的小面积庭院或坡面,可将集流面规划成一个坡向,使雨水集中流向沉沙池的入水口。若汇集的雨水较干净,可直接流入蓄水设施,也可不另设输水渠。

1. 设计资料的收集与计算

当地降雨量关系到集流场面积和工程造价等。由于各地自然地理和气象条件不同,降雨量差别也较大,需根据当地资料来计算分析才符合实际。降雨资料主要从当地水文部门搜集,若只有降水资料,可根据式(4.89)和式(4.90)计算。

2. 灌溉用水量的确定

尽量搜集当地或类似地区不同作物的灌溉用水量资料。若资料缺乏可参考式(4.91)进行估算,用水保证率按 $P=75\%$ 设计。

3. 集流场面积的确定

由集水量推求集流面积公式为

$$S = \frac{1000W}{P_P E_P} \tag{4.94}$$

式中,S 为集流场面积,m^2;W 为年蓄水量(m),可按式(4.88)～式(4.91)计算,也可查表 4.18;P_P 为用水保证率等于 P 时的降水量,mm;E_P 为用水保证率等于 P 时的集流效率,当地试验资料缺乏时可参考表 4.17 选用。表 4.18 为宁夏回族自治区不同材料集水场在不同降水量及保证率情况下的全年集水量。

表 4.18　宁夏不同材料集水场在不同降水量及保证率情况下全年集水量

多年平均降雨量/mm	保证率/(%)	集流效率/(%)						
		混凝土	水泥土	机瓦	青瓦	黄土夯实	沥青路面	自然土坡
400～500	50	40	26.5	25	20	12.4	34	4
	75	39.5	22.5	24	19	11.5	33.5	3.5
	95	38	20.5	19.5	15.5	9.5	32.5	3.0

续表

多年平均降雨量/mm	保证率/(%)	集流效率/(%)						
		混凝土	水泥土	机瓦	青瓦	黄土夯实	沥青路面	自然土坡
300~400	50	32	20.8	19.6	16	10.4	27.2	3.2
	75	31.5	18.4	16.8	13.6	8.4	26.4	2.8
	95	30	16	14.8	11.6	6.8	25.6	2.0
200~300	50	23.4	14.1	12.3	10.2	6	19.8	1.8
	75	22.5	12	10.2	8.4	5.1	19.2	1.5
	95	21.9	9.9	9	7.2	3.9	18.6	1.2

4.集流面的设计

集流面材料有很多种,设计要求也不同,主要有以下几种。

(1)混凝土集流面。

施工前应对地基进行洒水翻夯处理,翻夯厚度以 30 cm 为宜,夯实后的干容重不小于 1.5 t/m²。没有特殊荷载要求的可直接在地基上铺浇混凝土。若有特殊荷载要求,如碾压场、拖拉机或汽车行驶等,则应按特殊要求进行设计。砂石料丰富地区,可将河卵石、小块石砸入土层内,使其露出地面 2 cm,然后再浇混凝土,集流面宜采用横向坡度为 1/50~1/10,纵向坡度为 1/100~1/50。一般用 C14 混凝土分块现浇,并留有伸缩缝,厚度 3~6 cm。砂石料含泥量不大于 4%,并不得用矿化度大于 2 g/L 的水拌和,分块尺寸以 1.5 m×1.5 m 或 2 m×2 m 为宜,缝宽为 1~1.5 cm。缝间填塞浸油沥青砂浆牛皮纸,3 毡 2 油沥青油毡、水泥砂浆、细石混凝土或红胶泥等。在兼有人畜饮水用的集流面,其缝间不得用浸油沥青材料,伸缩缝深度应与混凝土深度一致,在混凝土面初凝后,要覆盖麦草、草袋等物洒水养护 7 天以上,炎热夏季施工时,每天洒水不得少于 4 次。

(2)瓦面集流。

瓦的种类有水泥瓦、机瓦、青瓦等。水泥瓦的集流效率要比机瓦、青瓦高出 1.5~2 倍,故应尽量采用水泥瓦做集流面。用于庭院灌溉和生活用水要与建房结合起来,按建房要求进行设计施工。一般水泥瓦屋面坡度为 1/4,也可模拟屋面修建斜土坡。铺水泥瓦作为集流面,瓦与瓦间应搭接良好。

(3)片(块)石衬砌集流面。

利用片(块)石衬砌坡面作为集流面时,应根据片(块)石的大小和形状采用不同的衬砌方法。片(块)石尺寸较大,形状较规则,可以水平铺垫,铺垫时要对地基进行翻夯处理,翻夯厚度以 30 cm 为宜,夯实后干容重不小于 1.5 t/m³,若尺寸较小,形状不规则,可采用竖向按次序砸入地基的方法,厚度不小于 5 cm。

(4)土质集流面。

利用农村土质公路横向作为集流面,要对公路进行平整,一般纵向坡度沿地形走向,横向坡度倾向于路边排水沟,利用荒山坡地作集流面,需对原土进行洒水翻夯至深 30 cm,夯实后干容重不小于 1.5 t/m³。

(5)塑膜防渗集流面。

塑膜防渗集流面分为裸露式和埋藏式两种。裸露式塑膜防渗集流面是直接将塑料薄膜铺设在修整完好的地面上,在塑膜四周及接缝处可搭接 10 cm,用恒温熨斗焊接或搭接 30 cm 后折叠止水。埋藏式塑膜防渗集流面可用草泥或细沙等覆盖于薄膜上,厚度为 4～5 cm。草泥应抹匀压实拍光,细沙应摊铺均匀。塑膜集流面的土基要求铲除杂草、整平,适当拍实或夯实,其程度以人踩不落陷为准,表面适当部位用砖块石块或木条等压实。

4.5.3.4　雨水集蓄水源工程的结构设计

1. 水源工程位置的选择

(1)窖(窑)。

北方干旱地区,特别是西北黄土丘陵区地形复杂。梁、峁、墕、台、坡等地貌交错,草地、荒坡、沟谷、道路以及庭院等均有收集天然降水的地形条件。选择窖(窑)位置应按照因地制宜的原则,综合考虑窖址的集流、灌溉和建窖土质三方面条件。山区要充分利用地形高差大的特点多建立自流灌溉窖,同时窖址应选择在土质条件好的地方,避免在山洪沟边、陡坡、陷穴等地点打窖。不同土质条件的地区要选择与之相适应的窖型结构,如土质夯实的黄土、红土地区可布设水泥砂浆薄壁窖,而土质疏松的土质(如砂壤土)地区则布置混凝土盖窖或素混凝土盖窖。

(2)蓄水池。

蓄水池按其结构和作用分为涝池、普通蓄水池和调压蓄水池等。

①涝池。在黄土丘陵区,群众利用地形条件在土质较好、有一定集流面积的低洼地修建的季节性简易蓄水设施。在干旱风沙区,一些地方由于降水入渗形成浅层地下水,群众开挖长几十米、宽数米的涝池,提取地下水用于农田灌溉。

②普通蓄水池。蓄水池一般是用人工材料修建的具有防渗作用、用于调节

和蓄存径流的蓄水设施,根据其地形和土质条件可修建在地上和地下,其结构形式有圆形、矩形等。蓄水池水深一般为 2～4 m,防渗措施也因其要求不同而异,最简易的是水泥砂浆面防渗,蓄水池的选址分以下三种情况。

a.有小股泉水出露地表,可在水源附件选择适宜地点修建蓄水池,起到长蓄短灌的作用,其容积大小视来水量和灌溉面积而定。

b.在一些地质条件较差、不宜打窖的地方,可采用蓄水池代替水窖,选址应考虑地形和施工条件。另外一些引水工程(包括人畜饮水工程和灌溉引调水工程),为了调剂用水,可在田间地头修建蓄水池,在用水紧缺时使用。

c.调压蓄水池。在降雨量多的地方,为了满足低压管道输水灌溉、喷灌、微灌等所需要的水头而修建的蓄水池。选址应尽量利用地形高差的特点,设在较高的位置实现自压灌溉。

(3)土井。

土井一般指简易人工井,包括土圆井、大口井等。它是开采利用浅层地下水,解决干旱地区人畜饮水和抗旱灌溉的小型水源工程。适宜打井的位置,一般在地下水埋藏较浅的山前洪积扇,河漫滩及一级阶地,干枯河床和古河道地段,山区基岩裂隙水、溶洞水及铁、锰和侵蚀性二氧化碳含量高的地区。

2.容积设计

(1)水窖容积的确定。

按照技术、经济合理的原则确定水窖的容积是集水工程建设的一个重要内容。影响水窖容积的主要因素有地形和土质条件,按照用途要求、当地经济水平和技术能力来选择窖型结构。

①根据地形和土质条件确定水窖容积。水窖作为农村的地下集水建筑物,其容积受当地地形和土质条件的影响和制约。当地土质条件好,土壤质地密实,如红土、黄土区,开挖水窖容积可适当大一点。而土质较差的地区,如沙土、黄绵土等,如窖容积较大,则容易产生塌方。一些地方因土质条件不好甚至不宜建窖。

②按照不同的用途要求选择窖型结构和容积。如主要用于解决人畜饮水的窖大都采用传统土窖,有瓶式窖、坛式窖等,其容积一般为 20～40 m³。这类窖要求窖口口径小(60 cm 左右),窖脖长。用于农田灌溉的水窖一般要求容积较大,窖身和窖口通常采取加固措施,以防止土体坍塌,如改进型水泥薄壁窖、盖窖、钢筋混凝土窖,水容积一般为 50 m³、60 m³、100 m³ 左右。窑窖一般适用于土质条件较好的自然崖面或可作人工剖理的崖面,先挖开窑洞,窖顶做防潮处

理,然后在窑内开挖蓄水池。这种在窑内建蓄水池或窖的设施被称为窑窖。窑窖的容积根据土质情况和集流面的大小确定,容积一般为 $60\sim100$ m³,个别容积可达 200 m³。窖容积的确定除考虑上述因素外,还受当地投入能力的制约。修建窖时要考虑适宜的窖型结构、容积大小和使用寿命的长短。根据土质条件和适宜的建窖类型,可参考表 4.19 确定建窖容积。

表 4.19　建窖容积

土质条件	适宜建窖类型	建窖容积/m³
土质条件好,质地密实的红土、黄土区	传统土窖	$30\sim40$
	改进型水泥薄壁窖	$40\sim50$
	窑窖	$60\sim80$
土质条件一般的壤质土区	钢筋土盖碗窖	$50\sim60$
	钢筋混凝土窖	$50\sim60$
土壤质地松散的砂质土区	不用建窖,易修建蓄水池	100

(2)蓄水池的确定。

①确定蓄水池的原则。确定蓄水池的容积时,首先考虑可能收集、储存水量的多少,是临时或季节性蓄水还是常年蓄水,蓄水池的主要用途和蓄水量要求。其次,要调查当地的地形、土质情况(收集 1：500～1：200 大比例尺地形图,地质剖面图)。再次,要结合当地经济水平和可能投入与技术要求参数全面衡量、综合分析。最后,选用多种形式进行对比、筛选,按投入产出比(或单方水投入)确定最佳容积。

②蓄水池的容积计算。蓄水池因用途、结构不同有多种分类:按形状、结构可分为圆形池、方形池、矩形池等;按建筑材料、结构可分为土池、砖池、混凝土池和钢筋混凝土池等;按用途可分为涝池(涝坝、平塘)、普通蓄水池(农用蓄水池)、调压蓄水池等。

a.涝池。涝池形状多样,随地形条件而异,有矩形池、平底圆池,池的容积一般为 100～200 m³。其容积计算如下:

矩形池容积为:

$$V = (H+h)\frac{F+f}{2} \tag{4.95}$$

平底圆池容积为:

$$V = \frac{\pi}{2}(R^2 + r^2)(H+h) \tag{4.96}$$

式中，V 为总容积，m^3；H 为水深，m；h 为超高，m；F 为池上口面积，m^2；f 为池底面积，m^2；R 为池上口半径，m；r 为池底半径，m。

锅底圆池，参照其形状近似计算其容积，在计算实际最大蓄水量时，要减去超高部分。

b.普通蓄水池。普通蓄水池主要用于小型农业灌溉或兼作人畜饮水用。蓄水池根据用途、结构等不同，其容积一般为 $50\sim100\ m^3$，特殊情况蓄水量可达 $200\ m^3$。按其结构、作用不同一般可分为两大类型，即开敞式和封闭式。开敞式蓄水池是季节性蓄水池，它不具备防冻、防蒸发功能。农用蓄水池只是在作物生长期内起补充调节作用，即在灌水前引入外来水蓄存，灌水时放水灌溉，或将井、泉水长蓄短灌。开敞式蓄水池一般根据来水量和用水量，选定蓄水容积，其变化幅度较大。其结构形状可分为圆形和矩形两种，蓄水量一般为 $50\sim100\ m^3$。对于开敞式圆形蓄水池，根据当地建筑材料情况可选用砖砌池、浆砌石池、混凝土池等，池内采取防渗措施。主要规格：长 $4\sim8\ m$，宽 $3\sim4\ m$，深 $3\sim3.5\ m$。封闭式蓄水池的池顶增加了封闭设施，具有防冻、防蒸发功效，可常年蓄水，可用于农业节水灌溉，也可用于干旱地区的人畜饮水工程。

A.盖板式矩形池，顶部选用混凝土空心板，再加保温层防冻，冬季寒冷期较长的西北地区生活用水工程普遍采用。主要规格尺寸：池长 $8\sim20\ m$，池宽 $3\ m$，深 $3\sim4\ m$。

B.盖板式钢筋混凝土矩形池，主要用于特殊工程。其结构多为钢筋混凝土矩形、圆形池，蓄水量可根据需要确定，一般在 $200\ m^3$ 左右。宁夏固原市西塬自压喷灌压力池是长 $25\ m$、宽 $7.2\ m$、深 $3.7\ m$ 的钢筋混凝土结构，蓄水量可达 $500\ m^3$，既可蓄水调压，又兼有沉沙作用，为自压喷灌提供可靠水源。

③调压蓄水池。调压蓄水池的结构形式和普通蓄水池一样。只要选好地势，形成自压水头，就可以达到调压目的，其需水量根据用水需求选定。

3.结构设计

(1)窖。

①窖常用的结构形式。

窖按其修建的结构不同可分为传统型土窖、改进型水泥薄壁窖、盖碗窖、窖窖、钢筋混凝土窖等。窖按采用的防渗材料不同，可分为胶泥窖、水泥砂浆抹面窖、混凝土和钢筋混凝土窖、土工膜防渗窖等。由于各地土质条件、建筑材料及经济条件不同，可因地制宜选用不同结构的窖形。用于农田灌溉的窖与人畜饮的窖在结构要求上有所不同。根据黄土高原群众多年的经验，人饮窖要求窖水温度尽可能不受地表和气温的影响,窖深一般为 6～8 m,保证水不会变质,长期使用,而灌溉窖则不受深度的限制。

②适合当前农村生产的几种窖形结构。

a.水泥砂浆薄壁窖。水泥砂浆薄壁窖窖型由传统的人饮窖经多次改进,筛选成型。窖体结构包括水窖、旱窖、窖口和窖盖。水窖位于窖体下部,是主体部位,形似水缸,旱窖位于水窖上部,有窖口经窖脖子(窖筒)向下逐渐呈圆弧形扩展,至中部直径(缸口)后与水窖部分吻接。这种倒坡结构,受土壤力学结构的制约,其设计结构尺寸是否合理直接关系到窖的稳定与安全,窖口和窖盖的作用是稳定上部结构,防止来水冲刷,并连接提水灌溉设施。

b.混凝土盖碗窖。混凝土盖碗窖形状类似盖碗茶具,故取名盖碗窖。此窖型避免了因传统窖型窖脖子过深,带来打窖取土、提水灌溉及清淤等困难,适宜于土质比较松散的黄土和砂壤土地区,适应性强。窖体包括水窖、窖盖与窖台三部分。混凝土帽盖为薄壳型钢筋混凝土拱盖,在修整好的土模上现浇成型,施工简便。帽盖上布设圈梁、进水管、窖口和窖台。

c.素混凝土肋拱盖窖。窖体包括水窖、窖盖和窖台三部分。水窖部分结构尺寸与混凝土盖碗窖完全一样。混凝土帽盖的结构尺寸也与混凝土盖碗窖相同,不同之处是将原来的钢筋混凝土帽盖改进为素混凝土肋拱帽盖,可节省 30 kg 钢筋和 20 kg 铅丝口,适应性更强,便于普遍推广。其结构特点是帽盖为拱式薄壳型,混凝土厚度为 6cm,在修整好的半球状土模表面上由窖口向圈梁辐射形均匀开挖 8 条宽 10 cm、深 6～8 cm 的小槽。窖口外沿同样挖一条环形槽,帽盖混凝土浇筑后,拱肋与混凝土壳盖形成一整体,肋槽部分混凝土厚度由拱壳的 6 cm 增加到 12～14 cm,即成为混凝土肋拱,起到替代钢筋的作用。适用范围、主要技术指标、附属设施与混凝土盖碗窖相同。

d.混凝土拱底顶盖圆柱形窖。该窖型是甘肃省常见的一种形式(图4.23),主要由混凝土现浇弧形顶盖、水泥砂浆抹面窖壁、三七灰、混凝土顶盖水泥砂浆抹面窖剖面、原土翻夯窖基、混凝土现浇弧形窖底、混凝土预制圆柱形窖颈和进水管等部分组成。

e.混凝土球形窖。该窖型为甘肃省常用的一种形式,主要由现浇混凝土上半球壳、水泥砂浆抹面下半球壳、两半球接合部圈梁、窖颈和进水管等部分组成。

f.砖拱窖。这种窖型是为了就地取材,减少工程造价而设计的一种窖型,适用当地烧砖的地区。窖体包括水窖、窖盖与窖口三部分,水窖部分结构尺寸与混凝土盖碗窖相同。窖盖,属盖碗窖的一种形式,为砖砌拱盖,如图 4.24 所示。结

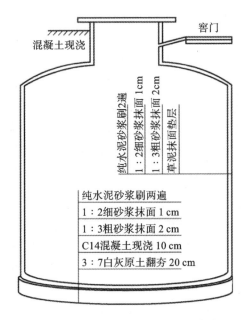

纯水泥砂浆刷2遍
1：2细砂浆抹面1cm
1：3粗砂浆抹面2cm
草泥抹面垫层

纯水泥砂浆刷两遍

1：2细砂浆抹面 1 cm

1：3粗砂浆抹面 2 cm

C14混凝土现浇 10 cm

3：7白灰原土翻夯 20 cm

混凝土现浇

窨门

图 4.23　混凝土拱底顶盖圆柱形水窖

构特点为：窖盖为砖砌拱盖，可就地取材，适应性较强，施工技术简易、灵活，一般泥瓦工即可进行施工，既可在土模表面自下而上分层砌筑，又可在大开挖窖体土方后再分层砌筑窖盖，适用范围和主要技术指标与混凝土盖碗窖基本相同。

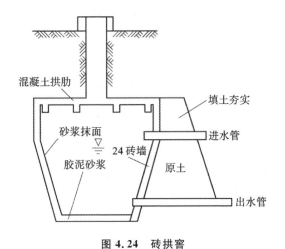

混凝土拱肋

砂浆抹面

胶泥砂浆

24砖墙

原土

填土夯实

进水管

出水管

图 4.24　砖拱窖

g.窑窖。窑窖按其所在的地形和位置可分为平窑窖和崖窑窖两类。平窑窖一般在地势较高的平台上修建，其结构形式与封闭式蓄水池相同。将坡、面、路壕雨水引入窖窖内,再抽水(或自流)浇灌台下农田,崖窑窖是利用土质条件好的自然崖面或可作人工刮理的崖面,先挖窑,然后在窑内建窖,俗称窑窖。

h.土窖。因各地土质不同,传统式土窖样式较多,主要有瓶式土窖和坛式土窖两大类。其区别在于瓶式土窖脖子小而长,窖深而蓄水量小;坛式土窖脖子相对短而肚子大,蓄水量多。当前除个别山区群众还在修建瓶式土窖用来解决生活用水外,主要采用坛式土窖。传统土窖因防渗材料不同又分为红胶泥防渗和水泥砂浆防渗两种。窖体由水窖、旱窖、窖口与窖盖四部分组成。

(2)蓄水池。

①涝池。涝池包括矩形池、平底圆池、锅底圆池等,因其结构简单,技术要求不高,故予以省略。

②普通蓄水池。普通蓄水池按其结构作用不同分为开敞式和封闭式两大类,按其形状特点又可分为圆形和矩形两种。

a.开敞式圆形蓄水池。因建筑材料不同有砖砌池、浆砌石池、混凝土池等。

圆形蓄水池由池底、池墙两部分组成。附属设施有沉沙池、拦污栅、进水管、出水管等,池底用浆砌石和混凝土浇筑,底部原状土夯实后,用 75 号水泥砂浆砌石,井灌浆处理,厚 40 cm,再在其上浇筑 10 cm 厚的 C19 混凝土。池墙有浆砌石、砌砖和混凝土三种形式,可根据当地建筑材料选用。

A.浆砌石池墙。当整个蓄水池位于地面以上或地下埋深很小时采用。池墙高 4 m,墙基扩大基础,池墙厚 30～60 cm,用 75 号水泥砂浆砌石,池墙内壁用 100 号水泥砂浆防渗,厚3 cm,并添加防渗剂(粉)。

B.砖砌池墙。当蓄水池位于地面以下或大部分池体位于地面以下时采用,用"74"砖砌墙,墙内壁同样用 100 号水泥砂浆防渗,技术措施同浆砌石墙。

C.混凝土池墙。混凝土池墙和砖砌池墙地形条件相同,混凝土墙厚度 10～15 cm。池塘内墙用稀释水泥浆作防渗处理。

b.开敞式矩形蓄水池。开敞式矩形蓄水池按建筑材料不同分砖砌式、浆砌石式和混凝土式三种。矩形蓄水池的池体组成、附属设施、墙体结构与圆形蓄水池基本相同,不同的只是根据地形条件将圆形变为矩形罢了。开敞式矩形蓄水池当蓄水量在 60 m³ 以内时,其形状近似正方形布设。当蓄水量再增大时,因受山区地形条件的限制,蓄水池长宽比逐渐增大(平原地区除外)。矩形蓄水池结构不如圆形池受力条件好,拐角处是薄弱处,需采取加固措施。蓄水池长宽比超过 3 时,在中间需布设隔墙,以防侧压力过大,边墙失去稳定性。

c.封闭式圆形蓄水池。封闭式圆形蓄水池的结构特点如下:封闭式圆形蓄

水池增设了顶盖结构,增加了防冻保温功效,封闭式圆形蓄水池剖面图工程结构较复杂,投资加大,所以蓄水容积受到限制,一般蓄水量为 $25\sim45$ m³;池顶多采用薄壳型混凝土拱板或肋拱板,以减轻荷重和节省投资。池体大部分结构布设在地面以下,可减少工程量。因此要合理选定地势较高的有利地形。

d.封闭式矩形蓄水池。封闭式矩形蓄水池的结构特点如下:矩形蓄水池适应性强,可根据地形、蓄水量要求采用不同的规格尺寸和结构形式,蓄水量变化幅度大,可就地取材,选用当地最经济的墙体结构材料,并以此确定墙体类型(砖、浆砌石、混凝土等),池体顶盖多采用混凝土空心板或肋拱板。池宽以 3 m 左右为宜,可降低工程费用,池体大部分结构要布设在地面以下,可减少工程量。保温防冻层厚度设计,要根据当地气候情况和最大冻土层深度确定,保证池水不结冰和发生冻胀破坏。蓄水池长宽比超过 3 时,要在中间布设隔墙,以防侧墙压力过大边墙失去稳定性,在隔墙上部留水口,可有效地沉淀泥沙。

③调压蓄水池。调压蓄水池是为了满足输水管灌(滴灌、渗灌)和微喷灌所需水头而特设的蓄水池。形成压力水头有不同途径:在地势较高处修建蓄水池;利用地面落差用管道输水即可达到设计所需水头,实现压力管道输水灌溉或微喷灌;修建高水位的水塔,抽水入塔,形成压力水头,利用抽水机泵加压,满足管道输水灌溉和微喷灌需要。后两种方法投资大,不宜普遍推广。第一种方法投资最省,山区可因地制宜推广应用,因此在山区只要选好地形修建普通蓄水池就可实现调压目的。

(3)土井。

①土井类型。土井一般分为土圆井和大口井两种形式。土圆井结构形式一般为开口直径在 1.0 m 左右的圆筒形。大口井为开口较大的圆筒形、阶梯形和缩径形结构,上面开口大,下面底径小。大口井要根据水文地质和工程地质条件、施工方法、建筑材料等因素选型。

②土井结构设计。

a.井径、井深确定。井径要根据地质条件、便利施工的原则确定。土圆井多为人工加简易机械开挖施工,以方便人员上下施工为出发点,井径一般为 $80\sim100$ cm,大口井井径在 200 cm 以下。但井口开挖口径要根据地下水埋深、土质情况、施工机具等决定。井深要根据岩性、地下水埋深、蓄水层厚度、水位变化幅度及施工条件等因素确定。

b.进水结构设计。土圆井、大口井,其进水结构要设在动水位以下,顶端与最高水位齐平。进水方式有井底进水、井壁进水和井底井壁同时进水三种形式。

A.井底进水结构。井底设反滤层进水(井底为卵石层不设反滤层)一般布设 2～5 层,总厚度 1.0 m 左右。

B.井壁进水结构。进水结构要根据地质情况和含水层厚度、含水量等情况选定。当含水层颗粒适中(粗砂或含有砾石)厚度较大时,可采用水平孔进水方式。当含水层颗粒较小(细砂)时,必须采用斜孔进水方式,以防细沙堵塞水道;当含水层为卵石时,可采用 φ5～φ50 的不填滤料的水平圆形或锥形(里大外小)的进水孔。

C.进水结构形式有砖(片石)干砌、无砂混凝土管和混凝土多孔管等。土圆井多采用砖石干砌和无砂混凝土管,根据当地建筑材料情况选用。大口井多采用分片预制的混凝土管和钢筋混凝土多孔管。滤水管与井壁空隙之间要填充滤料,形成良好的进水条件,严防用黏土填塞。

c.井台、顶盖。为便于机泵安装、维护、管理使用,土圆井要设井台、井盖。其规格标准按水窖形式设置,大口井可根据井口实际大小预制安装钢筋混凝土井盖。

4.5.4　雨水集蓄工程配套设施技术与管理

为了充分发挥雨水集蓄工程的效益,配套设施的建设是不可缺少的。如为集蓄干净的水,需要配套拦污及沉淀、过滤设施;为充分蓄纳雨水及保护水源,需要建设输水及排水设施;为了更好地利用水源,需要配套机泵等。

4.5.4.1　水源的净化设施

1.沉沙池

沉沙池主要用于减少径流中的泥沙含量,一般建于离蓄水池或水窖 2～3 m 处,其具体尺寸依径流量而定。沉沙池是根据水流从进入沉沙池开始,水流所携带的设计标准粒径以上的泥沙,流到池出口时正好沉到池底设计的。

此外,在泥沙含量较大时,为充分发挥沉沙池的功能,在沉沙池内可用单砖垒砌斜墙。这样一方面可延长水在池内的流动时间,有利于泥沙下沉,另一方面可连接沉沙池和水窖或蓄水池取水口位置,使正面取水变成侧面取水,更有利于避免泥沙进入窖或蓄水池。沉沙池的池底需要有一定的坡度(下倾)并预留排沙孔。沉沙池的进水口、出水口、溢水口的相对高程通常为:进水口底高于池底0.1～0.15 m,出水口底高于进水口底 0.15 m,溢水口底低于沉沙池顶 0.1

～0.15 m。

2.过滤池

对水质要求高时,可建过滤池,过滤池尺寸及滤料可根据来水量及滤料的导水性能确定,过滤池施工时,其底部先预埋一根输水管,输水管与蓄水池或窖窖相连。滤料一般采用卵石及粗砂,中砂自下而上按顺序铺垫,各层厚度应均匀,同时为便于定期更换滤料。各滤料层之间可采用聚乙烯塑料密网或金属网隔开。此外,为避免平时杂质进入过滤池,在非使用时期,过滤池顶应用预制混凝土板盖住。

3.拦污栅

在沉沙池、过滤池的水流入口处均应设置拦污栅,以拦截汇流中的大体积杂物。拦污栅构造简单,可在铁板或薄钢板及其他板材上直接呈梅花状打孔(圆孔、方孔均可),亦可直接采用筛网制成,一般用 8 号铅丝编织成 1 cm 方格网状栅。周边用 φ6 钢筋绑扎或焊接,长与宽根据水管(槽)尺寸而定。经济条件较差的地区,也可用竹条、木条、柳条制作成网状拦污栅。但无论采用何种形式,其孔径必须满足一定的要求,一般不大于 10 mm×10 mm。

4.其他辅助净化水质措施

除建造沉沙池、过滤池、拦污栅等水质净化设施外,对于人畜饮水尚可采用简化的辅助净化保质手段,如地下建窖,窖口加盖;保持集流区域内干净卫生;用明矾或其他化学剂净化水质;煮沸饮用水;定期清洗蓄水设施等。

4.5.4.2　水源的输水与排水系统

汇集的雨水通过输水系统进入沉沙池或过滤池,而后流入蓄水池或窖窖中。输水一般采用引水沟(渠)。在引水沟(渠)需长期固定使用时,应建成定型土渠并加以衬砌,其断面形式可以是 U 形、半圆形、梯形和矩形,断面尺寸根据集流量及沟(渠)底坡等因素确定,采用明渠均匀流公式进行计算。

4.5.4.3　水源工程的维护管理

1.窖工程的维护

窖管护工作的主要内容如下。

(1)适时蓄水。下雨前要及时整修清理进水渠道、沉沙池,清除拦污栅前杂物,疏通进水管道,以便不失时机地引水入窖。当水蓄至上限时,即缸口处,要及时关闭进水口,防止超蓄造成窖体坍塌。引用山前沟壕来水的水窖,雨季要在沉沙池前布设拦洪墙,防止山洪从窖口漫入窖内,淤积泥沙。

(2)检查维修工程设施。要定期对水窖进行检查维修,经常保持水窖完好无损,蓄水期间要定期观测窖水位变化情况,并做好记录。发现水位非正常下降时,分析原因,以便采取维修加固措施。

(3)保持窖内湿润。水窖修成后,先用人工担水 3~5 担,灌入窖内,群众称为养窖。用黏土防渗的水窖,窖水用完后,窖底必须留存一定的水,保持窖内湿润,防止干裂而造成防渗层脱落。

(4)做好清淤工作。每年蓄水前要检查窖内淤积情况,淤积轻微(淤深小于0.5 m)当年可不必清淤;当淤深大于 1.0 m 时,要及时清淤,不然影响蓄水容积。清淤方法因地制宜,可采用污水泵抽泥、窖底出水管排泥(加水冲排泥)及人工窖内拘泥等方法。

(5)建立窖权归户所有的管护制度。贯彻谁建、谁管、谁修、谁有的原则。

2.蓄水池维护

蓄水池管护工作内容如下。

(1)适时蓄水。蓄水池除及时收集天然降水所产生的地表径流外,还可因地制宜引蓄外来水(如水库水、渠道水、泉水等)长蓄短灌,蓄灌结合,多次交替,充分发挥蓄水与节水灌溉相结合的作用。

(2)检查维修工程设施。要定期检查维修工程设施,蓄水前要对池体进行全面检查,蓄水期要定期观测水位变化情况,做好记录。开敞式蓄水池没有保温防冻设施,冬季不蓄水,秋灌后要及时排除池内积水,冬季要清扫池内积雪,防止池体冻胀破裂,封闭式蓄水池除进行正常的检查维修外,还要对池顶保温防冻铺盖和池外墙进行检查维护。

(3)及时清淤。开敞式蓄水池可结合灌溉排泥,池底滞留泥沙用人工清理。封闭式矩形池清淤难度较大,除利用出水管引水冲沙外,只能人工从检查口提吊。当淤积量不大时,可两年清淤一次。

4.5.4.4　配套设施的维护

管理水源工程是雨水集蓄工程的主体,配套设施也是其中不可缺少的组成部分。

1.集水场维护管理

集水场主要指人工集水场,有混凝土集水场、塑膜覆砂、三七灰土、人工压实

土场(麦场和简易人工集水场)及表土层添加防渗材料等多种形式。

(1)维护管理的内容。

维护人工集水设备的完整,延长使用寿命,提高集水效率。

(2)维护管理的措施。

①设置围墙。在人工集水场四周打1.0 m高的土墙,可有效地防止牲畜践踏,保持人工集水场完整。

②冬季降雨雪后及时清扫,可减轻冻胀破坏程度,对混凝土集水场和人工土场均有良好的效果。

2.沉沙池维护管理

我国北方地区尤其是黄土高原地区水土流失严重,而雨水集蓄工程主要集蓄降雨径流,来水中含沙量大。因此合理布设沉沙池和加强对沉沙池的管理和维护至关重要,其主要内容如下。

(1)每次引蓄水前及时清除池内淤泥,以便再次发挥沉沙作用。

(2)冬季封冻前排除池内积水,使沉沙池免遭冻害。

(3)及时维修池体,保证沉沙池完好。

4.6 水稻节水灌溉技术

4.6.1 水稻控制灌溉技术

20世纪80年代中后期,我国科学家和澳大利亚科学家合作,利用果树和大田作物盆栽实验开始研究控制灌溉,于90年代在大田开展实验。1996年,河海大学专家开始在水稻上研究控制灌溉,并取得成功。

水稻控制灌溉又称水稻调亏灌溉,是指在秧苗本田移栽、薄水返青活苗后的各生育期,田面基本不再长时间保留水层,而是以水稻不同生育期根层土壤水分作为控制指标确定灌水时间、灌水次数和灌水定额,并采用"浅、湿、干"循环交替灌溉的一种灌水新技术。所谓"浅、湿、干"循环交替灌溉,是指"灌一茬水露几天田","前水不见后水,看见裂缝再灌水"。

4.6.1.1 水稻控制灌溉技术的原理

控制灌溉技术既不属于充分灌溉,也不属非充分灌溉范畴,其认为水稻在生长发育过程中,适度的水分胁迫,会使水稻产生一定的耐旱性,而且不会减产。

控制灌溉技术认为,作物的生理生化作用受到遗传特性和生长激素的影响,如果在其生长发育的某些阶段主动施加一定程度的水分胁迫,不仅能够发挥水稻自身调节机能和适应能力,还能降低营养器官的生长冗余,提高作物的经济系数,并可通过对其内部生化作用的影响,改善作物的品质。因为这种技术不再保留本田水层,土壤层的有害气体能够快速排出,促使水稻根系变得粗壮,使得功能叶片保持活力而不早衰,起到节水、优质、高产的作用。

4.6.1.2　水稻控制灌溉技术与常规灌溉技术的区别

1. 灌水依据不同

常规灌溉依据水层深度来确定稻田是否缺水,从而确定灌水量、灌水次数与灌水周期。控制灌溉技术则需依据土壤水分常数来判断是否需要灌溉以及灌水量、灌水次数和周期。

2. 灌溉方法不同

常规的灌溉模式有"浅、深、浅","浅、晒、深、浅","浅、晒、湿"等,而控制灌溉采取"浅(30 mm)、湿(0 mm)、干(土壤含水率下限,一般为土壤饱和含水率的70%~100%)"的循环交替方法。

3. 灌水程度不同

常规灌水是充分灌溉模式,即充分保证作物水量,不允许水稻受旱;控制灌溉则是人为调亏,根据水稻不同生育期的生理特性,在分蘖等非需水敏感期实施人为胁迫,造成适度干旱,而在拔穗和抽穗开花等敏感期保证供水,使水稻生长出现补偿效应,是介于充分灌溉和非充分灌溉之间的一种灌溉模式。

4. 田间水层不同

除在分蘖和晒田期,常规灌溉需要长时间在水田中保留一定深度的水层,而控制灌溉方式不需要保留水层。

4.6.1.3　水稻控制灌溉技术要求

(1)格田要平整,高差不要高于 2 cm,否则不能达到 30 mm 的灌溉标准。水源要可靠,能够保证及时补充。

(2)熟悉水稻各生育期的土壤水分常数变化,掌握相应指标下的土壤表相的变化,灌水时原则上不能超过灌水上限。

(3)掌握基本的灌水方法,即"浅、湿、干"循环交替法。

(4)掌握生育期的用水管理。返青至分蘖末期是非需水敏感期,也是控制灌溉的关键期,也是最节水时期,需要严格控制水量。拔穗和抽穗开花期是敏感期,需要特别注意。

(5)注意降雨的高效利用。雨期降雨频繁,多数情况下仅降雨就能满足土壤含水要求,但应注意蓄水量(一般不超过50 mm)和蓄水时间(一般不超过7 d)。

4.6.2 水稻"薄、浅、湿、晒"灌溉模式

水稻单位面积产量主要取决于穗粒数和有效穗粒数、粒重以及有效穗粒数与粒重受植株群体结构与个体发育的影响程度。实际上,穗粒数多不一定高产,而应控制合适的有效穗数,靠低节位分蘖的有效穗粒数多、籽粒饱满、粒重,产量才高。有效穗粒数实粒数、粒重,与水土肥种等因素相关。水稻"薄、浅、湿、晒"灌溉技术,能够有效地协调水稻群体结构与个体发育之间的关系,使群体结构趋向合理,个体发育健壮,形成丰产的理想株型,朝着高产结构的方向发展,为产量构成奠定基础。

4.6.2.1 水稻"薄、浅、湿、晒"灌溉技术要点

通辽市水利技术推广站从1999年开始在全市大面积推广"薄、浅、湿、晒"的水稻灌溉技术,收到了显著的经济、社会和生态效益;总结了灌水技术,即薄水插秧;浅水返青;薄水分蘖,分蘖后期晒田;拔节、抽穗至乳熟保持田面浅水和湿润交替;乳熟至黄熟保持田面湿润(土壤饱和含水率);黄熟后湿润落干。

(1)泡田期:插秧前3 d开始泡田,要求淹没田面,形成水层,以利用平整田面,达到插秧要求。含盐量超标的表土通过换水降低土壤含盐量。泡田定额为100~150 mm,占全生育期总用水量的15%~20%。这部分水分除蒸发、渗漏外多余水在插秧前排完。

(2)插秧、返青期:在田块内土壤浸泡均匀,田面平整较好(基本水平)的条件下,放寸水插秧,插秧后直到返青保持水层3~4 cm。从插秧到全面返青约20 d内,灌水定额一般为90~110 mm,占全生育期用水量的15%左右。

(3)分蘖期:历时大约1个月,是植株生长最敏感时期,前期保持稳定的浅水层约3 cm,后期随时观察分蘖情况,待稻苗单株达到3~4个分蘖,立即落干,晒田一个星期左右。通过晒田控制无效分蘖,提高地温,促进根系发育。分蘖期用水定额在110~140 mm,约占全生育期用水量的20%。

(4)拔节育穗期:拔节育穗期是稻株生长最为旺盛的时期,大概有 35 d。此期间要求水层浸泡,但要求田间土壤湿度保持不低于饱和含水率状态,使田面处于浅、湿状态。此期间用水定额为 100 mm,占全生育期的 17%。但由于这个阶段是雨季,实际灌水量并不多。

(5)抽穗、乳熟期:这个阶段大概有 21 d,是稻穗开花、结籽的时期。植株叶面增长、穗体发育不需要保留水层,仍要求田面处于浅、湿交替状态。此期用水量大约为 100 m³/km²,因正是雨季后期,实际灌水量也并不需要很多。

(6)蜡熟、收割期:此期为 30～40 d,籽粒已形成蜡质,植株仍有生机,是提高干粒重的最后阶段。蜡熟、收割期耗水量一般无须灌水,前期田面保持的水量即可满足要求。该期耗水量为 1.8～2 m³/km²,不到全生育期的 10%。

4.6.2.2　技术优点

(1)符合水稻的蓄水要求,减小了渗漏量。研究表明,水稻叶面腾发量为全生育期的 15%～25%,浅水灌溉刚好能满足这一要求。因为浅水灌溉比深水层压力小,所以渗漏也减小了。

(2)与常规灌溉相较而言,地温较高,可增加地温 0.6～0.7 ℃,有利于作物生长。

(3)能够调节土壤结构,减少病害发生,同时控制水稻分蘖。浅、湿、晒交替的灌溉方式有利于土壤团粒结构的形成,有利于土壤中有毒物质的排出,也增加了土壤层中的氧气含量,有利于水稻根系的生长和抗倒伏能力的提高,相应抑制了水稻的分蘖(水稻有"有氧生根,无氧发芽"的特点)。

(4)节水高产,易于掌控。浅灌灌水定额 500～600 mm,深灌平均 800 mm以上,浅灌比深灌平均节水 200～400 mm,增产 50%左右。

4.6.2.3　经济效益

通辽市 2 年的技术成果推广测试结果表明,采用水稻"薄、浅、湿、晒"灌溉技术后与传统的深水灌溉相比,平均节水 250～400 m³/km²,节省油、电费 20%～30%,稻谷增产 50%～75%。该项目 1999 年推广面积为 867 hm²,节水 400 万立方米以上,增产 78 万千克稻谷,农民增加收入 130 万元。2000 年推广面积5733 hm²,节水 2000 万立方米以上,增产稻谷 500 万千克以上,农农增加收入688 万元。2001 年推广面积 2.7 万公顷,节水 1.2 亿立方米,增产 0.2 亿千克稻谷,农民增加收入 3000 万元以上。

4.6.3 水稻薄露灌溉

4.6.3.1 水稻薄露灌溉的概念

1.薄露灌溉的概念

传统的水稻灌溉需要很多水量,在蜡熟收割前的生育期内,一直需要在水田维持一定的水层,且产量不佳,可以说"以水养稻,灌水到老,病多易倒,谷瘪米少"。田块长时间处于淹水状态,土壤缺少氧气,所以二氧化碳、甲烷、硫化氢等有毒气体大量富集,使得根系中毒、变黄,发黑甚至腐烂,影响水和养分的吸收,导致水稻茎秆细软,易病害、易倒伏,从而不能高产。

薄露灌溉是指在水稻生长期内,浅水与露田交替出现,使田面有一半时间与空气接触,同时又保证田面湿润的一种灌溉方式。这种灌溉方式很明显的一个作用就是能够改善土壤结构,调节土壤水、气矛盾,改善根部生长环境,促进根系发育。同时,薄露灌溉还能促使水稻返青快、分蘖早,增加有效分蘖,使田间保持一定的湿度,提高水稻抗病抗倒伏能力。

2.薄露灌溉节水、增产的原因

(1)节水原因。

①渗漏量减少。稻田渗漏与土质、地下水深度有关,且与灌溉水层深浅有很大关系。薄露灌溉水层薄,且有水层时间短,渗漏量明显减少。

②蒸腾量减少。气温高于 20 ℃时,叶面气孔随着土壤含水量的增大而增大。薄露灌溉使得土壤含水量在饱和含水量的 $85\%\sim90\%$,因此气孔中微开和微关的时间居多,也就抑制了水分的失散。

③雨水利用率高。稻田平时灌水少,下雨时就积蓄雨水,流失减少。

④棵间蒸发减少。薄露灌溉露田期间,稻田的水面蒸发变成田面蒸发,这也使得稻田水量蒸发减少,从而减少水量。

(2)增产原因。

①根系活力增强。薄露灌溉使土壤水分与空气比例适当,氧化电位升高,减少了有害物质的形成。水稻根部生长环境优化,促进根系发展,增强了根系活力,有利于水稻高产。

②有效分蘖增加。薄露灌溉使得水稻基部光照加强,土表温度提高,有利于肥料分解,水稻返青快,分蘖快,有效分蘖增加。

③光合作用增强。薄露灌溉使得水稻前期叶片面积大,光合作用强,中期光合作用集中,后期延缓叶片衰老,影响干粒重。

4.6.3.2　薄露灌溉的技术特点及应用

薄露灌溉每次灌水要尽量薄,灌水 2 mm 左右即可,灌水后自然落干(露田),前后两次灌水间隔不能太短,必须要前水不见后水;每次灌水的水层尽量一样薄,露田时需要注意水稻生育期,适时、适当地确定露田时间。奕永庆等人总结灌水要点:返青期间轻露田,将要断水即灌水,分蘖末期要重露,鸡爪缝开才灌水。孕穗至花开,对水最敏感,怕干不怕薄,活水不断水。结实成熟期,露田要加重,间隔跑马水,裂缝可插烟。

水稻全生育期不同阶段对水量的要求不同,所以露田的程度需要根据水稻生育期各阶段的蓄水特性来把握。

(1)前期:水稻移栽后经过返青与分蘖至拔节期。移栽后第 5 d 就要落干。落干到表土露面,使用除草剂,应在移栽后第 5 d 进行,但第一次落干的时间要推迟到移栽后的第 9～10 d,且这次露田程度与未使用除草剂的第二次露田程度相同,即表土微裂。

(2)中期:水稻的厚穗与抽穗期是全生育期的需水高峰,必须供给足够的水量,等落干到田间无积水时再灌薄水。

(3)后期:水稻乳熟期落干至田面表土开裂 2～3 mm,黄熟期落干到表土开裂 5～10 mm 再复水。

(4)收割前。如气温高、天晴、干燥,早稻提前 5 d 断水,晚稻提前 10 d 断水;如气温不高,经常阴雨、湿度较大,早稻提前 10 d 断水,晚稻提前 15 d 断水。

薄露灌溉不仅能节约灌溉水量,而且对稻田氮、磷等元素的富集有一定的影响。根据陈义等人的研究,水稻薄露灌溉可节水 11.7%;每公顷单季晚稻减少氮(硝态氮)渗漏损失 0.6 kg,减少氮渗漏损失率达 12%;反映到单季晚稻产量上,薄露灌溉每公顷收获稻谷 2.9 kg,常规浅层灌溉每池收获稻谷 2.75 kg,薄露灌溉增产 5.45%。

现阶段,薄露灌溉已经被广泛采用。薄露灌溉技术在浙江余姚市、河南信阳市、江西南昌市等地得到大面积的推广和应用,对当地灌溉农业发展作出了重大贡献。

第5章　水利灌溉工程管理

5.1　水利灌溉工程管理工作

水资源是人类社会的基础能源,并与农业生产有着极为密切的联系。尽管我国的耕地面积大,但受到各种因素的影响,我国水资源分布呈现着不均匀的状态,很多偏远地区或者山区在可用水资源方面相对欠缺,对农业生产效率产生负面的影响。为解决此问题,要提高对水利灌溉工程管理工作的重视,并依照实际情况提出具有针对性的处理手段,降低不利影响,提高水资源利用率,既能够满足环境资源保护的需要,同时还能够给人们带来积极的影响。

5.1.1　水利灌溉工程管理的基础原则

因为我国大面积土地位于内陆,且人口数量较多,水资源问题长期成为阻碍社会发展的一个难题。水利工程建设的相关人员应当意识到该项目的重要性,开展相应的管理工作,详细情况如下。

(1)坚持集约、节约用水原则。水资源是人类社会长久发展的重要保障。相关部门在建设水利灌溉工程的过程中,应当依照实际概况建立与完善用水机制,提高管理工作的高效性与可靠性,降低风险因素,强化水资源利用效率,进而满足农业生产的各方面需求,为后续工作奠定良好的基础。

(2)统一协调管理原则。相关部门在开展水利灌溉管理工作的过程中,需要提高经济建设的管控力度,明确农业建设与水利工程之间的关系,加强技术层面的创新与优化,明确统一规划的重要性,以此提高工程的应用效率,满足农业地区的经济建设。

(3)全局优化原则。相关部门在进行水利灌溉工程管理的过程中,应当从宏观角度进行资源配置的优化,降低资源浪费现象所带来的不利影响,确保水资源的利用率得以提升。

(4)科学发展原则。作为我国社会长久发展的重要内容,科学发展理念的重要性毋庸置疑,严格遵循这一原则,明确水利灌溉工程建设与管理的重要性,并依照实际情况提出具有针对性的处理措施,这样不但能够满足我国市场经济发展要求,同时还能够对水资源的利用效率产生积极的影响,从而提升生态环境效益。

5.1.2　水利灌溉工程管理中存在的问题

有关方面在建设和运行水利建设项目时,需要先对当前存在的问题加以分析,并以此为要点进行综合考量。具体问题如下。

1.水利设施不完善

当前,在一些农村地区,水利设施还不够健全,以至于农业经济建设发展受到不利影响。原因在于农业地区经济发展相对落后,所应用的水利设施无论是性能还是稳定性都存在问题,维护工作不到位,水资源利用效率以及灌溉效果都会因此受到影响,这使得整个农业建设不能满足当前现代化建设的需要,水利设施的应用效果也会大打折扣。

不仅如此,由于我国部分农村地区的技术手段较为落后,尽管修建了相应的水利工程,但无法满足预期标准,难以优化农业建设。由此可见,当前,我国政府与相关部门想要处理水利工程设施不完善的情况,则要从地区的实际经济情况以及水库数量入手,如果无法解决用水问题所带来的不利影响,会对后续工作内容产生阻碍作用。

2.灌溉道路淤积严重

当前,一些农村地区在实施水利工程化学改造时,还存在一些问题,依然将土质材料作为主要的途径,这种材料尽管可以有效控制成本,但是很容易发生淤积的情况。整个农田水利灌溉途径一旦发生了严重的阻塞,不仅会影响到整个灌溉系统的正常运转,而且会影响到其他工作。正因如此,相关部门想要确保水利工程的灌溉效果得以提升,不但需要对传统的灌溉模式加以优化与升级,同时也要处理淤积问题,进而确保相关工作得以顺利开展,农民自身的利益也能够因此得到保障。

3.制度问题

当前我国农田水利灌溉工程管理过程中仍缺乏必要的制度规范,农田水利灌溉工程管理时具有随意性,从而引发一系列问题,造成不必要的麻烦。其中比

较突出的是缺乏维护保养制度，一些工程设施难以发挥出应有的作用。

4.管理人员问题

在农田水利灌溉工程管理中，管理人员存在以下问题。

①综合素质参差不齐。目前，我国农田水利灌溉工程基层管理岗位的入行门槛较低，有很多非本专业的人员进入岗位。虽然他们会在前期接受培训，但是农田水利灌溉工程管理涉及的内容较多且十分复杂，他们很难在短时间内掌握各类专业知识、技能及具备解决实际问题的能力，在具体的管理过程中会因自身知识、经验、技能等的不足而引发一系列问题，对工程寿命、应用效果、成本控制等产生负面影响。

②职业素养不足。部分管理人员的职业素养不足，在执行上级指令、政策要求时表现出散漫、消极的态度，未完全执行相关操作，从而给农田水利灌溉工程后期使用埋下隐患，使得灌溉效率较低，严重时会引发水利工程故障问题。

管理人员存在问题，归根结底在于缺乏必要的制度管控和监理措施。大部分大型农田水利灌溉工程都会制定制度与监理措施，但一些中小型农田水利灌溉工程因人员、资金不足，自身不具备建立相关制度与制定监理措施的能力，通常直接借鉴大型水利工程推行的制度与监理措施，但表现出较大的不适宜性，难以发挥出最佳的效果。

5.管理投入问题

农田水利灌溉工程属于基础建设项目，在具体的运营阶段，常常会因管理投入问题而影响整体的管控质量，引发设备、人员、资金等配置不足等问题。这种情况会导致工程周期长、项目维护不足、管理执行缓慢等问题。这样做虽然能够在管理投入方面节省开支，但对于整体的管理效果却会产生负面影响。

5.1.3　水利灌溉工程管理工作的优化策略

当前，随着我国经济的持续发展，水利水电的建设和运行受到越来越多的关注，为了确保国民的生活质量能够提高，农村地区的人均利益符合新农村建设需要，相关部门要重视水利灌溉工程管理工作，从不同角度进行工程管理模式的优化，强化科学性与稳定性特征，减少不利影响，这样不但能够对农业地区的经济建设与发展产生促进作用，而且人们的日常生活质量也能够得到有效保障。

1. 完善基础设施建设

为了确保水利灌溉工程正常运行,相关部门在管理的过程中,应当加强对基础设施建设的完善化处理,加强对水利工程的管控力度,进而为后续工作奠定良好的基础。在这一过程中,相关部门应当明确工程检查要注意的项目,明确建设时间,并依照实际情况进行加固处理,以此完成相应的优化工作,详细情况如下。

(1)针对传统的水利灌溉工程,或者使用时间相对较长的水利灌溉工程,一方面相关部门需要根据实际情况进行方案对比,并制定较为合理的加固与强化方案,提高设备的整体性能与运行质量,满足群众服务需求,优化的建设工程方案,确保农业人员的生活质量。另一方面,相关部门要以水利工程基础设施的运行效率与安全性为主,明确农业发展经济效益与基础设施之间的关系,这样不但能够有效提高工程质量,降低风险因素的干扰,而且对于农业地区的发展也会产生促进作用。

(2)水利灌溉管理工程的运行过程往往会涉及新型项目的修建与应用,倘若施工单位缺乏对这方面的管控力度,能力有限,或者管理不当,很容易导致基础设施建设效果大打折扣。为了避免类似的情况出现,相关部门在竣工后,需要对设备进行质量检测,明确巡检标准,并依照实际情况实施严密的管理,对装备和技术进行周期性的检验,不仅可以有效地提高灌溉工程施工效率,而且能够降低因工程质量所带来的不利影响,对于农业人员的生活质量也会产生积极作用。

2. 加快推广节水灌溉新技术

与其他技术相比,水利灌溉工程项目具有极高的应用价值。修建此类项目,不但能够满足防洪抗旱的各方面需求,而且能够对环境保护产生积极的影响,是实现我国可持续化发展的重要内容。在这一过程中,相关部门应当明确水利工程项目的重要性,并选择较为先进的技术手段加以应用,提高人们对节水灌溉技术的认知与理解,通过对不同类型的灌区进行科学选择,既可以较好地使用区域资源,又可以达到节水目标,进而为农业生产带来促进作用。

3. 构建完善的管理制度

要保证水利灌溉管理工作顺利进行,并使其经营模式和水平能满足要求,有关单位必须根据现实条件进行改革,加强对当前市场经济体制发展规律的管控,明确风险因素的干扰,既满足经济环境的发展规则,又可以衍生完善的工作机

制,使得市场经济发展需求得以满足,在国家政策与应用效果方面也能够有效保障。因为水利工程的管理机构一般由政府部门作为核心支撑,若设立的机制不具备政策支持,很容易受到各方面因素的影响与限制,为了避免类似的情况出现,这就要求国家加强有关法规体系的建设,以增强其适用性及效力,同时地方政府也要结合区域特色完成融合与应用。从效果上来讲,创新管理机制的方式,能够有效提高水利灌溉工程管理的可靠性与稳定性,降低安全风险的不利影响,实现对工作内容的优化与处理,不仅可以满足农村的发展需求,而且提高了人民的生活水平。

(1)完善农田水利灌溉工程监督制度。

①设立专业的监督管理部门,对农田水利灌溉工程的整个建设、运营过程进行必要的监督管理,及时发现其中可能存在的质量、安全问题,保证水利灌溉工程的应用实效,以实现更好的灌溉效果。②引入高新技术、信息化技术,如大数据分析技术、数据库技术等,如通过大数据分析技术直接提取农田水利灌溉工程历年的灌溉数据,分析水利工程的灌溉效果,分析其中影响农田灌溉效果的主要因素,并对其进行针对性的处理。③将处理方案、结果直接纳入对应的管理数据库,在后期的管理过程中若是发生同类问题,直接采用数据库中的方案,以此提升管理实效、节约管理资源。④针对一些偏远地区的农田水利灌溉工程,在执行监督制度时可引入先进的高清监控设备及在线管理设备,突破时间与空间的限制,让管理人员通过移动端掌握灌溉工程的应用状态,在发现灌溉问题时可通过手机、电脑、平板等解决。

(2)完善农田水利灌溉工程维护保养制度。

一些农田水利灌溉工程因缺乏必要的维护保养,其功能难以得到发挥,并会给各项管理工作带来更多的难题。针对这种情况,有必要结合工程维护保养现状完善相关制度,从以下两个方面着手。①在综合分析农田水利灌溉工程各项设备与构件的基础上,参考其使用说明、使用年限、使用频次、维修次数与频率等制定相应的维修保养制度,准确设定工程各项设备与构件的维护保养时间、流程与相关负责人等。②关联岗位责任制度。在设定责任人的过程中,推行岗位责任制度,根据灌溉工程岗位管理设定情况、维护保养任务,合理划分负责人,保证各负责人负责的区域、模块不同,但又相互关联,形同统一的管理体系,避免出现管理错漏问题,以此保证管理实效。在发生灌溉问题时,根据发生问题的位置及时锁定责任人,明确问题出现的原因,要求责任人立即给出解决方案,该种制度可及时解决问题,并降低管理人员的管理压力,保证灌溉效果。

4.建设高水平管理队伍

（1）提升入行门槛。

针对当前农田水利灌溉工程管理岗位入行门槛较低的问题，管理部门要提升入行门槛。①在招聘相关管理人员时，除了校招外，还应将社招、网招等各种人才招收途径纳入，扩大招收人才范围。②在进行入职考核时，除了考核其基本的理论知识外，还应考核专业技能、职业素养等，以此保证招收的人才具备相应的职业素养，快速适应岗位要求，更好地完成各项操作要求。③适当延长实习期，在实习期内考察管理人才的工作积极性、态度、个人成长性等整体表现，根据考察结果决定是否录取及定向培养，以此发挥人才的最大潜力。

（2）加强培训学习。

①对管理人员进行长效培训。培训内容不单局限在各种灌溉工程管理技能与知识方面，还包括应急问题处理、案例学习、安全操作知识学习等，以此提升管理人员的综合素养。②在月末分批次开展培训学习。为配合管理人员的个人时间，可选择线上＋线下培训的方式，参考管理人员下一阶段需执行的管理任务、内容设定培训内容，并通过建筑信息模型（building information modeling，BIM）技术、3D演示技术等为管理人员提供一个较为真实的实操环境，让管理人员提前了解管理中可能遇到的诸多问题，并在具体的实操环境中解决，从而提升管理人员的管理水平。③重视员工的职业素养培养。要求对管理人员的灌溉管理过程进行定期、不定期的监督管理，明确其个人管理态度与积极性。针对因个人问题而引发的灌溉质量下降、安全问题，须追究相关人员的责任并对其加以处罚，以此端正其态度，督促其按照相关的制度、标准与要求执行系列操作。

5.增加管理投入

（1）投入更多的资金用于灌溉设施建设，持续补充相关设备，以此提升水利灌溉工程的工作质量与管理水平。灌溉设施的建设可从新老旧设备和智能设备两方面入手，双管齐下，提升农田水利灌溉智能化管理水平。例如，引入节水灌溉自动化控制系统远程监测水源井和各水池水泵的电压、电流、运行状态、故障状态、水池水位、管道阀门开关状态、管道压力、管道流量、土壤墒情等，远程控制或逻辑自动控制水泵的启停、阀门的开关，达到逐级自动蓄水、根据农田土壤墒情自动灌溉的目的。

（2）投入资金成立灌溉服务中心，将水务部门建成后的农田水利设施全部交付灌溉服务中心，实行统一管理和维护；探索市场化运作，将灌溉服务中心作为

独立经营单位,与灌区群众签订用水协议,实行一户一卡一证,为群众灌溉取水提供服务,按一定标准收取费用。该管理方式将水利灌溉工程管理主体延伸至村民,使其能够根据灌溉需求进行相关操作,且节约资源与成本。

(3)投入更多的管理资金激励管理人员,制定激励机制,奖励对农田水利灌溉工程管理作出巨大贡献的、对提升农田水利灌溉工程管理效果提出建设性意见的、在每次先进典范中脱颖而出的、工作态度积极的人员,从而在工程管理团队中形成良好的氛围,鼓励管理人员在完成管理任务的同时,探索更加有效的自我提升途径,从而为农田水利灌溉工程管理优化作出贡献。

5.1.4　节水灌溉工程运行管理措施

(1)落实运行管理职责,提升运行管理效率。

①建立完善的节水监督考核体系。不仅要对用水的总量进行把控,还要保证各级政府履行节水基本职责,促进村委会、镇政府的合作,开展对各级责任人的考核与监督,确保赏罚分明,形成良好的节水管理意识,切实提升农田水利节水灌溉工程管控效率。②建设完善的农业节水发展资金管控体系。在对专项资金进行管控,预设农田水利节水灌溉工程需要使用的维护资金,落实管理规范与制度,切实提高工程运行管理效率与质量。③建立各部门相互协作与沟通的管理体系。农田水利节水灌溉工程建设是一项长期、复杂的工作,与各部门的工作都有直接的关系。所以各部门在管理过程中都需要建设完善的管理体系,还需要开展分级管理工作,落实各层级负责人工作,使其了解自身需要承担的基本工作任务,做好农田水利节水灌溉工程运行管理工作。如财政部门不仅需要对建设资金进行妥善安排,还需要做好监督管控工作;农业部门则需要承担推广、示范工作;水利部门需要配合工程建设环节中配水、灌水工作。各部门都需要配合落实责任配合机制,还要避免各部门出现"各自为政"、交叉管理的情况。④分段将农田水利节水灌溉工程的核心职责划分到乡镇、村集体,关注农民用水户参与工程建设,还可以保证整个运行阶段都接受群众的监督,构建群众积极参与的民主决策管理体系。

(2)增加科技投入,提升运行管理实力。

农田水利节水灌溉工程的运行管理阶段,需要适当地增加科技投入。科技部门可以与地方高校进行合作,将先进技术应用到农田水利节水灌溉工程运行阶段,将信息化技术的核心优势发挥出来。例如,对自动化技术进行研究,还可以自动化监控农田水利节水灌溉工程运行的整个过程,并合理化运营大数据技术、云计算技术、远程监控系统和水位监测系统等,加大运行管理的监督管控力度。在水库管理过程中,合理利用水位远程监控技术,并实时监测雨量参数、水库水位等。在获得监测数据以后,可以整合发送给监控中心,并做好数据的分析工作,在信息化系统与监控中了解水库的真实运行情况,做出合理调整。这种现代化的检测方式,与传统运行管理相比优势明显。利用水位远程监控技术可达到良好的监测管理效果,并降低人力投入。所以,在后续的农田水利节水灌溉工程运行管理阶段,需要建设信息化平台,加大科研资金投入,以此有效提升农田水利节水灌溉工程综合运行效率与水平。

(3)注重高风险水库除险加固,保护水资源。

在农田水利节水灌溉工程运行管理阶段,相关人员需要关注做好保护水资源、保证工程建设安全等多项工作,做好高风险水库的除险加固工作,以此保障农田节水灌溉工程的安全性,提高水资源使用率。例如,严格遵循农田水利节水灌溉工程安全管理的核心需求,践行安全管理责任制,并保护当地水利设施、水域、岸线等,定期做好水利基础设施、水库建设检查工作,了解工程建设环节中是否出现了裂缝、沉降不均匀的情况。若水库的坝体填土质量不佳,或出现渗漏的情况,则要及时安排检修人员,采用防渗灌浆的方式,开展加固处理的工作,避免出现水资源浪费与流失的情况,提升农田水利节水灌溉工程建设安全性。

(4)引进专业人才,提高管理人员综合素养。

农田水利节水灌溉工程建设工作的专业性较强,在开展各项管理工作的阶段,不仅需要建立高素质的专业人才队伍,还需要从外部吸纳更多优秀的人才,做好相关培训活动,引入更多专业管理人才。相关单位引入人才,应当贯彻以人为本的基本理念,还要进一步优化用人制度,打造良好的工作环境。在此基础上,落实竞争上岗机制,实行以岗定薪,引入最新的软件与硬件设施,吸引与留住现代化社会发展所需的人才。在引入人才以后,定期开展管理人员培训的工作,确保其对现代化管理手段有一定的了解,还要切实提升其管理能力与综合素养。管理者要学习先进的管理知识,还需要发挥现代网络的核心优势,提出智能化、网络化的现代管理模式,提高管理人员综合素养,切实提升农田节水灌溉工程管理的科学性。

(5)加大宣传力度,普及节水灌溉知识。

①做好积极正面的舆论宣传工作。借助新媒体平台、微信平台、广播等多元化宣传渠道,把握以舆论造势,在群众中宣传农田水利节水灌溉工程建设的重要

意义,渗透依法用水、节约用水的理念,普及相关知识,农民也可以自发地维护与保护农田水利节水灌溉工程。②做好引导宣传的工作。相关负责人要总结农田水利节水灌溉工程建设的案例、成功经验,以鼓励宣传的方式,以身边的真实案例影响农业工作者,使人们形成良好的工程维护与使用意识。③将全面考核、经济手段、管理规章制度的作用发挥出来,彻底转变村民用水意识,确保农田水利节水灌溉工程运行维护管控到位。④开展环保宣传教育工作。利用村委会动员、下乡走访宣传的形式,组织职能部门进行教育引导,使得当地的农业工作者明确环保与节约用水的关系,了解我国水资源短缺的现状,积极参与农田水利节水灌溉工程建设与维护工作。

(6)适当增加资金投入,加强专项资金管理。

在农田水利节水灌溉工程建设阶段,需要凸显政府公共管理的基本职能,进而获得更高的财政经费收入。各级政府部门需要结合农田水利节水灌溉工程的建设目标,开辟广阔的融资渠道,建设专项管理资金,以国家补息的方式获得银行贷款,并适当增加农田水利灌溉资金投入。政府部门应建立资金管理委员会,使经费合理运用到农田水利节水灌溉工程建设中。除了需要增加政府财政资金投入,还要对工程收益进行预估。利用政策优惠的方式,吸纳更多资金,还可以增加民众资金。利用多元化资金投入模式,缓解资金紧张的情况。针对农田水利节水灌溉工程资金投入额不断提高的情况,需要搭建配套的资金落实体系,保证资金得到科学利用,以此切实提升工程管理效率与水平。

(7)因地制宜,编制农田节水灌溉工程管理方案。

农田水利节水灌溉区的作物,并不是单一的物种,各种作物实际的需水量也存在一定的差异。所以,在农田水利节水灌溉工程运行管理阶段,则需要结合节水灌溉区农作物的种类、实际生产过程用水情况,保证灌溉的合理性。基于此,农田水利节水灌溉工程运行管理,需要了解灌区内农作物品种、土壤环境等,对灌溉方案进行优化调整,满足实际农作物需水量,避免出现浪费水资源的情况。在实际的工程建设运行阶段,需要贯彻因地制宜的基本理念,落实运行管理计划,还需要对用水量进行调整,确保农田水利节水灌溉工程稳定运行。

(8)构建水利工程监管体系,引入第三方监督。

农田水利节水灌溉工程建设、管理的效果会受到许多因素的制约,如施工人员技术水平、作业态度等,为了切实提升农田水利节水灌溉的质量,就要建设配套的监督管理体系。从工程管理人员、农业管理者中选择专业性较强的人员组成工作小组,并对整个落实的过程与效果进行监督,还可以做好记录跟踪工作,持续优化工程建设存在的细节问题。此外,通过第三方监督主体的方式,做好媒体监督的工作,将舆论监督作用发挥出来,使得社会各层都能充分了解农田水利节水灌溉工程建设意义,形成完善的监督网络,并解决运行管理中存在的问题,以此达到良好的节水灌溉效果。

5.2　水　价　改　革

5.2.1　农业水价作用机理

5.2.1.1　水价

水价即水资源使用者在使用水资源时所提供的价格。科学的水价不仅包括水资源本身的价值,而且还包括水资源的生产成本、适当的利润和污水排放费等。供水企业通过水资源加工、运输等多个环节,将原始状态的水资源变为可利用的水资源,通过市场流通提交给客户使用。因此,市场上水产品价格主要包括企业供水成本、适当的利润和污水处理费等。

$$水价=水资源价值+供水成本+利润+污水处理费$$

我国 2003 年发布的《水利工程供水价格管理办法》中明确规定,水利工程供水的价格由四部分构成,即供水的成本、供水的费用、税金和正常的利润,供水成本即供水过程中的各项费用,包括折旧费、维护费、材料费、工资和水资源费等。

5.2.1.2　农业水价

按照供水对象划分,水价分成农业水价与非农水价。农业水价,即提供给农业部门的水资源价格。农业生产的多功能性和特殊性,要求农业水价具有公益性和政策性,即农业水价的制定和实施不能完全按照市场规则来核定,应当接受政府适当调控。

根据《水利工程供水价格管理办法》,我国农业水价制定原则为弥补农业供水成本和相关费用,不考虑利润和税金。在此原则下,农业水价的基本构成为:

$$农业水价=源水价格+供水成本$$

灌区内的农业灌溉用水输配水系统的供水成本又可以进一步细分为以下几个部分：

供水成本＝灌区骨干工程供水成本＋末级渠系供水成本

5.2.1.3　农业水价理论机制

农业用水是商品，应当服从市场规律，充分发挥经济杠杆在农业节水的作用，实施阶梯水价，影响农户的灌溉行为，从而达到节约农业用水的目标。水价上升，灌溉需求量就会减少，整体需求曲线左移；水价下降，灌溉需求量增加，整体灌溉需求曲线右移，见图5.1。但是，由于农业水价具有公益性与政策性，水价制定和实施需要考虑保障农民收入及粮食安全等社会公共目标，农业水价价格变化应当控制在适当范围内，在考虑节约灌溉用水和实现农业公共目标的同时，寻找最优灌溉决策平衡点。

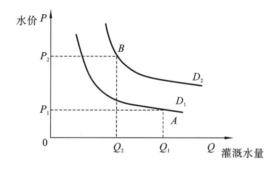

图 5.1　灌溉水量对农业水价的反应机制

5.2.2　农业水价综合改革理论基础

《国家农业节水发展纲要（2012—2020 年）》提出，农业水价综合改革是以水资源产权理论、公共产品理论、合作经济理论为基础，以促进节约农业用水、降低农民的水费支出、保障灌区工程正常运行为原则，建立完善农业水价机制，合理制定农业水价，从而真正达到水资源的可持续利用目标的制度。

5.2.2.1　水资源产权理论

水权，即水资源的产权，是以水资源为载体的各种权利的总和，它反映了水资源存在和使用过程中形成的人与人之间的权利和义务关系，具有有限性、收益性、排他性、可转让性等特征。水权转让即利用市场机制进行的水权交易等市场行为。通过水权市场配置水资源,可以提升用水效率,推动水利基础设施建设,改进地区的水资源管理水平。根据《中华人民共和国水法》的相关规定,我国的水资源,属于国家所有,接受国家统一管理与调配。农业水价综合改革要求明晰水权,建立完善水权转让体系,积极培育水市场,从而达到提高水资源利用效率的目标。

5.2.2.2　公共产品理论

公共产品即一般由政府或社会团体提供的,在消费或使用过程中,具有非竞争性,在受益上具有非排他性的产品,对应的是私人产品。介于公共产品和私人产品之间的为准公共产品。水资源的基础性、农业生产的多功能性和特殊性,要求农业水价具有公益性和政策性,因此农业水价的制定和实施必须接受政府调控,充分考虑农民的承受能力。

5.2.2.3　合作经济理论

合作经济即多人共同拥有或管理的企业或组织,以全体社员的利益为运作目标的各种合作社经济活动的总称。农村合作经济,是合作经济的重要组成部分,是以自愿参加、民主管理、合理分配、内部教育等为基本原则的农村合作社活动为内容的经济组织。农户用水户协会即以保障灌区运营为主要目标而组织各项活动的农村经济组织,在收取农业水费、贯彻各项政策方面发挥了重要作用,是农业水价综合改革的重要内容之一。

5.2.3　我国农业水价综合改革进程

5.2.3.1　农业水价综合改革历程和制度变迁

1.我国农业水价综合改革历程

我国农业水价综合改革历程可以分为初始、深入试点、全面推进和分类施策四个阶段。我国农业水价制度的变革历史悠久,但就当前阶段的改革重点而言,要从 2006 年水利部开始探索农业末级渠系水价管理算起,2007 年正式围绕末级渠系开展了名为"农业水价综合改革试点"的探索,因此本书将 2006 年作为农业水价综合改革的起点。

(1)初始阶段(2006—2013年)。

农业水价综合改革的初始阶段,是指改革的第一阶段试点,主要由水利部主导、财政部支持。这一阶段的试点重点围绕末级渠系节水改造和水价改革,是一个不断探索、逐渐深入和扩大的尝试过程,累计在全国27个省150多个县开展改革示范区建设,累计投入资金18.6亿元(其中中央资金8.6亿元)。这一阶段的试点多以其他项目为依托,具有试点周期长、资金投入分散、改革重心不断调整、参与部门逐渐增加、方案不断修正的动态特征。

(2)深入试点阶段(2014—2015年)。

2014年,国家明确要求发改委、财政部、水利部、农业部四部委联合开展改革试点。这一阶段试点任务涉及27省、80个试点县,包含不同类型灌区,到2015年共建成试点区面积202万亩。

这次试点充分吸收了改革初期试点形成的经验,聚焦末级渠系水价,并在此基础上进行提升和优化,使得深入试点阶段,政策执行环境更好,统筹了各部门力量;改革试点战线较短;改革目标更加明确和务实,明确了明晰水权、合理水价、奖补和管理体制改革几点任务;方案更加系统和全面,涉及工程、制度、机制建设三方面;试点资金投入更加集中,一次性投入资金12.44亿元(其中中央8亿元);试点区更具代表性,涉及不同灌区类型,分布在我国的东中西部。

(3)全面推进阶段(2016—2019年)。

2016年1月,国办发2号文件发布,明确要求"把农业水价综合改革作为重点任务,积极落实",改革工作进入全面推进阶段。这一阶段的工作具有几个特点:改革范围不断扩大,年新增改革面积持续上升,农民用水户协会数量不断增加,区域间改革进度差异逐渐扩大;改革理念从"重工程"转向"重机制",形成了合理水价、用水管理、奖补和管护四大改革机制;建立资金管理、项目融合、部门协同、绩效考核等工作机制;实行"试点先行、以点带面、先易后难、因地制宜"的改革策略;尽管改革整体进度偏慢,但改革形势持续好转。

(4)分类施策阶段(2020年至今)。

随着改革工作的不断深入,各地在自然、经济、社会因素上的差异,导致各地改革成效和工作进展逐渐拉开差距,到2020年全国农业水价改革工作进入分类施策阶段。改革形势更加复杂,改革难度进一步增大,2020年全国改革进度有下降趋势。区域间改革进度和能力间的差距愈渐凸显,进度较快的地区迎来验收,进度较慢的地区困难重重。对此还需要中央与地方政府部门的协调合作和激励引导,针对不同地区出台不同的政策。成果验收省份,建立验收标准和相关

制度保障,并围绕改革展开下一步部署,将省域改革优势辐射到其他地区;未完
成改革任务的省份进一步扩大改革面积,完善各项制度建设,对于困难地区出台
扶持和倾斜政策。对部分已完成改革任务的区域,注意成果的巩固,既要重视对
各项机制的优化和落实,也要注重水利、灌溉、计量以及智慧化设施的养护、更新
和应用。

2.我国农业水价综合改革制度变迁

2006 到 2020 年,随着农业水价综合改革的持续推进,指导改革工作的相关
政策也不断调整和优化,以推动和引导各地稳步、合理地开展改革工作,图 5.2
记录了我国农业水价综合改革政策的变迁过程,并在不断地实践和探索中积
累了诸多经验,持续完善和优化的改革政策,推动了全国改革工作的有序
开展。

年份	工程建设	制度建设	机制建设
2007	农田水利基础设施	农业用水管理体制改革(农民用水户协会建设);农田水利基础设施;农业水权制度;终端水价制度;末级渠系工程产权制度	建立末级渠系改造奖补和农业水费财政补贴机制
2008	末级渠系节水改造	末级渠系管理体制(用水组织规范化);终端水价制度;农业水权制度	
2012	小型农田水利工程建设	管理体制建设(农民用水户协会);小型农田水利工程产权制度;终端水价制度;农业水核制度	
2014-2015	工程、计量设施建设	农业水权制度;农民用水户协会规范化;终端用水管理;小农水利产权制度	水价形成机制(协商定价、分类、分档水价),用水精准补贴和奖励建立机制
2016	夯实农业水价改革基础(计量设施水利工程/终端管理)	农业水权制度,农业灌溉用水量控制和定额管理制度;终端用水控制(农民自治+专业化服务)	水价形成机制(分级、分类、分档水价)、农业水精准补贴机制和节水奖励机制;工作机制:各部门共同参与
2017	高效节水灌溉项目		工作机制建设:农业水价形成机制、用水精准补贴和节水奖励机制、工程建设和管护机制、用水管理机制;绩效评价机制、资金分配挂钩激励机制形成
2018	结合高效节水灌溉、农业产业园、灌区节水改造、高标准农田新增千亿粮食工程,农业综合开发等		"先建机制、后建工程"工作机制;台账、规范计划编制强化改革绩效评价和监督管理机制
2019		绩效评价制度;重新明确各部门职责	

初始阶段 — 关注工程制度建设
深入试点 — 工程、制度注意到机制
全面推进 — 工程机制协同建设 / 先建机制再建工程

图 5.2　中国农业水价综合改革政策变迁

（1）改革试点阶段主要目标变化。

2007 年，农业水价综合改革两项政策试点：末级渠系改造奖补和农业水费财政补贴机制；用水管理体制改革。2008 年，农业水价综合改革，末级渠系节水改造试点。2010 年，探索两部制水价、超定加价、终端水价等水价形成机制。2011 年，在小型农田水利工程建设重点县建立改革示范区，解决管理体制、计量、水价改革和计收等问题，建立农田水利良性运行机制。2012 年，探索建立小型农田水利设施运行管护长效机制的改革示范。2013 年，探索建设农业水价综合改革示范项目县。2014 年，由四部委牵头深化改革试点，以建立健全农业水价形成机制为目标，分类（东北区、西北区、黄淮海区和南方区）实施计量和收费试点。

（2）农业水价综合改革机制的形成过程。

2007 年，试点建立末级渠系改造奖补和农业水费财政补贴机制。2010 年，探索建立农业水价形成机制。2012 年，探索建立小型农田水利设施运行管护长效机制。2013 年，提出建立合理水价机制，以支持终端水价制度建设。2014 年，正式明确建立健全农业水价形成机制。2015 年，强调建设用水精准补贴和节水奖励机制。2016 年，国务院办公厅《关于推进农业水价综合改革的意见》（国办发〔2016〕2 号）中，将建设合理水价形成机制、用水精准补贴和节水奖励机制，作为改革的两大重点任务。2017 年《关于扎实推进农业水价综合改革的通知》（发改价格〔2017〕1080 号）中，正式形成农业水价形成机制、用水精准补贴和节水激励机制、工程建设和管护机制以及用水管理机制，同时提出建设工作机制（绩效评价和资金挂钩激励机制）。2018 年，要求进一步明确工作机制（包括台账、规划、绩效和监督）。

（3）改革制度建设的变迁。

2007 年明确建立农业水权制度、农业终端水价制度和末级渠系工程产权制度。2012 年，改称建设小型农田水利工程产权制度。2016 年，确定农业灌溉用水量控制和定额管理制度，不再强调产权制度改革，改称终端用水管理（农民自治＋专业化服务）。2019 年，确定建设绩效评价制度。

5.2.3.2　改革任务和进度分析

1.农业水价综合改革任务

2019 年改革台账数据显示，到 2025 年共需要完成对全国范围内 9.6 亿亩有效灌溉耕地的农业水价综合改革任务。31 省改革任务分布极度不均，从

150～8899 万亩不等。其中,黑龙江和山东任务最重,超过 8000 万亩,黑龙江达到 8899 万亩;7 省任务超过 5000 万亩,除新疆和黑龙江之外,均集中在我国东部的黄淮海平原地区;改革任务不足 500 万亩的共 6 省,北京、天津、上海、海南 4 省域土地面积本就较小,西藏和青海域内耕地有效灌溉面积较小。

各省改革区域内最主要的灌区类型由北向南呈现"井—大—中—小"递变的规律。北方地区地表水资源有限,粮食生产任务较重,因此对地下水依赖较大、域内井灌比例偏大,涉及 6 个粮食主产区省份;西北和华中地区 6 省大型灌区的比例最高,其中 4 省为粮食主产区;青海、西藏、湖南、江西、天津则以中型灌区的比例最大;其余分布在东南沿海和西南山区的省份则以小型灌区居多,东南沿海地区经济发达、人口密度较大,人均耕地面积小、地块面积小、分布散;西南山区则受地形地貌限制,灌区规模有限。

2. 农业水价综合改革实施进度

(1)各省累计实施面积和进度差异。

自 2016 年全面实施农业水价综合改革以来,改革进展显著,但不同省份在改革实施面积和进度上均存在显著差异。截至 2019 年底,全国改革累计实施面积达到 2.99 亿亩,占全部改革任务的 31.15%。省域间差异明显,江苏累计实施面积最大,近 5000 万亩,并将于 2020 年全面完成改革;也有省份累计实施面积不足百万亩,改革工作任重道远。各省在实施进度上也存在显著差异。截至 2019 年底,北京改革进度最快,达到 96.66%;共有 7 个省份改革实施比例超过 50%,其中北京、上海两地超过 90%,江苏、浙江两地超过 80%,陕西、甘肃、天津 3 地改革累计实施面积均超过目标任务的 60%。

(2)全国分灌区类型的改革实施及完成进度。

如图 5.3 所示,将改革累计实施面积和改革累计完成面积,按照灌区类型进行分类统计,均呈现"大型灌区＞中型灌区＞井灌区＞小型灌区"的形势。目前大型灌区改革累计实施和完成面积均为四类灌区之首,其次则为中型灌区。可能是因为大中型灌区工程设施配套基础较好,且相关项目建设较为倾向大中型灌区,改革工作开展有保障和支撑。而小型灌区和井灌区改革受灌区规模相对偏小、地块分布较散、基础差、缺乏项目支持等诸多因素制约。

(3)区域间改革进度差异。

将全国 31 省按照南北方、东中西部和七大地理区域的形式进行区域划分,统计不同区域改革实施面积和实施进度,如表 5.1。(注:本节下文区域划分方式与本表相同,不再标注。)

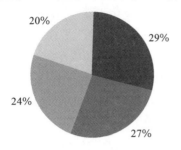

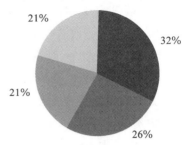

已完成区域（1）　　　　　累积实施区域（2）

图 5.3　改革实施/完成区域灌区类型

表 5.1　区域改革实施进度对比

分类	地区	省份	改革实施面积/万亩	占比/(%)	改革进度/(%)
南北方	北方	北京、天津、河北、山西、辽宁、吉林、黑龙江、山东、河南、内蒙古、陕西、甘肃、青海、宁夏、新疆	17935.16	59.90	32.68
	南方	上海、江苏、浙江、安徽、福建、江西、湖北、湖南、广东、广西、海南、重庆、四川、贵州、云南	11990.48	40.10	29.35
东中西部	东部	北京、天津、河北、辽宁、上海、江苏、浙江、福建、山东、广东、海南	13875.6	46.34	47.19
	中部	山西、吉林、黑龙江、安徽、江西、河南、湖北、湖南	5253.0	17.54	13.80
	西部	重庆、四川、贵州、云南、西藏、陕西、甘肃、青海、宁夏、新疆、广西、内蒙古	10135.5	33.85	35.27
七大区域	华东	上海、江苏、浙江、安徽、福建、山东	10493.11	35.05	46.84
	西北	甘肃、青海、宁夏、新疆、陕西	4863.65	16.24	45.09
	华北	北京、天津、河北、山西、内蒙古	5069.65	16.93	36.27
	西南	重庆、四川、贵州、云南、西藏	3367.33	11.25	31.52
	东北	辽宁、吉林、黑龙江	3010.15	10.05	21.27
	华中	湖北、湖南、河南、江西	2521.61	8.42	13.31
	华南	广东、广西、海南	614.82	2.05	11.89

如表 5.1 所示,截至 2019 年底,仅东部、华东和西北地区农业水价综合改革实施进度达到预期标准(超过 40%)。从改革累计实施面积来看,全国各区域呈现北方>南方,东部>西部>中部,华东>华北>西北>西南>东北>华中>华南的形势。

　　从区域改革任务实施进度来看,与改革实施面积在排序上有相似趋势,仅在西北和华北地区在排序上略有不同,呈现北方>南方,东部>西部>中部,华东>西北>华北>西南>东北>华中>华南的形势。

　　3. 与 2019 年相比 2020 年改革进程变化趋势

　　(1)全国农业水价综合改革开展速度略有放缓。

　　如图 5.4 所示,从全国改革总体实施进度来看,2020 年全国改革计划实施面积较 2019 年改革实施面积略有下降。我国农业水价综合改革工作开展采取"试点先行、先易后难"的原则,因此随着改革范围的不断扩大,后期改革难度会在一定程度上有所增加,改革速度下降也属正常现象。

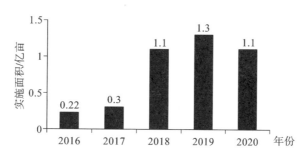

图 5.4　2016-2020 年全国农业水价综合改革实施面积

(数据来源:水利发展年鉴 2017—2020)

　　(2)近半省份 2020 年计划实施改革面积较上年降低。

　　如图 5.5 所示,全国有近半省份(15 个)2020 年计划面积少于 2019 年新增面积。图中以青海为界,青海及以前的省份 2020 年改革实施速度放缓,说明全国近半省份农业水价综合改革工作将进入攻坚阶段。整体进度排在全国前 15 位的省份中,12 省 2020 年的改革速度较上年有所减缓。

5.2.3.3　主要任务完成情况

　　1. 农业执行水价对运营维护成本弥补情况

　　农业水价综合改革的重要目标,是通过提升农业水价来弥补工程运行维护

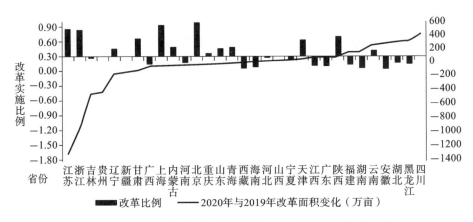

图 5.5　2020 年计划新增改革面积与 2019 年改革面积的差值

成本的不足,实现农田水利工程的良性运转。基于 2019 年改革台账数据,各省不同灌区类型,平均执行水价对农田水利工程运行维护成本的弥补情况进行分析和整理,结果见表 5.2。改革区域农业执行水价弥补灌区水利工程运营维护成本的达标率,呈现如下情况:井灌区最高,小型灌区其次,大中型灌区再次,而大中型灌区骨干工程比末级渠系执行水价实现运营维护成本的达标率比末级渠系更差。

表 5.2　全国不同灌区类型执行水价达到运行维护成本的情况

灌区类型		参与评价省份的数量	达标的省份		不达标的省份
			超过成本	达到成本	
大中型灌区	骨干工程	27	7.41%	11.11%	77.78%
	末级渠系	28	14.29%	25%	60.71%
小型灌区		24	25%	22.83%	54.17%
井灌区		18	31.58%	47.37%	21.05%

数据来源:根据 2019 年农业水价综合改革台账数据统计、计算。

2. 精准补贴和节水奖励资金落实情况

根据 2019 年台账数据,全年落实中央水利发展资金用于农业水价综合改革奖补的金额累计达 8.85 亿元,地方财政配套农业水价综合改革奖补资金累计 13.9 亿元。从全国来说,地方财政按照 1.57∶1 的比例配套中央财政资金用于当地农业水价综合改革精准补贴和节水奖励。

2019 年各省地方财政在奖补资金的配套落实上存在较大差异,从 30 万元到 1.96 亿元不等。浙江最高,为 1.91 亿,共 5 地地方财政奖补资金投入超过 1

亿元;9 省超过 5000 万元;19 省超过 1000 万元。共 14 省地方财政配套奖补资金超过中央财政安排奖补资金。其中,北京市中央和地方奖补资金配套比例达到 1:57;上海市达到 1:28.1;其余 9 省份配套比则在 1:5 以内。2019 年,中央财政安排的奖补资金占全国财政一般预算支出的 0.252%,各省占比均低于中央,在 0~0.249% 之间。其中北京占比最高,达到 0.249%,山西超过 0.2%,5 省的占比超过 0.1%,另有 10 省占比不足 0.01%。

3.供水计量设施、用水指标和管护机制配套情况

如表 5.3 所示,整体来看,全国农业水价综合改革区域供水计量设施配套的情况最好,80.65% 的省份改革区域全部实现基本计量;改革区域管护机制配套落实情况其次,77.42% 的省份落实管护机制配套的田间工程控制面积等于(超过)改革实施面积;而用水指标细化分解进度相对落后,仅 58.06% 的省份改革区域全部落实,41.94% 的省份用水指标分解细化面积落后于改革实施面积。全国仅 6 个省份改革区域尚未完全实现供水计量设施配套,略微滞后。13 省改革区域未全部实现用水指标细化分解,存在不同程度滞后。7 省管护机制配套落实的田间工程控制面积少于改革实施面积,其中 3 省仅略有落后,4 省明显滞后。特别是配套比例仍不足 50% 的 2 省,需要加大改革力度,取得突破进展。

表 5.3　全国农业水价综合改革区域供水计量设施、用水指标分解细化和管护机制配套落实情况

	供水计量设施	用水指标分解细化	管护机制配套
超量	19.35%	19.35%	19.35%
配套	61.29%	38.71%	58.06%
合格率(超量+配套)	80.65%	58.06%	77.42%
滞后	19.35%	41.94%	22.58%

数据来源:根据 2019 年农业水价综合改革台账数据计算。

总量控制和用水指标分解细化是农业水价综合改革工作落实的关键内容。《水利部关于严格用水定额管理的通知》(水资源〔2013〕268 号)文件要求"用水定额原则上每 5 年至少修订 1 次"。

5.2.3.4　改革成效

1.节水成效显著

2016 年改革全面开展以来,随着工程建设、节水技术推广、水价经济杠杆和用水管理等多重手段的调控,农业用水效率全面提升,改革节水成效显著。如表

5.4 所示,2016 年以来,全国农田灌溉水有效利用系数明显提升,到 2019 年共提升 1.7 个百分点;亩均用水量持续下降,到 2019 年累计减少 12 m^3;农业用水总量减少,到 2019 年累计减少 103.7 亿立方米;农业占全国用水的比例现新低,2019 年为 61.2%,降低 1.2%。

表 5.4　全国农业节水成效

年份	灌溉水有效利用系数	耕地实际亩均用水/m^3	农业用水总量/亿立方米	农业用水占比/(%)
2016	0.542	380	3768	62.40
2017	0.548	377	3766.4	62.30
2018	0.554	365	3693.1	61.40
2019	0.559	368	3682.3	61.20

数据来源:国家统计局网站,节水灌溉网。

如表 5.5 所示,改革区域农业节水成效显著,节水率在 6.6%～51.4% 不等,亩均节水量在 20～392.5 m^3 不等,进一步验证了改革对农业节水的促进作用。其中,重庆改革试点区域节水率最高达 51.4%,亩均节水量为 90 m^3,该地区降水丰富属补充灌溉区,灌溉需水量偏低,亩均节水量不高,但节水效率显著提升。吉林五家子灌区亩均节水量最高,达到 392.5 m^3,节水效率达到了 36.4%,节水量和效率都很显著。

表 5.5　不同农业水价综合改革区域节水成效

省份	地区	节水量/m^3	节水率
陕西	交口抽渭试点区	亩均 21	17.5%
	宝鸡峡阡东管理站	亩均 26	18%
山东	改革区域	亩均 48.55	20.6%
	青岛	亩均 90	—
重庆	荣昌	亩均 90	51.4%
新疆	沙雅县	亩均 312	40.0%
	昌吉州	亩均 69	16.91%
宁夏	利通区	—	6.6%
	五里坡灌区	—	13%
	贺兰县常信乡	—	20%
黑龙江	五常市	亩均 125	21.7%

续表

省份	地区	节水量/m³	节水率
吉林	五家子灌区	亩均 392.5	36.4%
	星星哨灌区	亩均 185	—
河北	衡水	亩均 40	21%
	成安县	亩次 10	—
贵州	龙里县	亩均 30	15.8
甘肃	高效节灌区	亩均 120	
江苏	阜宁	2017 年节水 7000 万；2018 年节水 5000 万	—
云南	陆良县	2017 年总节水 93.15 万	—
浙江	改革区域	2019 共节水 2.34 亿	
	浦江县	亩均 120（区域 1600 万）	20%

数据来源：《2018 年农业水价综合改革典型案例》，2019 年和 2020 年水利部全国农业水价综合改革座谈会

2.灌溉和生产效率提升

(1)省工、省时。

随着改革工作的不断推进，农田水利基础设施逐步配套，管护机制逐步建立，农业供水服务水平提升，有效提高了灌溉效率。农业灌溉用工、用时都有明显降低。其中：①吉林省星星哨灌区实施改革后，农田单次灌水周期由 8 天缩短到 6 天；②河北邯郸市试点区，亩均灌溉从 2 h 缩至 1.5h；③黑龙江五常市试点区，亩均投劳降低 0.4 工日，灌溉周期也从 92 d 降至 85 d；④上海朱家角项目区，配套推广水肥一体化技术，省工效应明显；⑤宁夏五里坡灌区，灌溉周期缩短 5 d，亩均省工 0.5 个，贺兰县改革区域，通过灌溉渠道改造，灌溉时间节省 2 天；⑥浙江省浦江县通济桥灌区改革试点区，灌溉供水时间由 2～3 d 缩至 2～3 h；⑦云南陆良县试点区，灌溉条件改善，渠道输水效率提升，亩均灌溉工日由 8 d/年降至 2 d/年。

(2)农业增产增收。

随着农业水价综合改革的开展，试点项目区工程建设和管护机制不断建立健全，农田水利基础设施完好率明显提升，灌溉条件有效改善，渠道输水效率显著提升，保障了农作物生育期供水，农业增产、增收效果明显。①吉林五家子灌

区,水稻实现亩均增产100 kg(400 kg 到 500 kg)。②宁夏五里坡项目区,粮食
作物亩均增产 10 kg。③云南曲靖市试点区,灌溉条件改善、复种指数提高,区域
增产702 万千克,亩均增收 2458 元。④甘肃改革区域,单方水增产 15%,亩均
增收 300 元。

(3)农业用水降费。

农业水价综合改革区域,农业水价充分发挥了经济杠杆作用,对促进农业节
水有明显的积极作用。尽管农业灌溉用水单位水价有所提升,但是农业节水的
实现和奖补机制的落实,反而使农民最终的水费支出有所下降。这也验证了一
种可能:即使提升农业水价,也可以实现农民减负。农业节水和奖补机制的综合
作用下,完全可以降低农民水费负担,实现"提价—节水—降费"的良性循环。

如表 5.6 所示,陕西境内多个试点区均出现"提价—降费"现象,亩均灌溉水
费支出减少 5.10 元;山东、重庆、宁夏和江苏省(市、区)亩均灌溉水费支出降低
额度超过 10 元,江苏省阜宁县亩均灌溉水费支出最高能减少 36.5 元。已有数
据中,各省农业灌溉用水的降费幅度在 6.6%~45%之间,其中最高降幅在江苏
阜宁县,达到 45%。整体来说,北方地区水费降幅普遍低于南方地区,南方地区
节水降费潜力更大。

表 5.6　农业水价综合改革降费成效

省份	地区	当前水费支出/元	降费/元	降费比例
陕西	羊毛湾灌区	亩均 39	5~10	—
	宝鸡峡阡东管理站	亩次 30/40(粮食/经济)	5~7	—
	交口抽渭试点区	亩均 33	6	15.38%
山东	改革区域	亩均 61.05	11.95	16.37%
重庆	荣昌区清江镇示范区	亩均 25	15	37.5%
宁夏	五里坡灌区	亩均 73	12	14.12%
江苏	阜宁县	亩均 32.5~43.5	17.5~36.5	45%
云南	曲靖市陆良县	—		8%~12%

数据来源:农业水价综合改革座谈材料整理

5.2.3.5　改革特点及存在问题

1.改革特点

我国国土面积广,区域的自然、经济和社会发展情况差异显著,受地形地势、

水资源禀赋、农村社区文化、地方经济实力等因素影响,在各项改革任务落实过程中,有着多样化、特色化、差异化、区域化的发展特征。

(1)定价方式。

各地政府部门在农业水价定价方式上进行了多样化的探索和创新,为合理农业水价形成机制的形成作出了重要贡献。为了与当地改革推进模式和奖补措施配套,各地在定价方式存在一定的差异,但整体上可以总结出以下几种类型。①政府统一定价的终端水价(骨干工程+末级渠系运维成本)。②骨干工程政府定价+末级渠系协商定价。③全部协商定价(由村集体"一事一议"或协会商讨)。④骨干工程不变+末级渠系运行维护成本定价。⑤定额内水价(运行维护成本)全部由政府财政转移支付水费。⑥定额内骨干工程水费政府承担+末级渠系按运维成本定价。⑦实行差别水价:高耗水作物水价上浮,低耗水作物下浮;地表水水价低于地下水;大户按运维/全成本水价,农户按承载力定价。⑧分类水价:分作物、分效益、分水源定水价。⑨超定额累进加价/阶梯水价。

(2)计量方式。

关于计量方式,整体上可以划分为以下五种类型。①信息化远程计量管理。有实力的地区建设信息化管理平台,实现自动化测量水、远程传输和实时监控,农户可以通过 IC 卡、APP 或微信公众号进行购水、缴费,甚至可以实现远程灌溉。管理部门也可远程实现对农业用水和计量设施的监测和管理。②常规计量。一部分重点改革区域安装常规计量设施,如明渠管道流量计、水电双控计量、流速计、智能水表、远程传输计量等精准计量设施,确保实现精准计量。③折水计量。井灌区、高扬程抽水等需要其他能源辅助提水的区域,采用以电折水、以油折水等方式实现用水计量。利用电表等设备对为提水而使用的能源量进行计量,再通过权威部门核定的"水-电/水-油"转换系数计算实际用水量。另外还有部分灌区采用计时折水。④简易计量。经济条件有限、计量设施配套压力大的地方,采用量水槽、量水堰(三角堰)、量水标尺、涵闸量水等简便、省钱的简易计量设施实现供水计量。⑤具有地方特色的"粗"计量。由于受到地块分散、资金短缺、地形复杂、基础差等自然社会经济因素限制,很多地方在精准计量、按方收费方面存在一定的困难。当地探索了一些具有地方特色的粗计量收费方式,推动改革的开展,例如:"按亩+计量"结合、水票制和打捆分户计量等多种方式。

(3)特色奖补方式。

各地根据自身情况和政策要求因地制宜建立特色奖补办法,补贴形式上可以下几类:①以奖代补,改革考核情况挂钩来年资金分配;②定额管理、节奖超

罚,对节约水奖励,超用加价;③直接补贴(暗补),由政府补贴水价与运维成本间的差值;④"一提一补",提高水价后,提价部分补贴农户/奖励农户;⑤间接补贴,对贫困地区以补贴电价的形式,降低水费压力;⑥水价打折,对低耗水作物或粮食作物,执行水价打折。

奖励和补贴对象:市/县级政府、灌区管理单位、用水农户、新型农业经营主体合作社或用水大户等、管/放水员等。

各地奖补方式具有明显的区域特征。①经济条件好的地区,多不存在资金问题,地方政府能积极配套、及时分配,保障资金落实,将是否配套资金作为对下一级政府改革验收的一票否决项,通过对水管员、协会、灌区、大户等进行奖励和补贴,对节水行为和优秀做法进行奖励,推动改革落实。②粮食主产区对于粮食作物定额内用水执行较低水价;采用适度抬高水价再进行补贴的方式,激励节水,保障粮食安全,且不增加农民负担;通过整合农田水利资金可用于改革的部分,落实奖补资金来源,地方财政在能力范围内尽可能进行奖补资金配套。③水资源稀缺且依赖灌溉的农业地区利用节水奖励、水权回购、水权交易等奖补形式,激励节水;通过分类水价,对高耗水作物执行高水价,对低耗水作物执行低水价,促进种植结构调整。④水资源丰富,补充灌溉区,且财政情况相对好的地区,灌溉需求小,通过严格核定用水定额,执行(部分)定额内用水不收费,超定额收费的方式,或者骨干工程(政府管理)不收费,末级渠系按运行维护成本收费。⑤大中型灌区对于提灌泵站电价进行补贴;对于水价不能达到运行维护成本的差额进行补贴,纳入政府预算;实行收支两条线的收费方案。

(4)创新管护方式。

多种管护模式促进水利工程良性运转。①大中型灌区,专群结合。政府+农户/协会形成"骨干—灌区(县、镇)+群管—协会/农户"的分级管理模式。②末级渠系和小型灌区,网格管理。建立"政府+协会+农户/水管员"的网格化管理模式,并以河湖长制、防洪抗旱队等其他基层水利机构为依托,落实管理。③高效节水灌溉等项目区,建管投服一体化。发展PPP模式,政府资金引导、社会资本进行工程项目的投资、建设、管理,提供相关供水服务。④经济条件较好地区和项目区选择购买服务。由政府向第三方农田水利服务公司购买服务,负责相关水利工程管护的模式。⑤灌溉需求大的地区,实行公司制灌溉服务。成立专业化灌溉服务公司,对工程进行公司化、专业化、物业化的管护。⑥规模小的区域,商业保险管护模式。小型灌区、末级渠系、井灌区等不易统一监管的区域,为相关工程设施进行投保,由商业公司对损毁丢失设施进行理赔。⑦重点区域,智能监管模式。在典型区域、重点区域、高效节水、产业园等项目区,重要农田水利工程设施处,利用物联网技术,实现远程操控、监护和管理的"互联网＋"智能监管模式。

(5)其他特色改革模式。

①探索水权交易,推动农业节水。

各地积极开展农业水权制度改革,不断建立健全水权交易平台,探索尝试农业水权的市场化交易。宁夏开展水权交易试点,近两年共交易 6 次,涉及水量 1788 万立方米、资金 3.83 亿元。湖南桐仁桥灌区与中国水权交易所展开合作,以政府回购的形式探索农业水权交易。河北由政府以 0.2 元/m³ 的标准回购农户节余水权,共回购水权 1.1 万立方米,涉及资金 6.2 万元。内蒙古磴口县依托黄河干流盟市间水权转让,对 87 万亩灌区进行了节水改造。四川宜宾市,探索由县确定水权、发放水票,用水户节约水票可转让流通的水权交易方式。新疆昌吉在 2019 年交易水量 4338.5 万立方米,涉及资金 2440.5 万元。

②利用小型水利工程产权进行抵押贷款。

改革区域对小型农田水利工程产权下发,部分地区以工程产权为抵押物开展金融贷款服务,支持当地农田水利工程运维管理。宁夏开展了工程产权抵押的金融贷款服务,累计提供贷款 500 多万元。黑龙江克山县,利用机电井和大型喷灌设备,办理抵押贷款 20 万元。福建永春推出"融水贷",抵押小型农田水利工程产权、优惠利率,贷出 3 笔共 260 万元。贵州利用小型水利资产抵押成立村级水务公司负责工程维养。

2.存在问题

(1)改革力度不够,大部分地区难以按期完成改革目标。

从 2016—2019 年农业水价改革进展情况来看,截至 2019 年底全国农业水价综合改革累计实施面积达到 2.99 亿亩,占全部改革任务的 31.15%,整体进度偏慢;31 省中仅 11 省进度达预期;华中和华南地区改革进度甚至未达 20%。2020 年按计划完成改革面积后,未来年均改革实施面积需达到 1.094 亿亩,而随着改革的不断扩张,改革开展难度也将进一步提升,改革后期想要保证当前速度显然极具挑战,想要按期完成改革,按当前进度和力度来看显然是不够的。

(2)改革差距不断拉大,基础条件较差的地区面临更严峻的改革困境。

我国农业水价综合改革走试点先行、以点带面、重点区域率先开展、好的省份率先完成的路线。随着改革的持续开展,区域间差距进一步拉大,基础条件较差区域面临着更严峻的改革困境。

①区域间改革进展差异大。整体情况：北方＞南方，东部＞西部＞中部，华东＞西北＞华北＞西南＞东北＞华中＞华南，仅东部地区以及华东、西北可按期完成改革，其他地区改革进展落后严重。②区域间改革基础差异大。改革初期各地普遍选择基础条件较好的区域开展，近年逐渐向基础较差的地区发展，改革面临更大挑战。区域差异表现在：大中型灌区与小型灌区工程设施基础差异大；缺水区与丰水区之间干部群众改革意愿差异大；各省间经济发展水平不同，资金配套能力差异大；粮食主产区与其他地区改革任务差异大。

（3）资金投入不足和配置低效，导致改革资金短缺问题日渐突出。

多年来，资金短缺始终是制约改革工作开展的共性问题。随着越来越多的项目资金纳入改革的资金支配范围，资金问题不仅表现在投入不足上，还出现了配置效率低的新问题，资金短缺问题愈发突出。这种低效行为主要表现在以下几点：第一，区域间经济水平不同，改革资金投入差异大；第二，改革先行试点区，不能对周边地区产生带动作用，反而出现"极化效应"，使资金继续向试点区域集约；第三，在严格的资金管理制度下，对制度解读的不足导致资金管理"一刀切"的现象，反而造成了资金配置的低效。

（4）农民用水户协会低效，出现空壳化、僵尸化、注销潮。

农民用水户协会作为重要的基层水利管理组织，是农民参与自治的重要途径，也是协调基层灌溉问题、加强政府与农民沟通的关键环节。改革初期，协会在水价协商、水费收取、区域协调、纠纷解决、末级渠系管理等方面发挥了重要的作用。但近年来协会在改革中的作用下降，主要存在以下几点问题。①人员管理能力不足、专业技能缺失，对工程的运行维护管理能力不足、灌溉服务也不到位。②水价偏低、资金短缺，执行水价难以实现协会和末级渠系工程的运行维护成本，财政无法提供补贴，协会出现空心化。③协会功能和工作内容较为单一，在实际工作中并不具有长效、稳定、持续的工作需求，抗风险能力不足，工作开展缺乏可持续性。④政策限制，协会注销。根据《社会团体登记管理条例》及有关规定，对在成立以来，因缺乏运行经费和办公场所，而未无常态化工作的农民用水户协会做注销处理。

（5）意识淡薄和激励机制不健全，导致改革内生动力不足。

农民对农业水价综合改革有抵触情绪，基层管理人员身上同样有此问题，这也为改革工作的开展和落实带来了巨大的挑战。具体表现在以下方面。①基层管理人员对改革重要性认识不足。尽管国家充分认识到改革的重要性和迫切性，在地方实践中，与北方相比，南方地区的改革积极性明显不足，甚至还曾出现取消农业水费的呼声,这与当地水资源丰富、供需矛盾不尖锐有关。②2018 年不再对改革进行单独绩效评价,这虽然减轻了基层的工作负担,但也削弱了激励改革的动力。③缺乏惩罚机制,导致了改革内生动力不足,目前来说改革推动好的地区没有获得奖励,推动不好的也没有什么惩罚,有"吃大锅饭"之嫌。

5.2.4　对农业水价改革的建议

一是持续加大水价综合改革和节水的宣传。通过多种途径和方式,继续加强宣传和动员工作,突出水危机、生态危机意识,提高农民群众的认知程度,增强参与水权水价改革的自觉性,努力营造良好的工作氛围。鼓励和引导农民主动投入农业种植结构调整、高效节水灌溉、计量设施安装等工作中,统一思想,提高认识,使全社会都来关心、支持、参与水权水价改革和节水工作。二是加大对基础设施的投入力度。合理增加投资建设,加强推广高新节水技术,同时配套使用计量设施,最大限度提高水资源利用率。三是全面落实补贴制度。建立健全精准补贴以及节水奖励制度,并确保其有效落实。四是推进水管单位改革,保证水利工程正常运行。按照事业单位分类改革要求,建议将水管单位纳入财政统管,发挥水管单位管水职能。五是调动各部门工作积极性,共同参与改革,形成"九牛爬坡,个个出力"的局面,特别是地下水机井计量设施管控,要实现部门共同管理、人人参与的局面,有效解决突出问题。

5.2.5　江西锦北灌区农业水价综合改革试点经验

5.2.5.1　锦北灌区基本情况

锦北灌区地处江西省西北部、宜春地区东北部,灌区范围包括赣江支流锦江南北两岸的宜春地区高安市及上高、宜丰、奉新三县部分地区。灌区东至高安市大城镇,西接上高、宜丰两县,北连奉新县,南以高安相城镇为界,东西长约94.6 km,南北宽约 46 km,灌区设计灌溉面积 54.37 万亩,有效灌溉面积 49.2 万亩。

灌区流域内属亚热带湿润气候区,气候温和,雨量充沛,四季分明,光照充足且无霜期长。区内多年平均年降水量为 1500～1700 mm,年内降雨主要发生在4—7 月份。农业灌溉水源主要来自锦江,其多年平均径流量达到 70 亿立方米。

灌区行政区划包括高安、上高、宜丰、奉新一市三县 21 个乡、镇、场,涉及人

口 56.8 万人,其中农业人口 49.2 万人。灌区内土地面积 1624.35 km²,现有耕地面积 64.29 万亩,是江西省棉花、油料、生猪出口主要基地,也是优质粮棉油产区。灌区内农作物以水稻为主,也有棉花、油菜、花生、芝麻、甘蔗、红薯、蔬菜等。

灌区水源工程包括锦江拦河抬水坝 1 座、大(2)型水库 1 座(上游水库)、中型水库 3 座(樟树岭水库、碧山水库、曾家桥水库)、小(1)型水库 13 座、小(2)型水库 90 座、山塘坝 338 座、引水陂闸 4 座及渠首进水闸 1 座。总控制集雨面积 3894.396 km²,每年水资源总量 38.8 亿立方米。

5.2.5.2　灌区水价综合改革主要做法

1.政策措施

2017 年 7 月,江西省批准锦北灌区开展江西省大型灌区农业水价综合改革试点后,灌区管理局按照《宜春市人民政府办公室关于推进农业水价综合改革的实施意见》要求,成立了由局党委书记担任组长的锦北灌区农业水价综合改革领导小组,成员包括分管领导和相关科、室、站的负责人,全面推动农业水价综合改革工作。领导小组经过多次会议充分讨论后,形成《宜春市锦北灌区农业水价综合改革实施方案》,明确了各项工作任务及完成的时间节点。

农业水价综合改革工作涉及灌区群众的切身利益,关系到党和政府在群众中的形象。在试点区域选择及实施计划编制上,灌区管理局十分慎重,多次召开试点工作会,进行多方面综合研究,最终选择在江西省农业科学院渡埠示范基地和黄沙岗镇黄沙电灌站率先开展试点。其中江西农科院渡埠示范基地于 2017 年试行,黄沙岗镇黄沙电灌站于 2018 年试行。

渡埠示范基地属于国有单位,农田中的斗、农、毛渠都进行了统一的工程整治,渠系水源均来自锦惠渠干八斗取水口。黄沙电灌站受水区的取水方式为提灌,现行水费就是按方计费,水价改革试行相对简便易行。

2.精准补贴、节水奖励和超定额累进加价办法

按照国家农业水价综合改革实施方案要求,编制了《宜春市锦北灌区农业水价综合改革精准补贴、节水奖励及超定额累进加价细则》,明确以灌溉面积占比最大的高安市农田灌溉亩均用水量为用水定额,在定额内实行精准补贴和节水奖励,超定额累进加价按超出定额用水量的 20%、50%、100% 三个阶梯价执行。

根据精准补贴、节水奖励及超定额累进加价管理办法,2017 年对渡埠示范基地管理中心 1200 亩农田进行测算分析,2018 年对黄沙电灌站 7500 亩农田进行测算分析,并与定额用水量相比,计算出节约用水量和节水比例。管理局将测算结果向宜春市财政局和水利局上报申请相关精准补贴与节水奖励资金。宜春市财政局对申报资金进行核实和资金拨付。

3. 灌溉用水管理

根据灌区本身的管理特性,锦北灌区农业用水管理以灌溉片为单位,管理局下设锦惠、上游、樟碧、曾家桥 4 个灌溉片,采用局、站、段、农民用水户协会四级管理制,其中管理局直管锦惠灌溉片,上游、樟碧、曾家桥 3 个灌溉片各设 1 个管理分局进行管理。片区用水由管理局(分局)统一调配,实行计划配水、节约用水、定额管理、有偿供水制度。

灌区水权归属灌区管理局和管理分局,配水到站,站(段)配水到支渠和干渠管口上的乡、村。干渠上的支、斗、农取水管口由管理站(段)管理,其他斗、农渠管口由农民用水户协会管理,其他单位或个人无权启闭闸门或随意调配指挥。田间工程主要由灌区农民用水户协会进行管理。

灌溉用水调配由各灌溉片根据农业用水户的用水需要和特点,各自编制用水计划,确定供、停水时间,并与各乡(镇、街办、场)或农民用水户协会签订用水合同。

4. 灌溉用水测量算方法

为了保证用水测量算准确性,灌区管理局充分考虑了渡埠示范基地的自流灌特性,结合灌溉水利用系数的试验结果,对渡埠示范基地的锦惠渠干八斗取水口用水及基地典型田块进行了全年用水期的逐日计量观测和测算统计。对黄沙电灌站,则充分利用提灌站管道输水特性,在全年用水期对提灌站用水时间和对应取水口水位逐日计量观测和测算统计。对不同类型取水工程采用不同计量观测与测算方法,能够真实、客观、准确地反映用水量变化情况。

5. 基础设施建设及监测队伍

为了准确掌握取水口用水量,灌区管理局在渡埠示范基地锦惠渠干八斗取水口和黄沙电灌站电排出水口分别配置了巴歇尔槽进行流量监测,并在现场安装巴歇尔槽水位与流量对照表公示牌。同时为准确掌握田间用水量,对典型田块进行技术处理,确保田块间无漏水、串水现象,在田块进水口和出水口设置三角堰监测点。管理局每年拨一笔观测费聘请当地群众或由附近管理段职工兼职组成监测队伍,在相关取水口每日定时观测并上报数据。

6. 水价测算

管理局根据灌区历年灌溉运行管理情况对水价进行测算,测算的主要指标为锦北灌区的工程运行管理费和工程维修养护经费。根据锦北灌区锦惠渠片实际运行情况,工程运行管理费采用 2014—2016 年三年运行管理费平均值。工程维修养护经费根据水利部、财政部 2004 年颁布的《水利工程维修养护定额标准》中灌区工程维修养护工程(工作)量和《江西省水利工程维修养护工程预算定额》,逐项测算渠道工程和渠系建筑物等工程维修养护经费。

7. 水费计收

锦北灌区历年实行乡镇代收的水费计收办法,水费收取率基本达到 98%。本次水价综合改革试点仍然延续乡镇代收水费的办法。未来基础设施改造达到要求后,可按国家农业水价综合改革实施意见要求,将水费计收直接落实到用水户。

5.2.5.3 存在的主要问题

1. 小型农村水利工程设施权属证书难以发放

在经历多次水管理体制改革之后,灌区现行用水管理形成了骨干工程与田间工程权属分开的体制,灌区管理单位只有干渠工程管理权限,而干渠以下支、斗、农渠及田间工程管理权限均归地方政府。本次国家农业水价综合改革要求灌区向用水户发放小型农村水利工程设施权属证书。在现行权属分开的管理体制下,田间小型农村水利工程设施归地方政府管辖,由灌区管理单位发放权属证书存在越权风险,执行难度大。

2. 田间工程基础设施还有差距

(1)基础设施建设尚有不足。

锦北灌区始建于 1956 年,由于建设年代早,受人力、物力、财力限制,工程原设计标准低,尾工量大,工程设施配套不全。近几年,在国家加大水利工程投资力度的情况下,灌区先后实施农业综合开发项目、续建配套与节水改造项目、病险水闸除险加固项目、小型农村水利项目、高标准农田项目等,基础设施基本得到改造,除险加固工作取得了初步成效。不过,受立项时间长、设计要求与实施效果存在差距等因素影响,已有项目以渠道改造、病险地段加固为主,灌区建筑物升级换代工作相对滞后,不少灌溉取水口还存在破损、漏水等问题,难以适应农业水价综合改革对基础设施的配套要求。

（2）基础设施维修养护不到位。

锦北灌区末级渠系集体产权的水利工程总长度约 1312.5 km，承担着 54.37 万亩的农业灌溉任务，覆盖 21 个乡镇（场），每个乡镇都成立了一个农民用水户协会，各村民委员会成立分会。协会会长一般由乡镇水管站站长担任，分会长由村支书或村主任担任。由于乡镇（协会）本身没有专门经费对渠系水利工程实施管理和维护，灌区管理局受到水价低于成本、灌溉面积萎缩、地区财政负担重等问题约束，仅以水费的 18% 返还乡镇作为田间工程维修养护费，无法满足所有田间工程实际维修养护费。大量末级渠系水利工程长期处于缺乏养护状态，导致支、斗、农渠线路状态无法适应农业水价综合改革要求。

3. 直接面向用水户计收水费存在困难

直接面向用水户计收农业水费还存在以下难题。

（1）田间工程计量装置不全。

受田间工程建设滞后的影响，灌区现状田间取水仍属千家万户荷锄取水的模式，田间灌溉也以漫灌、串灌为主，田间取水计量到户还存在相当大的困难。

（2）地方保护主义干扰。

灌区渠系运行 60 余年，存在较严重的渗漏现象，增补了渠系两岸的地表及地下水资源。目前，灌区内的地下水开采尚未受到管控，民井取水基本没有限制。灌区干支渠附近的农田存在利用渗水、漏水和弃水进行灌溉的现象，地方村集体或乡镇常以用非渠道取水口供水为由拒交水费或提出减免灌溉面积。一些渠系因缺少维修，造成尾部供水不足，农田采用机井抽取地下水进行灌溉，产生了拒交水费的借口。为保护地方利益，当地存在不顾水资源的统一性，寻找理由在水费上讨价还价的做法。

（3）用水户对水费制度未充分理解。

锦北灌区 2001 年推行农民用水户协会试点时，在高安市筠阳街道办尝试与新建立的各用水户协会实行管理延伸，直接向用水户计收水费。

然而，用水户不理解水费征收制度，配合程度低。各用水户田间取水工程相互关联，不可能单独对某一拒交水费的用水户采取停水措施。因此，灌区对分散的用水户缺乏有效的制约措施，目前只能委托乡镇代收，通过行政措施解决问题。

4. 灌区信息化建设不足

锦北灌区近几年开展了几项输水渠道及建筑物改造项目，但在信息化工程

上的投入较低,信息化建设的专项资金不足 400 万元,而且主要用于干渠监测数据的信息化采集工程,各取水口及田间工程没有进行信息化改造。这种情况下,只能测算干渠各乡镇交接处的流量,难以及时准确地掌握不同用水户的实际分配水量。

5. 水价测算方法有缺陷

灌区管理局按照 2004 年水价测算方法对现行农业水价成本进行重新测算后,将测算成果上报至宜春市财政局、发改委、物价局审核,市物价局对测算成果进行复核,并形成初步意见稿。根据该意见,需要在水价测算中把固定资产成本、大额修理费、国家下达的维修养护经费等扣除,最终审核成本价仅比 1999 年水管体制改革核算的每亩水价(38.61 元)高 4.58 元,低于目前农业水费的实际成本。

5.2.5.4　灌区农业水价综合改革建议

1. 由地方政府与行业部门共同推进

农业水价综合改革目前主要由多个行业部门推行,受水区地方政府未能参与其中,导致一些工作难以顺利实施。实际上,受水区地方政府在农业水价综合改革中具有重要的促进作用。

①田间水利工程权属涉及地方政府,地方政府具有更强的处置能力;②水价测算需要地方政府进行协调,合理评估水利工程的运营成本,否则很难做到实事求是;③精准补贴、节水奖励和超定额累进加价等新政策只有在地方政府主动支持的情况下才能实施到位。因此,建议把受水区地方政府作为农业水价综合改革的重要力量。

2. 既要改造基础设施,又要完善用水管理制度

通过近几年续建配套与节水改造项目的实施,灌区骨干工程基础设施得到改善。不过,续建配套与节水改造规划早实施晚,工程设计只能适应当时的物价水平与管理目标,投资规模不能充分满足灌区现代化建设的需求。目前,灌区一些水利设施还在"带病作业",影响了农业水价综合改革的推行。

由于管理经费配套不足,自 2010 年水管体制改革以来,锦北灌区管理局工作人员逐年减少。受其影响,灌区管理局只能有效管理干渠管口,其余取水口均委托地方政府与用水户协会自行管理。这种管理模式导致各支、斗、农渠取水口缺乏专业的管理与监控,水资源浪费严重。

为了改变这种局面,灌区管理局正联合相关部门对水利设施的自动化管理系统进行研制,通过自动化、信息化建设,未来有可能实现用水户通过手机等客户端自主调配用水时间及水量,同时基层管理人员也可方便地实施远程监控水闸与调配用水过程。智慧水利建设有利于解决灌区管理人员不足、管理效率低的问题。

3. 建立水量分配的供需双方协调机制

受设施所有权的限制,灌区管理局只能处置干渠供水系统,难以对干渠以下支、斗、农渠实施管理。农业水价综合改革的推行还需要依靠地方政府和用水户的共同努力。只有建立水量分配的供需双方协调机制,才能提高地方政府和用水户的节水意识,采取实际行动实现农业水价综合改革的目标。

灌区水量分配首先要考虑受水区政府制定的发展规划和用水需求。根据锦北灌区当前受水区实际情况,水量分配首先要掌握乡、镇需水量,规范调节乡、镇用水量,按合理灌溉定额分配,落实节水奖励机制。可试点推行水权交易,即需要超定额用水的乡、镇可以通过水权置换向水量有富余的地区购买灌溉水量。

目前,受水区地方政府升级管理田间供水工程的积极性尚有不足,而实际用水户对田间取水口也往往管用不管建、管开不管关,基础设施长期缺乏维护。建议推行农田水利工程建设的节水补偿制度,激励乡、镇一级用水户有效维护和管理田间工程,逐渐增强节水意识。

2018 年,锦北灌区利用下拨的建设资金在锦惠干渠的 10 个乡镇水量交接处建立了 9 个信息化自动观测点。灌区管理局从 2019 年开始对各乡镇交接处的水量进行全面逐日自动计量,使乡镇用水有据可依。在此基础上,逐步按灌溉面积核算各乡镇的全年需水量,发放定量水权证。各乡镇间可通过定量水权证实现富水销售、缺水购买的水权交易。

4. 完善水价成本核算方法与水费计收方式

水价的制定涉及很多部门,各有考虑的侧重点,导致成本核算标准存在很大差距。目前,物价与财政部门为了不增加受水区地方政府的财政负担和灌区群众的生活负担,在水价成本核算中特意扣除了国家水利基础设施投资部分。这种核算方式不能真实反映农业灌溉用水成本,一方面造成水费收入难以转化为可持续的水利工程资本投入,另一方面不能提高用水户的节水意识。

水价成本核算应充分考虑水利工程已有的实际投资和预期升级改造的潜在投入,使灌区运行的投入和水费收入总体达到平衡。为保障基本的用水需求,减

轻农业水价综合改革对大多数用水户的冲击,按照阶梯水价分类执行方式计收水费。在改革初期总体维持原水价不变,制定阶梯水价标准和节水奖励办法,水费计收不足部分由国家和地方政府按照一定比例补足。受水区地方政府和群众应准确掌握灌区实际用水成本及其变化趋势,从而逐渐产生适应机制。

水价可分为公益性水价与商品性水价。针对属于国家基本农田的粮食生产基地,可采用公益性水价,甚至不计收水费;属于商业性经济作物及相关产业的用水可采用商品性水价计收水费;灌区群众自给自足或维持家庭基本收入的农业灌溉,可采用保护性农业水价计收水费。总之,水费多样化分类计收对于实现灌区可持续发展具有重要的战略意义。

5.3　灌区信息化管理

5.3.1　灌区信息化的定义

我们参照《全国水利信息化规划纲要》对水利信息化的定义来概括灌区信息化的定义:灌区信息化就是充分利用现代信息技术,深入开发和广泛利用灌区信息资源,大大提高信息采集和加工的准确性以及传输的时效性,做出及时、准确的反馈和预测,为灌区管理部门提供科学的决策依据,全面提升灌区经营管理的效率和效能。

灌区信息化不仅仅是信息设备和软件的简单堆砌,而是几乎涵盖了灌区业务所有方面的一个全新概念,具体来说应该从以下3个方面分别描述。

(1)灌区信息化是一种全新的管理理念。无论是工程建设还是生产管理,决策者要充分利用信息资源,通过整理、分析和量化各种指标作为决策依据,避免"经验论"和"拍脑袋"决策。

(2)灌区信息化是一种高效的管理手段。通过将历史信息和动态实时信息作为生产调度和绩效考核的标准,结合机构改革实现各部门之间的信息共享,使管理目标更加具体明确,部门之间协调得力,最大限度地完善管理体制和提高管理水平。

(3)灌区信息化是一个全面的管理系统。这个系统由硬件和软件构成,硬件是基于计算机、自动控制、信息网络技术的集信息采集、目标控制和信息传输为一体的集成化信息系统;软件则是能使硬件发挥最大效用的,将信息整理、计算、分析,以实现辅助决策、科学调度的计算机应用软件系统以及相应的管理制度和管理方式的总称。

5.3.2　灌区信息化建设的意义

(1)灌区信息化建设是实现总量控制和定额管理的要求。信息化是我国水利现代化的必然选择。要解决新世纪水利面临的三大问题,就必须突破传统的治水思路,充分依靠科技进步,通过加强水利信息化建设,推进水利的现代化。灌区信息化是提高灌区的管理和服务水平和质量、降低成本的重要手段,是实现"总量控制"和"定额管理"两套指标体系的重要措施,是灌区今后建设和发展的必然方向。

(2)灌区信息化建设是提高工程安全运行保证的关键措施。很多灌区本身就具有防汛任务,尤其山丘区灌区,傍山渠道多,集雨面积大,容易形成坡面径流,威胁渠道或建筑物安全。信息化建设可对水雨情进行实时监测,及时分析对比,提出防汛预案,最大程度确保工程安全运行和当地人民群众生命财产安全。

(3)灌区信息化建设是提高科学管理水平的重要途径。从灌区本身需求来看,目前普遍存在管理能力相对滞后的问题,灌区管理和行业管理大量资料信息仍以手工作业为主,各级行业主管部门难以及时、准确、全面了解灌区及行业发展状况及变化趋势,灌区管理目标无法量化。信息化建设可以大幅度提高管理水平,更加有效地管理工程,合理调配水资源,使效益最大化。此外,随着改革开放的不断深入,用水户对灌区的要求不断提高,信息化建设可提高灌区为用水户服务的质量和水平,为用水户适时、适量、安全供水。

(4)灌区信息化建设是提高水的利用效率的重要途径。灌区传统配水方法无法实现实时适量调配,且难以有效利用历史资料进行分析,影响自身管理水平的提高,水的利用率偏低。信息化建设的最大优势就是大大增强信息的时效性和准确性,进行手工无法完成的大量信息后处理,制定出科学的灌溉、排洪调度方案,从而提高灌区的灌溉用水效率和效益。

(5)灌区信息化建设是促进农村水利行业管理现代化的根本手段。过去农村水利建设主要靠发动群众,管理主要靠经验,靠"拍脑门",数据不完整,而且时效性差,管理十分粗放。灌区信息化建设可以大大提高行业管理数据的全面性、准确性和适时性,为科学管理和决策提供可靠依据,促进行业管理现代化。

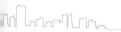
5.3.3 灌区信息化建设主要内容

灌区信息化的建设内容包括灌区信息化建设和灌区行业管理信息化建设两部分内容。

5.3.3.1 灌区信息化建设

1.监测系统建设内容

监测系统内容主要包括雨情、水情、闸位、工情、墒情、水质、气象和视频等内容。这些内容根据灌区实际情况和所处地域又有很大不同。

（1）雨情监测。在水库灌区和南方山区布点相对密集，而在北方布点可较疏，西北干旱地区布点的必要性不大。目前主要采取的技术包括翻斗式、容栅式雨量计等。

（2）水情监测。水情监测包括水位监测和流量监测，是大型灌区信息化的基础数据之一。一般情况下根据灌区管理单位的管理细致程度布点，主要是闸前、闸后，各级交接断面，重要配水点，以及在田间与收费相关的计量等。目前水位测量采取的主要技术包括压力、浮子、超声波、声波、电容、磁滞伸缩等，流量监测除泵站管道输水部分采用电磁流量计以外，基本都采用建筑物量水配合自动水位采集装置计算流量和用水量。

（3）闸位监测。闸位监测一般情况结合闸门控制统一考虑，但不排除目前一部分投资或技术等原因，无法实现控制，而仅仅监测闸位的信息点。布点针对主要的分水、节制和泄洪闸。主要技术有编码式、模拟量和超声波等。

（4）工情监测。工情监测主要是指水工建筑物和衬砌渠道的应力、裂缝、位移、变形、渗漏等方面的数据信息，目前除大坝外极少采用。

（5）墒情监测。墒情监测是监测土壤水分运动的情况，由于其"以点代面"代表性差，成本较高，一直存在争议，目前大多为试验性质，很难融入灌区具体管理工作。墒情监测技术主要包括电导率测量法、时域反射和中子测量法等。

（6）水质测量。由于灌区供水任务逐步增多，水质测量越来越受到重视，尤其是与人体健康关系密切的浊度、氯化物、重金属、溶解氧等参数。布点一般为水库或供水出口。由于在线测量成本非常高，目前只有四川都江堰灌区投入实际生产。水质测量主要采取化学方法结合电子技术，根据测量参数不同具体技术也有所区别。

（7）气象监测。气象监测主要是与灌溉相关的温度、湿度、气压、风向、风速、降雨、蒸发、光照、地温等气象要素的监测。由于气象部门的信息共享较难，部分灌区自建小型气象站，用以在线监测小范围内的气象状况，一般采用一体化自动气象站。

（8）视频监测。可视化管理是当前较为流行的技术，便于监测各个管理节点的工况，例如闸门、重要建筑物等。由于视频传输对网络带宽要求较高，过多的测点势必造成网络投资激增，实际应用范围也较小。

以上的监测内容基本构成了灌区数据采集的核心，其工作方式包括：在线监测——固定测点，实时传输上报；自报监测——固定测点，按照定时或规定变幅自动上报；自记监测——固定测点，将测量数据在当地保存，隔一段时间通过人工取回；便携循检——动态测点，配备一定数量的便携式仪器定期循检，通过数据接口上报；人工监测——在传统人工监测的基础上通过计算机将信息数字化以后上报。

监测系统是大型灌区信息化管理动态数据的主要来源，是硬件建设的基本内容，其监测的项目和精度都应结合灌区需要有所取舍，监测点的数量依据管理的细化程度和投资多少确定，监测的方式应根据技术的发展而不断发展，其建设是一个长期过程。

2. 控制系统建设内容

对于灌区来说，控制目标一般只有闸门和泵站两个对象。

闸门的控制分有开度调节和无开度调节两种，主要针对分水闸、节制闸和泄洪闸。目前技术主要是针对传统螺杆、卷扬、液压启闭机的控制系统增加自动控制功能，除实现远控、遥控、集中控制之外，还能根据上下游水位实现过流量、闸位开高等闭环控制。具体来说：前者就是信息中心（一般为管理局）、信息分中心（一般为管理站）或闸控点（一般为管理所），无须到闸门所在现场就能直接进行启或闭的操作；后者则是指给出一段时间内指定的流量或闸位开高的目标值，由闸门控制系统现场自动调节。由于闸门一般位置偏远，能源供给、防尘防水、防盗防破坏的要求较高，近年来很多单位在这方面也做了很多研究，尤其是太阳能光伏供电技术已比较成熟。

泵站控制由于有很多工业自动控制技术可以借鉴或直接采用，一般跟随机电设备改造、节能改造等项目统一考虑，而多级泵站之间的协调调度才是提水灌区信息化的主要建设内容。近年来以甘肃景电灌区为代表的一系列泵站运行、监控、调度系统的建设已初见成效。

控制部分是实现配水、调度的具体动作,同样是大型灌区信息化硬件建设的基本内容,控制点数量确定取决于管理方式和投资规模。建设方式一般是先骨干,后分支,也有按控制区域,沿某一渠系(如某一支渠)自上而下成片建设的。

3.网络建设内容

通信网络是灌区信息化的载体,是数据、视频、语音传输的途径,目前主要使用自建网或公网,方式包括有线和无线。有线技术主要有光缆、电缆、电力线载波等,无线技术主要有微波、超短波、GPRS/CDMA 等。一般分层次建设:管理局→管理站→管理所→信息点。灌区地域广阔,地形复杂,位置偏僻,用一种方式往往难以解决全部通信问题,因此大多数灌区采用混合组网的方式。近年来随着公共网络的快速发展,越来越多的灌区倾向于公共网络,其优点主要体现在不用用户维护,稳定性、安全性有保障等,但是由于公共网络覆盖面积有限,而且使用费用仍然偏高,大部分灌区目前还是选择自建网或部分采用公共网络。

4.软件建设内容

软件是灌区信息化的关键。信息系统对提高管理水平的最主要作用有两点:一是代替部分手工作业,提高劳动生产率;二是通过计算机强大的计算能力分析数据,提供更精确的辅助决策支持。从近几年灌区信息化建设过程来看,大部分灌区重视硬件而忽略软件,使软件开发工作成为一个相对薄弱的环节。尤其是应用系统的开发,由于其技术含量高,专业性强,灌区之间差异大,从而造成通用平台开发周期长、难度大、投资高,目前尚无成熟产品。

我们一般把灌区信息化软件分为两大类。

(1)专业业务软件。专业业务软件是以水管理为核心的软件系统,包括预测预报、水量综合调度、水流模拟仿真、测控操作等。工作流程就是通过预测预报软件提供的来水和需水数据作为决策依据,软件生成用水计划和防洪等预案,通过模拟仿真进一步调整完善预案,最后通过测控操作软件实现自动调度控制,避免人为干预。

预测预报软件主要包括来水与需水数据。来水的情况直接关系到灌区可用水量和防洪安全,其核心是降雨径流预报。需水的情况则直接关系到调度方案制定和水量分配,其核心是灌溉预报,同时要综合考虑发电和城市工业供水的需水情况。

水量综合调度是专业业务软件的核心内容,包括水库调度、泵站调度、渠系水调度等,它根据预测预报软件提供的辅助决策依据,结合经验与实际情况制定灌溉、发电、供水的计划,生成防洪预案和调度预案。

模拟仿真则是通过计算机模拟水库出入库、泵站提水和渠系水流状态,验证预案是否合理,并给出调整参考。

测控软件是最终的执行部分,属于底层平台,它为预测预报提供必需的数据,同时执行生成的计划预案。

(2)综合业务管理软件。综合业务管理软件是以工程管理为核心的软件系统。除工程管理,如工程现状、老化数据、运行工况、新建或改造状况等,该系统还包括水电费征收、办公自动化、公用信息发布(网站等)、用水户协会管理、二级单位管理等内容。综合业务管理系统类似企业 ERP 系统,这部分建设内容根据灌区管理需求的不同呈现出不同的侧重点,如山西夹马口的水费征收系统,石津、韶山灌区的工情管理系统等都很好地结合了灌区实际,取得了良好的效果。

5.3.3.2　行业管理信息化建设

在行业管理方面进行了"全国大型灌区节水改造项目管理信息系统""大型灌区基础数据库管理系统""全国大型灌区电子地图管理系统"以及节水灌溉网站的开发建设,充分利用网络资源,建立技术支持平台、项目申报审批平台、项目管理平台等,使项目前期咨询、中期监督、后评价以及获取技术支持更加迅速、客观、高效。

5.3.3.3　赣抚平原灌区管理信息化建设实现措施

以赣抚平原灌区为例,赣抚平原灌区水利风景区位于江西临川与南昌之间,有江南"都江堰"的美称,规划范围 30 km²,北起天王渡节制闸,沿抚河故道,途经岗前大坝,南至柴埠口船闸,夏季天气晴而少雨。依托此工程建设了焦石拦河闸坝,拦河建筑物达 582.7 m,最大过流 16400 m³/s,是大型工程。岗前大坝为总干渠二级渠首,全长 540 m,最大坝高 7 m,本闸共 4 孔,其中一大孔三小孔,大孔净宽 10 m,小孔净宽 3.5 m。大孔闸门为定轮钢闸门,各小孔闸门均为平板钢闸门。上游正常水位为 26.05 m,最高水位达到 28.00 m。闸上建有工作桥兼交通桥。正常灌溉流量 51 m³/s,可控制调节下游 2.67 万公顷农田及城市用水,规模庞大,在信息化建设时应当遵循以下几点。

(1)数据库建设。

在灌区信息化管理建设中,数据库的建设处于核心地位,是十分关键的环节。在建设数据库信息过程中,其中主要包含两点内容:其一,数据库结构的建

设主要是对灌区进行剖析,合理分类灌区信息,根据数据库设计理论、方法,对数据库结构进行设计,应当满足物理数据库与逻辑数据库的应用需求;其二,数据库内容主要是指灌区的实际情况,并使用数据库管理系统向数据库中输入灌区资料,让数据库中具有丰富的灌区资料,为日常管理决策提供参考。

(2)信息采集系统。

灌区业务涉及面较广,数据库的内容也多种多样,可将其按照更新时间长短将其划分为三种,并根据不同的资料情况使用不同的信息采集方法:其一,静态数据,主要是指灌区管理中基本没有变化的资料,如行政划分、已建工程、管理机构等方面,此类数据的采集主要是将基础资料信息化的过程,将其输入数据库中后,除非特殊情况否则不用更新;其二,动态数据,此类数据指的是需要进行不定期更新的数据,如种植面积、种植结构。此类数据就需要依照数据特点进行定期或不定期采集,并将其录入数据库中;其三,实时数据,主要是指实时更新的数据,如降雨时的雨情、灌水时渠道水位等。此种信息采集由于其更新时间较短,应当从灌区管理需求出发,实时掌握数据,不能依靠人工进行数据的采集,可以使用自动化、计算机等及时建立信息采集系统。

(3)计算机网络系统。

灌区管理通常使用分级管理的方式,由最高管理机构下设不同分支,分别在不同地点实现分片管理。在计算机进入灌区管理之后,管理人员可以使用计算机进行日常事务的处理,为了方便使用计算机,实现数据信息资源共享,可以在单位内部建设计算机局域网,与各个单位之间的广域网,并且为了能够使用Internet 上的资源,与外界进行良好沟通,还需要将局域网与 Internet 相连,建设灌区计算机网络系统。

(4)用水管理决策支持系统。

灌区管理中的用水管理决策主要内容有灌区配水计算、模拟、调度水量、支持决策、水费征收等,极个别灌区中还要注意防洪问题,并且防洪问题十分特殊,用水管理决策支持系统只针对水库防洪与渠道防洪进行考虑,而蓄滞洪区、洪水演进等则需要依照专业的防洪规范、报告及书籍参考。

5.3.4　灌区信息化建设管理

灌区信息化建设管理首先要参照《水利部信息化建设与管理办法》(水信息〔2016〕196 号),再结合灌区的实际情况和特点,结合试点灌区所取得的经验,制定信息化建设管理的有效办法。

5.3.4.1 项目建设管理

项目建设管理包括规划和设计方案的编制、审查、招标投标、施工组织与管理、监理、验收等，如项目组织、范围、时间、费用、质量、沟通、采购、风险、综合计划及合同管理、档案管理、资金筹措等。

1.项目建设管理组织的确定

根据《水利部信息化建设与管理办法》（水信息〔2016〕196 号）第二章第六条"各直属单位应成立本单位信息化建设与管理领导机构及其办事机构，明确相应的职责，加强水利信息化建设与管理的组织领导"，及第七条"各直属单位信息化管理机构应组织技术支撑单位具体承担水利信息化建设项目的立项、实施以及运行维护、安全管理等任务"，各单位应当加强水利信息化建设的组织领导，明确水利信息化建设主管部门，负责管辖范围内水利信息化建设工作，并确定主要负责人、管理人员、技术人员、财务人员等。在定技术人员的时候，应结合信息化系统的日常运行维护工作统筹考虑。

灌区信息化建设管理办公室应根据各自的职责分工，从项目的前期设计方案编制、审查、招投标、施工组织与管理、监理、验收及合同管理、档案管理、资金筹措等方面对信息化项目建设全面负责。

2.前期工作

灌区信息化主要包括信息化规划，立项阶段的项目建议书、可行性研究和初步设计方案的编制和审查。

各单位的信息化项目建议书、可行性研究和初步设计方案应由本单位信息化主管部门负责初审，并经单位同意后报上级单位审批。

拟列入国家基本建设投资年度计划的大型灌区改造工程，在限额之内（3000万元）的可直接编制应急可行性研究报告并申请立项。

根据规划及上级单位批复的内容，灌区信息化建设管理办公室应及时组织人员编制初步设计（实施）方案，并组织专家进行审查，为下一步的招投标工作做准备。

5.3.4.2　招标投标管理

为规范灌区信息化建设的招标投标活动，保证工程质量，发挥投资效益，强化项目监督管理，灌区信息化建设的招标投标应参照《中华人民共和国招标投标

法》和《水利工程建设项目招标投标管理规定》（水利部〔2001〕第 14 号），参照《工程建设项目施工招标投标办法》（七部委 30 号令）等有关规定执行。

5.3.4.3　施工组织管理

灌区信息化建设的内容包括：信息采集（水雨情、水质、地下水、墒情等）、调度控制（水闸、泵站）、安防（视频监控）、通信网络、应用软件、调度控制中心建设等。

1.准备工作

（1）按照招标文件要求，并根据施工设计方案的实施计划安排，将所采购的设备运输到指定地点，并开箱检验。

（2）在设备安装调试前，承包人应派专业技术人员到达现场，按照设计（施工图）要求检查所有预埋件、预布置线路和其他构件，检查机房、电源、防雷接地系统等现场安装条件是否满足要求，并向监理工程师提交检查记录。若现场存在不符合设备安装条件，又不在工程承包范围内的情况，须及时向监理工程师或灌区信息化建设管理办公室书面提出处理意见。

（3）在安装调试开始前，承包人必须将安装调试的时间、方法、步骤等详细计划提交监理工程师或灌区信息化建设管理办公室。

2.施工程序

（1）在监理工程师签发开箱检验合格证明后，根据监理工程师指令单进行货物的安装调试。

（2）安装工作应严格按照招标文件、监理工程师指令单施工，或要求招标方批准的承包人按设计进行施工。

（3）安装工作应在监理工程师和招标方代表在场的情况下，严格按照设备（含软件）的使用手册、相关标准及合同规定进行安装、调试。

（4）认真做好安装调试过程记录，并形成安装调试报告。安装调试报告主要说明安装的具体内容、遇到的问题及解决方案、需注意的事项、安装和调试结果等，安装原始记录作为附件。

（5）涉及设备制造商之间的协调时，应及时向监理工程师提供相邻设备制造商之间交换的图纸、规范和资料。

（6）设备安装位置应与当地管理部门达成一致意见，经当地管理部门签字确认。

（7）信号电缆一般采用地下埋设或电缆沟敷设，并用 DN15 镀锌钢管铺设。无人、车行走的地段，埋深不小于 0.4 m；有人、车行走的地段，埋深不小于 0.6 m。室内可用 PVC 管或线槽板。管线敷设垂直度误差±0.5％，总误差不超过 20 mm；水平度误差 0.2％，总误差不超过 20 mm。

（8）跨越公路的电缆可采用直径不小于 8 mm 的钢缆作为空中架设的承载体或采用地下埋设方式。空中架设不低于规定限高，并在架设电缆下挂有标示其高度的标牌。地埋深度不小于 0.8 m。

（9）按照相关技术标准完成各监测设备的接地和工情监测站的避雷接地系统。避雷接地电阻不超过 4 Ω。接地体、避雷线及引下线的连接必须用焊接，焊接搭接长度不小于 100 mm，焊接处应做防腐处理。

5.3.4.4　质量管理

为了确保项目建设质量，信息化建设管理办公室应安排专人负责建设过程的质量管理及控制，并建立对承包人提供的设备和施工的质量控制体系。在项目招投标过程中必须要求投标单位具有相应资格，且根据具体情况制定项目的质量控制措施。

要求承包人建立有效的质量检验保证体系、质量保证措施、质量控制过程、设计联络会及设备运输储存方案，以确保项目建设质量。信息化建设管理办公室应负责整个过程的监督。

1. 质量检验保证体系

项目建设过程应严格按照 ISO9001 的质量管理和质量保证标准。承包人应有一整套完善的质量检验保证体系。

2. 质量保证措施

（1）承包人应建立工程项目部，全面负责项目的实施及质量保证。

（2）承包人应根据 ISO9001 的要求，严格按照质量管理文件实施仪器设备制造、采购、软件开发、系统联调、检验、运输、现场安装、调试、维护及验收等工作。对仪器设备的出厂检验，制造厂家应出具报告书，在合同规定时间内提交给业主。

（3）按照制定的质量方针，坚持以预防为主及严格控制所有过程的要求，在项目实施过程中实行全面、全过程的质量控制，跟踪监督，杜绝产品和施工质量不合格现象发生。

(4)做好技术培训及售后服务工作,保证运行人员掌握系统操作和维护技术,确保建成后的系统能长期稳定运行。

为了能按合同要求完成工程,要根据合同文件、项目监理提供的有效设计文件及图纸,制定系统监测仪器设备的采购、运输、储存、检验、调试、维护、文件管理及不合格项目的处理等环节的质量控制方法、标准和制度,建立质量体系组织机构,规定所有施工人员的责任、权限和相互关系,并形成文件,报项目监理批准。在整个项目实施过程中,承包方都要对全员加强质量教育,强化质量意识,保证质量保证体系的有效执行。

3.质量控制过程

承包人应该按 ISO9001 质量管理体系的标准制定严格的质量控制手段,从设备的采购、集成、调试直至检验均应按照质量保证体系进行。

在项目实施过程中,项目组应建立质量保证体系,设置专门的质量检查机构,配备专门的质量检查人员,并建立完善的质量检查制度;还应根据质量管理体系的要求进行严格的过程质量控制;从系统总体设计、信道组网、土建、设备生产、软件研制,到设备安装调试、运行的全过程实行分段控制,验收交接,从而确保系统质量符合建设要求。

项目组应严格按合同书中技术条款的规定和监理工程师的质量检查报告,详细做好质量检查记录,编制工程质量报表,随时提交监理工程师审查。

5.3.4.5 工程监理

灌区信息化项目的监理,可以直接委托监理单位承担监理任务,也可以采用招标方式选择监理单位。鉴于目前水利信息化项目金额较少且缺少专业监理队伍,可由水利工程监理根据施工设计及相关文件对信息化项目实施同步监理工作。监理内容主要有:设计监理、物资设备供应监理、投资控制、质量控制、进度控制、合同管理和监理信息管理等。

5.3.4.6 工程验收

1.检验方案

(1)安装调试检验。

①安装调试检验须得到监理工程师同意后方可进行,承包人应对检验设备及操作方法全面负责。

②按照招标文件和合同要求的工程量清单,对系统配置设备、软件逐项进行检测和试运转,检测内容及步骤按施工设计报告内容进行,证明本系统提供的设备和软件已满足规范和设计要求。

③准备工程安装质量检查记录以及系统的缺陷和事故处理等资料。

④承包人应提供满足本项目招标文件技术规格要求的证明材料,还要提供相应的文件和资料,并经监理工程师确认。

⑤安装和检验时发现问题,在征得监理工程师同意后应及时处理,处理后应补充检验。

⑥安装调试检验合格后,监理工程师签发安装调试检验合格证,系统进入试运行。

(2)试运行检验。

①试运行检验由承包人负责,监理工程师监督并协助,用户单位配合,按照招标文件和合同要求的工程量清单,并参考施工设计报告内容及步骤对系统设备进行检验。

②按照招标文件和合同要求的工程量清单,对系统配置设备、软件逐项进行检测和试运转,检测内容及步骤按施工设计报告内容进行,按各项技术指标、设备功能、使用范围等进行检验。

③证明本系统提供的设备和软件已满足规范和设计要求。

④试运行检验通过后,监理工程师签发试运行检验合格证。

(3)质量保证期检验。

质量保证期满 7 天前,由买方会同监理工程师、承包人一起对工程运行情况进检验。检验合格,由监理工程师签发质量保证期合格证。

2.验收

(1)验收条件。

①试运行检验合格。

②项目按合同规定全部完工。

③质量符合要求。

系统满足以上全部条件后,才能进行合同完工验收。

(2)验收准备。

验收前 10 天,承包人应将完工报告及有关资料报监理工程师,监理工程师同意后方可向业主申请。验收应准备以下技术资料。

①与本工程有关的全部文件资料,包括施工设计及图纸、安装记录、测试报

告、检验报告、各种文档、竣工资料及图纸(一式六份纸质件,同时提供电子文档)。

②资料必须准确、清楚、完整,满足系统安装、调试、运行、维护的需要,并与移交时的系统一致。

③文档包括安装手册、测试手册、维护手册、系统操作手册、软件手册等技术文件,所提供的文件除原版外,还需提供相关的中文资料和电子资料。

④在正式运行前提供以 DVD-ROM 为介质的完整安装系统,包括应用软件、运行所必需的附加软件、与应用软件有关的电子文档和数据库等。

⑤提供完整的应用软件的源代码及注释。

(3)验收工作。

验收工作内容如下。

①检查工程是否已按合同建完。

②进行工程质量鉴定并对工程缺陷提出处理要求。

③检查工程是否已具备安全运行条件。

④对验收遗留问题提出处理要求。

5.3.5　灌区信息化管理

5.3.5.1　灌区管理的业务内容

灌区管理的业务内容决定了信息化建设的内容,并直接影响信息化技术方案的比选与确定,灌区业务内容主要包括建设管理、运行管理和事务管理三个方面。

1.建设管理

现阶段,我国灌区建设管理主要涉及五个方面,即灌区续建配套与节水改造项目规划、投资计划下达及招投标、已建和在建工程管理、工程改造和项目批复文件管理。从信息化角度分析,这五个方面的工作均涉及信息获取、查询和管理的工作。

2.运行管理

灌区运行管理涉及的业务内容主要是与灌溉(有的灌区还涉及工业、生活、发电、生态、供水和防汛)水资源调配有关的水情、工情等监测信息和建筑物运行等信息的获取、存储、管理和运用(水资源调配方案决策、计划制定和水利工程建设实施等）。

3.事务管理

灌区的事务管理主要分为与水资源调配有关的业务管理和涉及办公行政事务的政务管理两个方面。灌区的业务管理一般受当地水利局或省（自治区、直辖市）水利厅直接领导，由灌区管理局（处）直接负责。灌区管理局（处）下设管理处（所、段）、管理所（站）等，具体负责各渠系、渠段，以及相应建筑物的维护管理、水资源调配方案的制订和执行等。

（1）灌溉水资源调配业务管理。

灌区最主要的业务管理职责和任务就是灌溉水资源的调配。灌溉水资源调配包括以下过程，即根据用水计划制定配水计划。配水计划经水量平衡后得到切合实际的配置方案，最后建立各分水建筑物的各时段过流控制过程。

灌区用水坚持以农业灌溉为主，兼顾工业和城镇生活用水。发电服从灌溉、用水服从安全，实行计划用水、科学用水、节约用水的原则。

（2）电子政务管理。

办公政务管理建设的最终目的是实现灌区日常事务管理自动化，同时为领导决策和机关工作人员日常工作提供信息服务，提高办公效率，减轻工作负担，节约办公经费，从而实现办公无纸化、资源信息化、决策科学化。

（3）公众服务。

灌区水管理信息包括水雨情信息、汛旱灾情信息、水量水质信息、水环境信息、水工程信息等。信息及知识越来越成为水资源生产活动的基本资源和发展动力，信息和技术咨询服务业越来越成为整个灌区水资源结构的基础产业之一。

灌区公众服务系统采用万维网（world wide web，有许多互相链接的超文本组成系统，通过互联网访问）服务形式，主要通过信息网站实现信息的发布和为公众提供服务。近几年，水利系统已建设了近百个信息网站，为水利宣传、政务公开、提高办公效率、为公众服务起到了很大的促进作用。而大型灌区目前还未建设基于万维网的服务系统，为了信息交流和为用水户服务，有必要在灌区信息化建设中充分考虑公众服务系统的建设，使灌区信息真正进入互联网世界。

5.3.5.2　灌区管理业务涉及的信息及其处理

灌区管理业务涉及的信息是从其业务工作需求中抽象归纳出来的，针对这些信息的处理过程就是信息化管理的过程。

1.灌区管理涉及信息

与灌区有关的信息基本上可分为数字、文字、图形、图像、视频和音频六种。

按照信息在灌区灌溉用水管理、工程建设维护管理、工程运行监控管理、日常行政事务管理中的作用,灌区的信息可以进一步具体分为五类。

(1)灌区基础数据。

灌区基础数据指用来描述灌区基本情况、信息更新周期比较长的资料。灌区基础数据可以分为灌排信息、用水户信息和灌区管理信息。

(2)灌区实时数据。

灌区实时数据指在灌区运行过程中,为了用水管理和设施管理的需要而监测得到的实时数据,包括灌区气象数据、实时水雨情(包括雨情、水源水情、渠道水情、闸坝水情、田间水情等)、土壤墒情及地下水位监测数据、水质、作物生长状况、实时工险情,以及水闸、水泵的控制数据。

(3)灌区多媒体数据。

灌区多媒体数据包括灌区管理所需的不同种类的数字视频、数字图形、图像、数字音频等数据。

(4)灌区超文本数据。

灌区超文本数据为表现、展示灌区管理运行现状的各种超文本数据,包括与灌区管理有关的法律法规、业务规范规程规定、灌区主要工程的调度规则和调度方案、灌区通报简报等新闻发布内容以及有关的经验总结等数据。

(5)灌区空间基础数据。

灌区空间基础数据指与灌区空间数据有关的基础地图类数据,灌区所有的数据几乎都具有空间信息的属性,但不是所有数据都是空间基础数据,只有当有较多其他的空间信息需要依赖某一空间数据定义时,该空间数据才成为空间基础数据。这些数据包括遥感影像图、灌区电子地图等。

以上各类数据均包括历史数据。随着时间的推移,积累的数据会越来越多,这些数据对灌区建设与管理是非常宝贵的资源和财富,因此,无论是存储管理还是应用上,都要落实安全、有效的措施。

灌区涉及的信息很多,在灌区信息化建设过程中,这些信息都需要以适当的方式进行采集并数字化。例如,用水户的社会经济资料需要通过相应的统计部门收集并以表格的形式录入计算机的数据库中完成数字化;灌区工程的竣工图需要拍照或扫描制成数字图形或图像;渠道实时水情的采集需要建设一套水情自动遥测系统,通过水位传感器、遥测终端和通信系统将它传输到水情监测中心,灌区植被覆盖信息的采集除了传统的实地调查方法,还可以采用遥感技术实现。

2.信息处理过程

(1)工程建设信息处理

①信息获取。工程建设数据主要分为历史数据和进度数据两类。历史数据包括已建成工程的立项、批复、竣工验收等国家级、省(自治区、直辖市)级文件,以及设计、施工、竣工等的数据、文本及图纸资料。进度数据则是针对在建工程,紧密依附于具体工程实施的时间进度,随时输入保存,并供查询分析和应用。无论是历史数据还是进度数据的获取,都应该提供两种方式:一种是把数据提交到灌区数据中心,集中输入;另一种是由数据所在地的机构通过计算机联网在线输入数据中心。

②信息查询。应该提供有线或无线的 Internet 接入方式,实现不受时间和空间限制的信息查询和浏览,保证信息运用的时效性。

③信息管理。续建配套与节水改造项目建设与项目所在地的地理位置、地形、地质,还与已有工程关系密切。如果能够以地理信息系统为基础,以载有渠系、水利工程建筑物的地图为操作界面,进行信息查询、维护和管理,乃至建设和改造方案的比选和决策,则会大大提高系统的可操作性和易操作性,方便应用,也容易被灌区管理者和广大用水户接受。

(2)运行管理信息处理。

①信息获取。灌区运行管理信息获得主要是通过对灌溉、生活、工业等用水信息收集,以及雨情、水情、工情、水质、墒情等数据的采集来实现。

a.雨情信息。雨情信息是降水径流预报和防汛保安的主要信息源。其主要作用如下:一是根据实时雨情信息预报洪水,以保证水库和渠道及建筑物的安全;二是根据雨情信息分析灌区需水量和来水量,以实现水量的科学配置;三是依靠暴雨时的雨情监测,为区域防汛排洪提供辅助决策依据。因此,雨情监测站(雨量站)点的设置要考虑不同区域(水源地、渠系、灌域)的地理气候条件和管理机构的分布位置两个因素。前者参照有关水文规范,如《水利水电工程水文自动测报系统设计规范》(SL 556—2012)中对遥测雨量站布设的要求,恰当布置雨量监测站点。后者则按就近纳入相应管理机构管理的原则设置。

根据灌区常年人工观测的经验及相关水文规范要求,监测的雨量分辨率要求达到 0.1 mm,雨量传输设备要保证数据的及时传送,特别是汛期暴雨期间。现场还要有自记存储设备。现场自记存储设备除了按测量时段存储数据和记录

时间外,还必须按时自报、上传至数据中心,上传频率能随时修改设定。

b.水情信息。灌区的水情信息主要指水位和流量信息。水位包括水库、渠道水位和管界交接断面水位,以及需调节闸门的控制闸(节制闸、分水闸等)的闸前和闸后水位流量,包括水库的入库流量以及灌区内的渠道流量、过闸流量、管界的交接核算流量等。

c.工情信息。主要监测灌区建筑物是否发生变形、位移、渗漏等影响安全的信息。这些信息是工程正常运行的重要保证。一般情况下,水利工程建筑的结构变化是一个漫长的过程,即使在线监测,其实时变化也不明显。但是,长系列的工情信息有助于分析建筑物的渐变过程和发现潜在的安全问题,以便及时采取工程措施,保障建筑物安全,因此,可以结合灌区续建配套和节水改造,在重要的建筑物中埋设在线工情监测装置,其他建筑物的工情可以采用移动监测方式。

d.现场信息。为保证工程的安全运行,除了要获取上述工情信息外,对于一些重要建筑物和设施的运行现场还要进行数据形式或可视形式的监视。需要监视的信息包括闸门、泵站的水泵及电动机组、水电站的水轮发电机组等的运行工况及现场场景。闸位信息是闸门远动或遥控的过程参数或目标参数,是确保闸门安全运行的必要的现场信息。灌区中重要的分水闸、节制闸、泄洪闸的闸位信息都应及时上传。闸位的精度达到±1 cm即可满足运行管理要求。对于泵站和水电站,现场运行数据主要由模拟量和开关量组成,包括电量、非电量、状态及过程信息。

现场视频监视是可视化监控的有效手段。视频信息传输对通信链路的带宽、速率要求均很高,投资也比较大,因此,视频信息一般只传输到现地监控中心,如水库管理所、闸管所、泵站和水电站的控制室,供值班人员监控运行情况。一旦发现异常,可以就近迅速到达现场实施处理。为了帮助事故分析、责任排查,视频监视信息应按照档案管理规则存储管理和维护,制定入库周期。及时传输到灌区信息系统中,供上级管理部门领导和管理人员使用。

e.其他信息。除了上述信息外,影响灌区运行管理的信息还有气象、墒情、农作物种植结构以及生长形势等。其中,气象信息,如反映区域降雨现状和趋势的预报数据或卫星云图等,可以通过气象部门获取。由于墒情、农作物种植结构以及生长形势与信息的面上分布的特点,通过仪器设备广泛采集较为困难,可以借助空间遥感影像分析,或考虑在灌溉试验站建立模拟现场,把在模拟现场采集的数据,依据"关系""辐射"到相应灌域。

②反馈控制。灌区运行信息获取的最主要运用就是对建筑物的控制,主要

包括闸门、水泵机组和水轮发电机组的控制。其中,闸门控制分为两种:一种是需要调节闸位(启闭高度)的进水闸、分水闸、节制闸和泄洪闸;另一种是无须调节的闸位,只要全开或全关的小型涵闸。需要调节的闸门应该能够根据流量目标参数实现过流量控制,根据闸位目标参数实现自动或者计算机控制调节。无须调节的闸门则根据上级调度指令实行人工手动或电动启闭。受通信与调节方式的限制,灌区的闸门调节允许适量的时间延迟,达到目标值的全过程时间不超过 15 min 即可。

泵站控制主要实现电机与辅助设备的现地和远程操作。其操作一般分三个层面,即远方调度层、集中监控层和现地操作层。远方调度层设在灌区管理局,对各泵站(包括水闸)运行状态进行监视和下达调度控制指令。集中监控层设在各泵站现地管理中心,主要对现地控制单元进行监控,获取并处理各种运行参数,形成各种报表,上传有关泵站运行状态数据,对水泵机组下达上级调度指令,控制其运行。现地操作层设在泵房,完成对现地设备的人工/自动监测和自动/手动控制。

③信息传输。在灌区运行过程中,无论是获取的信息,还是闸门和水泵的控制指令,都要通过通信链路作为载体传输。根据灌区的管理机制,以处、所、站为例(有的灌区可能是处、段、所或局、处、所等),信息传输一般可以分为四层三级。四层是灌区管理处、管理所、管理站和测控点;三级是管理处到管理所为一级,管理所到管理站为二级,管理站到测控点为三级。因为信息共享、分布式管理以及通信技术的发展,信息也可以越级或多路传输。

灌区控制灌溉面积大、渠系延伸长、测控布点多,因此,从经济、技术、可操作性等方面出发,要考虑不同层链路的不同技术方案。如雨情、水情数据的传输要求就可以低于视频信息的传输;底层链路的带宽、速率要求就相对低于高层链路;需要传输控制指令的链路就要求有较高的可靠性和时效性等。因此,在技术方案设计时要区别对待,予以具体分析,确定合适的方案。

对于大部分灌区,在其区域范围内电信无线公网基本覆盖,而且信号质量较好。因此,在电信部门提供数据传输业务以及信道租用费用可以接受的情况下,信息采集点首先要考虑利用 GPRS 或 GSM 方式传输数据,既方便,又节省建设费用。闸门控制信号以及视频监视信息的传输只在闸门与现地控制室之间,距离较短,可以采用敷设光缆的方式,既可靠,投资费用也不高。视频确需要传输到远程的管理局(处),也应首先考虑租用公共网络,最后才考虑自建光纤或扩频微波等通信链路。信息分中心和信息中心之间可以通过公共网络接入。借助国

际互联网作为桥梁实现信息的双向传输,具体方式是信息分中心和信息中心可以就地接入当地的电信宽带网络,通过电信宽带网络实现互联。这种方式同样也可以节省巨大的自建通信网络费用,而且不需要自己维护和管理,电信公共网络的趋势必然是覆盖面越来越宽,因此将成为灌区通信的主要方式。

5.3.5.3 数据管理

数据库一旦出现故障,轻则影响系统运行,重则数据丢失,导致不可挽回的损失。所以,数据库的日常管理就显得非常重要。

数据库日常管理包括以下主要内容。

(1)数据库的运行状态监控:启动是否正常,连接是否正常,是否有死锁等。

(2)数据库日志文件和数据库备份监控:自动备份是否正常,备份文件是否可用;异地备份是否正常,备份文件是否可用。

(3)数据的增长情况监控:对数据库的空间使用情况、系统资源使用情况进行检查,发现并解决问题。因为数据不断增长,数据文件占用的空间不断增大,同时,系统资源的使用情况也会不断变化,所以要经常跟踪检查,并根据情况进行调整。

(4)数据库健康检查:对数据库对象的状态做检查。

(5)对数据库表和索引等对象进行分析优化。

5.3.5.4 运行维护

组织保障及机构建设是信息化系统正常工作的必要保障,而必要的维护资金投入才能使系统长期保持生命力,持续发挥作用。

1.运行维护机制

在项目招投标时应确定免费保修期,并具体规定服务响应时间和回访次数。保修期内的系统维护由承包方负责,但是管理使用单位必须安排专人管理运行系统,并通过培训掌握系统的操作和使用。保修期外的系统维护可以委托承包方代理维护。在项目编制概算时,应考虑到保修期后的维护费,一般按照项目合同额的 8%～10%计算。

(1)培训目的及要求。

运行维护工程人员通过培训,能够熟练地进行日常维护运行工作,能熟练地排除设备故障,熟练地管理设备,并能分析软件、硬件故障的位置和原因。高级工程技术人员除熟悉设备的操作维护外,还应掌握软件系统的基本原理与总体概念。掌握各个设备之间的接口标准,具备组织维护和管理能力。管理人员经培训可以负责全面的技术管理工作。要求系统维护人员经培训后能够熟练地掌握维护软件及硬件的技术,并能及时排除大部分设备故障。培训时间安排在系统安装前和安装调试期间;培训对象是系统运行管理人员及系统检修技术人员。

（2）培训计划和内容。

承包方在合同签订后 30 天内,应提交详细的培训计划、培训内容,列出详细的课程安排及时间表。承包方负责提供详细的培训教材以及熟悉本专业并具有工程、实践及教学经验的教师名单。

在需要和可能的情况下,业主可派出工程师在承包方参与应用软件的开发工作,承包方应对发包人参与应用软件开发的工程师进行指导。指导的内容包括操作系统、系统编程语言、编程技术、实时执行程序和其他与应用软件开发有关的专业知识。承包方对所开发的全部软件负责。

培训课程的内容、课时和要求应根据信息化建设的项目由业主单位与承包单位共同安排。

2. 售后服务与系统维护

为了实施信息化项目,保证系统能在现场长期、稳定、可靠地运行,不仅需要可靠的产品质量,也需要良好的技术服务。承包方应对信息化系统提供包括仪器设备维修、软件升级等在内的全方位技术服务保障。承包方应从以下几个方面做好技术服务工作。

（1）售后服务。

①保证提供的设备是全新的,软、硬件是先进的,且符合合同条款及技术条款要求;保证其货物在正确安装、正常使用和正常保养的条件下,在其预计使用寿命期内均具有满意的性能。在规定的质量保证期内,承包方对由于设计、工艺或材料的缺陷而引发的故障或损坏负责,在此期间,承包方应免费提供维修、保养及更换易损件的服务。

②承包方对采购的合同设备,软、硬件设施及自主开发的软件系统的质量终身负责,并实行系统终身维护（保修）和良好的售后服务。

③承包方要充分准备备品、备件,并针对所承担的工程专门建立备品、备件库,一旦系统设备出现故障,在接到通知后应在最短的时间内提供系统所需的备品、备件。

（2）系统维护。

①质量保证期技术服务。

质量保证期内，承包方应负责对运行中出现的故障进行处理。

质量保证期检验由业主方负责，监理工程师协助，按系统正常的运行规范、操作规程、安全规章对系统各部分进行全面运行检验。

运行中出现故障时，由业主方通知承包方。承包方接到通知后应在规定时间内派技术人员赶到现场检查处理。若承包方未能按时派员到现场，业主方有权自行处理，所发生的费用由承包方负责。

②后续技术支持服务。质量保证期结束后，承包方应继续提供技术支持服务。运行中一旦出现故障，由业主方通知承包方。承包方应在接到通知后的规定时间内派技术人员赶到现场检查处理。费用应根据具体情况签订维护合同。

③服务优惠措施。

承包方每年应进行一次定期回访服务和其他不定期售后服务。

承包方自备系统维修和试验必需的专用工具和仪器。

质量缺陷保证期结束后，在系统的使用维护方面应以优惠的价格向业主提供技术支持，其方法及优惠条件如下：a.免费向用户发送系统软件最新的升级版本；b.系统设备维修只收取元器件的成本费；c.系统设备更换以及系统扩充的设备价格不超过投标单价。

业主若要选购与系统有关的配套设备，承包方应主动提供设备接口要求的技术条件和资料。

5.3.5.5　规章制度

建立行之有效的运行、管理和维护的规章制度，才能保证系统的正常运行，才能使信息化建设成果充分发挥作用。应制定的规章制度包括岗位责任制度、运行管理制度、设备管理与检修制度、非运行期值班制度等。

1.岗位责任制

信息化系统应有专人负责，可根据项目规模来确定运行管理人员，一般应设组长、技术人员等岗位。

（1）组长岗位责任制。

①对信息化系统的正常运行负全面领导责任，贯彻上级的各项决议，积极开展各项工作。

②深入调查研究，做好思想政治工作，充分调动职工积极性，表彰先进，树立

典型,执行考核和奖惩制度。

③应切实抓好安全生产,及时制定各个时期的工作计划和保证安全生产的措施。

④带领本组人员接受安全教育,掌握设备的运行状态,保证运行和检修质量,对本组人员安全和设备安全负责。

⑤带头执行各项规程、规章制度,有责任向上级领导汇报运行情况,接受和执行调度指令,做好各项记录。

⑥不断解放思想和开拓进取,努力完成工程管理工作,不断提高管理水平,充分发挥工程效益。

(2)技术人员岗位责任制。

①在组长领导下负责信息化系统的技术工作,及时发现、汇报、解决技术问题。

②编制年度工作计划,维护预算及阶段工作计划,编写故障、事故分析报告及技术小结和年度总结等。

③及时收集运行、维护、事故、检查、观测等技术资料,分析整理,按类归档,同时建立、健全技术档案。

④深入班组了解设备运行和检修情况,审查分析各项记录,检查督促各项规章制度的执行。

⑤努力学习,不断更新知识,积极推广新技术,配合灌区领导及职能部门对职工进行业务辅导,不断提高灌区信息化的技术管理水平。

2.运行管理制度

(1)信息化小组例会制度。

①信息化小组例会参会人员由灌区分管领导、信息化小组负责人、技术人员等组成。

②建议定期由信息化小组负责人组织例会。

③例会主要研究分析各项工作情况,同时提出下一步的工作计划。

④例会纪要和决定由信息化小组负责人上报灌区分管领导并经批准后具体落实,并做好记录,作为资料存档。

(2)运行值班制度。

①严格执行有关规章制度,不迟到,不早退,不得擅自离开工作岗位,如遇特殊情况离开岗位,必须征得负责人的同意。

②值班人员应集中思想,认真操作,认真值班,不做与值班工作无关的事,负

责接待参观,不可睡觉、离岗,更不准酒后上班。

③值班人员要认真负责,确保设备运行安全。设备发生异常现象时,要及时发现,认真检查分析,及时处理。设备检修时要精心操作,认真作业,确保检修质量。

④严格执行规章、规程,认真操作,杜绝违章事故的发生。

⑤运行记录应按时填写,并要求记录清楚、正确、详细,不应伪造数据。

⑥值班室、控制室等工作场所严禁吸烟。

(3)巡视检查制度。

①值班人员在控制室通过监控界面实时了解各设备的运行状态是否正常,位置信号是否正确。

②值班人员还应对运行设备进行认真的巡视检查,以便掌握设备的运行情况,做到定时、定项目、定路线进行巡视检查。

③每检查完一处设备后,应填写相应的信息,以此作为凭证。

④雷雨季节、高温季节或设备故障处理后,以及遇到异常情况时,应做特殊巡视检查。

⑤巡视检查中,发现设备异常情况及缺陷应做好视频捕获及现场记录,并及时汇报。

(4)运行人员的分工和职责。

①信息化系统运行期间,管理机构要设总值班员和值班员若干人,负责接受调度指令和所监控的建筑物的安全运行管理,发生事故时领导工作人员进行事故处理。总值班员一般由信息化领导担任。

②值班员接受总值班员或灌区领导的调度指令,签发操作命令单和检修工作单,检查现场情况。在保证安全运行的条件下,排除值班时间内发生的故障,并及时向总值班员或灌区领导报告。

③值班员在值班时间内,按总值班员的分配,集中精力做好安全值班工作,定期按指定的路线进行巡回检查,并做好各种记录。发现异常情况和事故苗头,立即报告总值班员。

④所有当班人员,上班前不得饮酒,当班时不得擅离岗位,不得做与当班无关的工作,衣着整齐,思想集中,做好安全运行及保卫工作。

⑤技术员负责检查各运行班安全运行工作,并做好有关技术工作(如运行资料的搜集整理,协助当班人员进行故障或事故处理等)。

（5）事故处理。

①在运行时间内发生人身、设备、建筑物等事故时，值班员应及时向灌区领导报告，同时，应立即组织人员抢救，控制事故的发展。

②当出现的事故未扩大，也不危及安全运行的情况下，应采取一切可能方法，保证设备运行。

③在事故处理时，必须有值班人员在运行岗位上，保证运行设备的安全。只有接到总值班员命令，或对人身和设备有直接危险时，方可停止设备运行或离开工作岗位。

④当班人员应把事故情况和处理经过认真记录在运行日志上。

3.设备管理与检修制度

（1）设备检修制度。

①召开例会，讨论检修项目，确定检修负责人及检修人员，明确现场安全员，并对检修人员进行分工。

②检修负责人全面负责组织工作，提出检修全过程的要求，全面掌握质量，安排检修时间及进度，落实安全措施。

③技术人员严格检查检修质量，主动配合检修人员解决技术问题，提出改进意见，监督安全措施的落实。

（2）设备检修验收制度。

①检修项目按其检修质量由技术主管会同检修人员把关验收，电气设备还须经试验室试验，各项测量和测验项目均在合格范围内，检修人员与技术主管双方确认无误，签字并注明时间，检修工作方可结束。

②运行期间的小修项目技术主管人员组织验收检修质量，并投入试运转。

（3）设备缺陷管理制度。

①应设立"设备缺陷登记簿"。设备责任人应将发现设备缺陷的内容、程度、类别及消除措施、存在问题、时间等，分别详细登记于"设备缺陷登记簿"上。

②发现设备缺陷时，应仔细核对缺陷的部位、内容、程度、环境、运行状况等，校对无误后采取必要措施，防止其发展与扩大。

③事故性缺陷、重大缺陷除立即向上级主管部门汇报外，事故性缺陷应尽快处理，重大缺陷要限期处理，一般性缺陷可结合定期检修或在合适时机修复处理。

4.非运行期值班制度

非运行期值班是指除开机运行以外时间的24h值班。非运行期值班制度包

括以下内容。

①值班人员应做好以下工作：负责安全保卫，及时关闭门窗；提供生活用水和消防用水；对主要设备的电源定期巡视检查，杜绝一切发生火灾的可能性。

②值班人员要对监控系统、带电的设备等进行巡回检查，发现问题及时向主管部门汇报。

参 考 文 献

[1] 中华人民共和国建设部,中华人民共和国国家质量监督检验检疫总局.喷灌工程技术规范:GB/T 50085—2007[S].北京:中国计划出版社,2007.

[2] 中华人民共和国住房和城乡建设部,中华人民共和国国家质量监督检验检疫总局.给水排水管道工程施工及验收规范:GB 50268—2008[S].北京:中国建筑工业出版社,2009.

[3] 中华人民共和国水利部.水工隧洞设计规范:SL 279—2016[S].北京:中国水利水电出版社,2016.

[4] 冯欣.农业水价综合改革利益相关者研究[D].北京:中国农业科学院,2018.

[5] 高婕.水利工程灌溉管理工作的若干思考[J].四川建材,2022,48(11):215-217.

[6] 中华人民共和国水利部.水闸设计规范:SL 265—2016[S].北京:中国水利水电出版社,2017.

[7] 郭旭新.农业灌溉排水工程技术[M].北京:中国水利水电出版社,2017.

[8] 郝树荣,缴锡云.高效灌排技术[M].北京:中国水利水电出版社.2016.

[9] 黄勇.灌区管理中的信息化建设解析[J].黑龙江水利科技,2019,47(11):115-117.

[10] 中华人民共和国交通运输部.公路工程技术标准:JTG B01—2014[S].北京:人民交通出版社,2015.

[11] 焦爱萍,陈诚.水工建筑物[M].3版.北京:中国水利水电出版社,2015

[12] 李秀珍.重庆市J区农业灌溉用水管理机制研究[D].云南财经大学,2022.

[13] 李雪转.农村节水灌溉技术[M].北京:中国水利水电出版社,2017.

[14] 李仰斌,徐成波,等.国(境)内外农田水利建设和管理对比研究[M].北京:中国水利水电出版社,2016.

[15] 李宗尧.节水灌溉技术[M].北京:中国水利水电出版社,2004.

[16] 刘建明,梁艺.节水灌溉技术[M].北京:中国水利水电出版社,2014.

[17] 罗全胜,汪明霞.节水灌溉技术[M].北京:中国水利水电出版社,2014.

[18] 冉金斗.我国农田水利灌溉工程管理中存在的问题及其对策[J].南方农业,2022,16(12):232-234.

[19] 中华人民共和国水利部.灌溉与排水渠系建筑物设计规范:SL 482—2011[S].北京:中国水利水电出版社,2011.

[20] 中华人民共和国住房和城乡建设部,中华人民共和国国家质量监督检验检疫总局.灌溉与排水工程设计标准:GB 50288—2018[S].北京:中国标准出版社,2018.

[21] 中华人民共和国水利部.水工混凝土结构设计规范:SL 191—2008[S].北京:中国水利水电出版社,2009.

[22] 中华人民共和国水利部.碾压式土石坝设计规范:SL 274—2020[S].北京:中国水利水电出版社,2021.

[23] 苏荟.新疆农业高效节水灌溉技术选择研究[D].石河子:石河子大学,2013.

[24] 田明武,何姣云.水利水电工程建筑物[M].北京:中国水利水电出版社,2018.

[25] 田新义,王亚立,梁金文,等.江西锦北灌区农业水价综合改革试点经验[J].中国水利,2019,(20):58-61.

[26] 汪绍盛,孙书洪.农村水利工程建设与管理[M].北京:中国水利水电出版社,2015.

[27] 王春堂.农田水利学[M].北京:中国水利水电出版社,2014.

[28] 王仰仁.灌溉排水工程学[M].北京:中国水利水电出版社,2014.

[29] 夏富洲.水工建筑物[M].6版.北京:中国水利水电出版社,2019.

[30] 国家市场监督管理总局,国家标准化管理委员会.球墨铸铁管和管件 水泥砂浆内衬:GB/T 17457—2019[S].北京:中国标准出版社,2019.

[31] 闫滨,颜宏亮.水工建筑物[M].2版.北京:中国水利水电出版社,2018.

[32] 伊热鼓,姜文来.农业水价综合改革绩效评估研究——以内蒙古杭锦旗为例[J].中国农业资源与区划,2018,39(7):6.

[33] 张光芹.农田节水灌溉工程运行管理现状及措施[J].南方农业,2022,16(8):219-221.

[34] 张宏.小型水工建筑物设计与管理[M].北京:中国水利水电出版社,2016.

［35］ 张穗,杨平富,李喆.大型灌区信息化建设与实践［M］.北京:中国水利水电出版社,2015.

［36］ 中华人民共和国水利部.水工混凝土施工规范:SL 677—2014［S］.北京:中国水利水电出版社,2014.

［37］ 中华人民共和国住房和城乡建设部,国家市场监督管理总局.渠道防渗衬砌工程技术标准:GB/T 50600—2020［S］.北京:中国计划出版社,2020.

［38］ 中华人民共和国住房和城乡建设部,国家市场监督管理总局.微灌工程技术标准:GB/T 50485—2020［S］.北京:中国计划出版社,2021.

［39］ 生态环境部,国家市场监督管理总局.农田灌溉水质标准:GB 5084—2021［S］.北京:中国标准出版社,2021.

［40］ 中华人民共和国住房和城乡建设部,中华人民共和国国家质量监督检验检疫总局.节水灌溉工程技术标准:GB/T 50363—2018［S］.北京:中国计划出版社,2018.

［41］ 中水北方勘测设计研究有限责任公司.江西省梅江灌区工程初步设计报告［R］.天津,2022.

［42］ 中华人民共和国水利部.水利水电工程水文自动测报系统设计规范:SL 566—2012［S］.北京:中国水利水电出版社,2012.

［43］ 朱康.农业水价综合改革意义及其措施成效分析［J］.农业科技与信息,2021(1):75-77.

［44］ 朱志坚,等.导流建筑物［M］.北京:中国水利水电出版社,2019.

后　　记

　　水利灌溉工程建设与管理,在促进农业生产发展、维护生态平衡及优化水资源利用方面发挥着十分重要的作用,但提高农田水利节水灌溉工程建设与管理质量,具有一定的复杂性、专业性和综合性,应结合我国水利灌溉生产发展的实际情况,在技术层面、制度层面、法律层面及管理层面采取措施,提高水利灌溉工程项目建设水平,完善相关制度体系,强化节水灌溉技术应用效果,不断推进水利灌溉事业科学发展,为农业可持续发展提供保障。